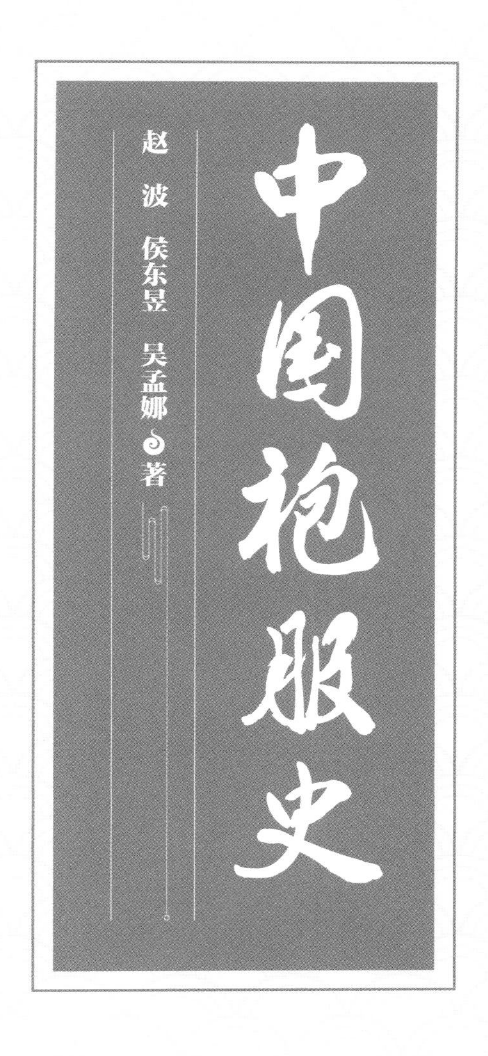

中国纺织出版社有限公司

内 容 提 要

本书将袍服史论与结构制作工艺相结合，详细阐述了各朝代袍服的发展与演变，袍服的形制、功能、色彩、材料等。

本书将理论贴近现实，配以大量的汉族袍服的结构制作工艺，讲解了服装的内部结构关系及制作步骤，又将清代及民国袍服的图例进行展示和介绍。全书共有图片三百余幅，如实展示了袍服的发展与演变。

本书能深化读者的理论知识，提升大众对袍服的艺术表征与文化内涵的认知，同时对现今袍服的复原与研究有很大的帮助。

图书在版编目（CIP）数据

中国袍服史 / 赵波，侯东昱，吴孟娜著 . -- 北京：中国纺织出版社有限公司，2022.10

ISBN 978-7-5180-9849-1

Ⅰ. ①中… Ⅱ. ①赵… ②侯… ③吴… Ⅲ. ①汉族－民族服饰－文化史－中国 Ⅳ. ① TS941.742.811

中国版本图书馆 CIP 数据核字（2022）第 165948 号

责任编辑：郭 沫 责任校对：王蕙莹 责任印制：王艳丽

中国纺织出版社有限公司出版发行
地址：北京市朝阳区百子湾东里 A407 号楼 邮政编码：100124
销售电话：010—67004422 传真：010—87155801
http://www.c-textilep.com
中国纺织出版社天猫旗舰店
官方微博 http://weibo.com/2119887771
北京华联印刷有限公司印刷 各地新华书店经销
2022 年 10 月第 1 版第 1 次印刷
开本：787 × 1092 1/16 印张：13.75
字数：205 千字 定价：98.00 元

序

P R E F A C E

服饰缘牵文脉承，守得云开见天日

初见赵波先生是在2008年，始于我俩的师生缘分。2011年秋季开学，正值学院的硕士研究生双选见面会，我由于赴北京参加学术会议而未能参加，更不知晓学院给我分配了一位高大威猛的后生，因报考服饰专业方向的大多为女生，占有举足轻重的绝对优势，性别比例的严重失调也给服饰研究生的学习和生活带来一定的困扰，田野考察也有诸多不便。相互熟悉后，发现赵波有着不错的本科背景，有着一份令人羡慕的创业成果，更有着文艺青年的艺术范儿。然而，研究生初始并未觉察出其对传统文化有多大的热情，看到的是他整天笑嘻嘻、乐呵呵，总是围着一条长长的围巾在工作室写字、练书法、看书，生活似乎尤为索然又透着点神秘，偶尔也会消失几天。当时规律的研一生涯过得很快，我仍没有弄清楚这位可爱的大男生要做什么研究。

突然有一天，赵波很兴奋地来找我，手上提着一包老衣服让我帮着看看、鉴别一下，打开包裹我惊了，也知道了他偶尔的消失干什么去了。这一年，借着假期和空余时间，他北上南下，踏足各地民间文化市场，收集了数百件清末、民国时期的传统服饰，记录了大量珍贵的影像资料，这也掀开了他神秘的研究生生涯。我感慨了，这小子悄悄地做了这么多事情；我也窃笑了，后继有人喽。

果然，赵波开始真正意义上的学术研究，发端缘起于民国时期外来文化及社会思潮对当时服饰影响的思考。他从收集的大量民国时期的服饰、经济史料寻找实证依据，然第一篇小作看上去更像一篇抒情散文，虽凝聚了他对服饰文化研究情怀的认知，我也深切感受到他急切想探索其中的奥秘，但研究的门道他并没有摸到。我开始帮助他规划，指导他寻找研究的视野，小作通篇都是我画的红色地图般的修改意见，记得当时给予了他几个不同的研究方向的建议，有从当时的社会文化角度，有从史论角度，有从艺术学角度，不同的视角显然研究侧重有一定的差异，最终，他更趋向于艺术学和历史学的视角结合人类学的田野的方法去做。接下来，他便开始有侧重地查阅、考证、修改、斟酌，这篇小作应该是五易其稿，过程不知其是喜是忧，是磨炼还是烦心，但我坚定地认为这个过程显然对他后来的学术生涯是一个考验，也是一个必需的过程。

回归正题，关于传统袍服的研究则是赵波硕士课题探讨中孕育产生的，他敏锐地察觉到我国传统袍服发展的曲折过程与民族文化间的渊源关系，对于研究我国汉族服饰变迁的多元一体性具有重要意义。我支持他的想法，很快就按部就班迅速开展起来。

研究一波三折，个中艰辛只有当事人自己能够深刻体会。一本厚厚可以成书的硕士论文令我动容：他将我国袍服历史的起源发端进行了抽丝剥茧般的分析，将我国目前考古报告中关于袍服的记载均进行了归纳，将传习馆及自己收藏的袍服进行了细致考证，他已经完全钻进了传统文化的长廊里了，其求真务实的态度让我深感欣慰。

如今，传统服饰文化的保护与传承工作一直是该类型方向研究生走上工作岗位后的弃儿，也与现代时尚显得脱节与突兀，赵波却选择直奔这个目标。坚持成就了他文化传承与创新的梦想，如今成为中国服装博物馆的顶梁栋才就是很好的例证。现在的赵波，整天忙于保护与展示传播我国传统服饰文化，并在此基础上继续进行学术研究与撰写学术论文与专著，《中国袍服史》就是他沿着文化复兴之路的坚持！

“泪烛影长恍微光，怯登讲台短衣裳。旧袍已随斯人去，服之不衷空余觞。”祝愿赵波在我国传统服饰文化传承与创新道路上越走越远！也祝愿我国的传统文化能够在世界广泛传播！

是为序！

江南大学崔荣荣教授

2013年3月28日写于江南

目录

CONTENTS

第三章　袍服的结构设计与工艺

第四章　清代及民国时期袍服图例

附录一　研习袍服史料及实物的部分机构

附录二　秦汉时期袍服

附录三　魏晋时期袍服

第一章

中国袍服概述

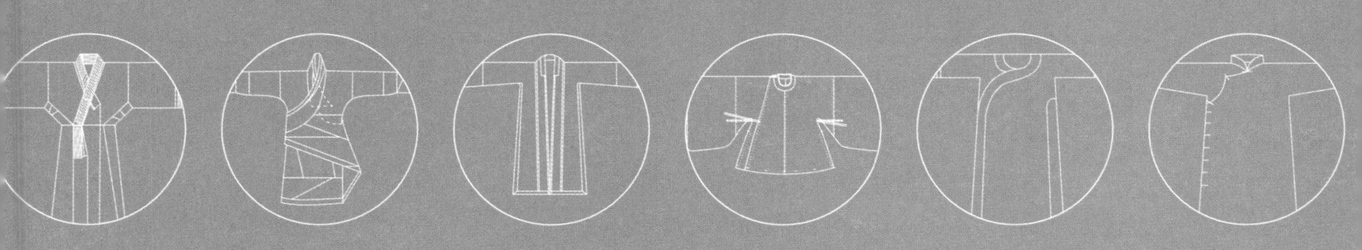

 第一节　袍服的历史发展概况

一、我国袍服形制的演变

袍服是衣长过膝的一种中式服饰，从穿着人群来看可以分为皇袍、官袍、民袍，从功能来看可以分为礼服、常服、战服、流行服装等。通过以各个时期的专著记载、考古报告及博物馆馆藏为研究基础，用列表的形式进行研究（表1–1、表1–2）。

表1–1　中国以形制命名之袍统计表

名称	时期	功能	服者	备注
褂袍	盛于汉魏		妇女	缀有褂饰
大袍	汉至明			宽敞的袍
重缘袍	汉	婚嫁礼服	女性	衣缘多达数层，质料色彩区分身份
襕袍	北周至清	象征衣裳分制服制	官吏、士人	初见于北周，唐形成定制；圆领、窄袖、膝盖处施一横襕
复袍	晋			数层布帛制成之袍
袴	唐			唐时袍的别称
衫袍	隋、唐、宋	常服	皇帝	
帢（帽）	隋至唐			
披袍	唐、五代	装饰、御寒		形制长于普通袍服多用于秋冬
窄袍	宋	朝会、燕居	皇帝	袍身狭小，两袖紧窄
	辽、宋、西夏	朝会	使者	
	宋	出入内廷	宫廷内职	
靴袍	南宋	郊祀、宿庙	皇帝	服黑革靴，着绛纱袍
履袍	宋	郊祀、宿庙	皇帝	服黑革履，着绛纱袍
单袍	宋	公服	士大夫	无衬里
宝里	元		官吏	元时的加襕之袍
大衣	元	礼服	蒙古族妇人	南方汉族人对宽大袍服之称，汉称团衫
衬袍	元			
短褐袍	明		道士	粗布之袍
对襟袍	明	便于乘骑	骑马庶人	马褂的前身

续表

名称	时期	功能	服者	备注
顺褶	明		宦官近侍	下裾折裥如裙，胸背可缀补子
贴里	明		宦官	以纱罗纻丝为之，大襟窄袖，长过膝
直身	明	闲居、礼见	男子	以纱罗纻丝为之，大襟宽袖，长过膝；腰以下折有细裥
朝袍	清	朝衣	后、妃、命妇	皇后朝袍之制有三，皆明黄，妃嫔制相似，妃嫔以下形制不一
常服袍	清	日常所穿	皇帝、官吏	圆领大襟、右衽箭袖、二或四开裾
四楔袍	清		皇帝、宗室	非宗室之人受赏赐可服
开楔袍	清	礼服	皇帝、宗室、官吏	做丧服时唯皇帝可四开裾
缺襟袍	清	出行所服	皇帝、宗室、官吏	唯皇帝可四开裾
长袍	汉至民国			下长过膝
	清	礼服	帝、后、官吏	包括帝后龙袍、职官蟒袍、朝袍等
	民国	常礼服	男子	各色绸缎为之，双层，圆领窄袖大襟
旗袍	清	礼服	旗人	包括官吏的朝袍、蟒袍、常服袍等
	民国	礼服、常服	妇女	
领袖袍	清	礼服	妇女	穿袍不穿褂时之称谓，亦得挂朝珠
吉服袍	清	劳师赐宴等	帝后宗室、官吏命服	皇帝所穿吉服袍又称龙袍
行袍	清	出行所服	皇帝、官吏	制如常服袍，长减十之一，右裾短一尺

表1-2　中国出土袍服及馆藏袍服演变结构图表

先秦时期袍服

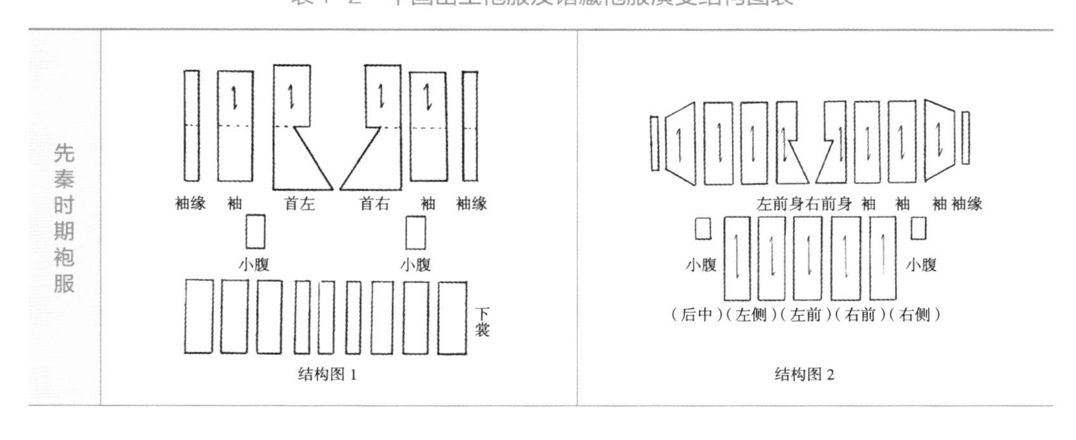

续表

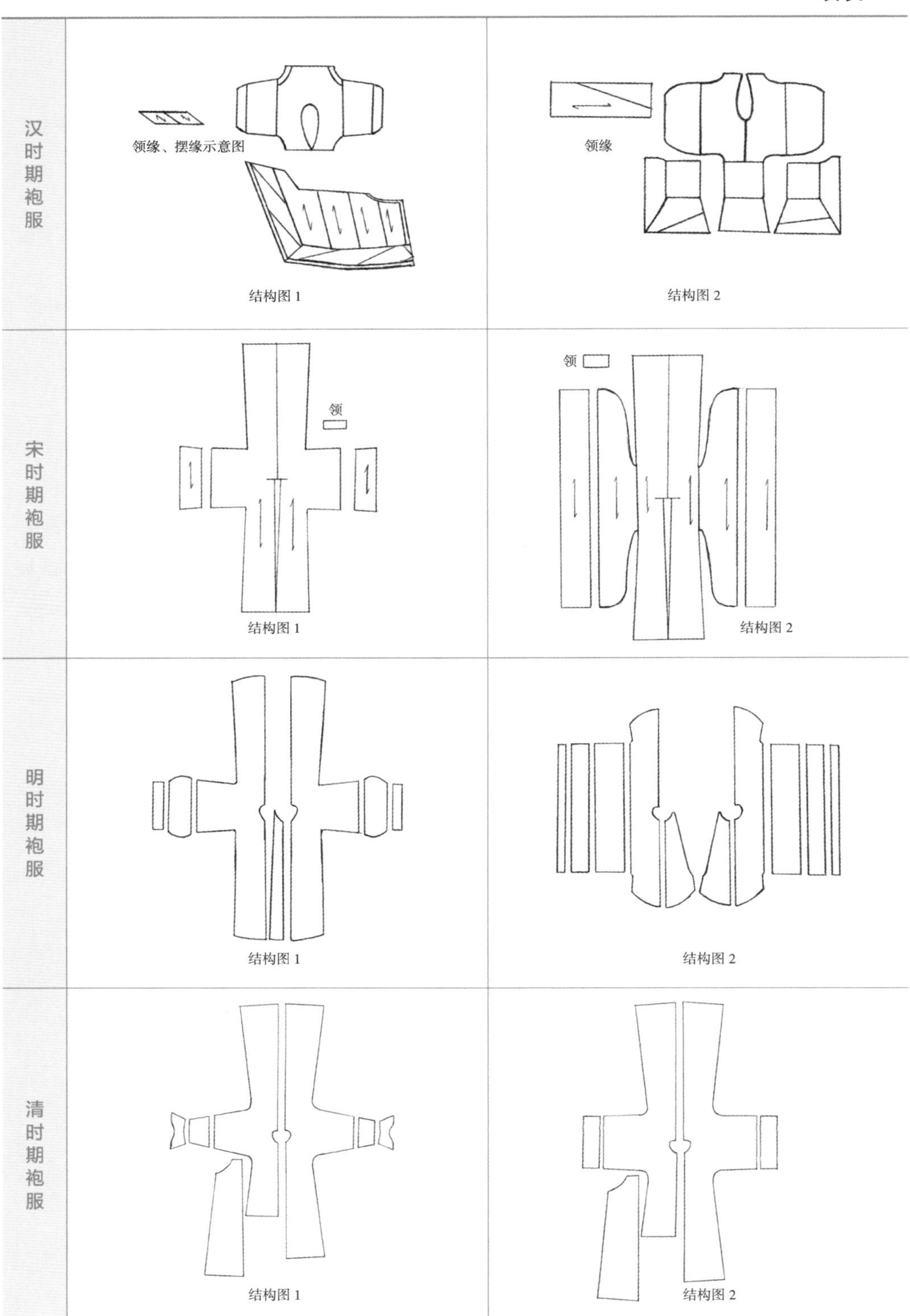
汉时期袍服
领缘、摆缘示意图
结构图 1
领缘
结构图 2
宋时期袍服
领
结构图 1
领
结构图 2
明时期袍服
结构图 1
结构图 2
清时期袍服
结构图 1
结构图 2

续表

民国时期袍服

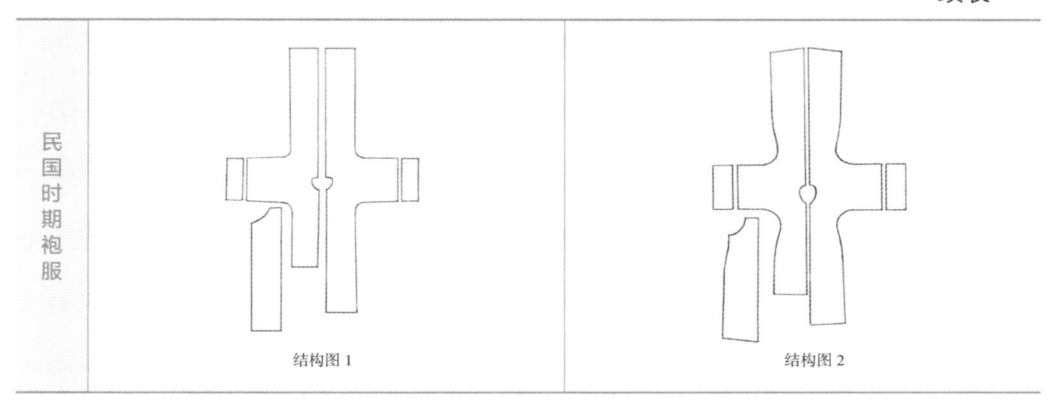

结构图 1　　结构图 2

在我国袍服数千年的发展过程中其形制随之发生改变，从表1-3可以看出，我国先秦时期的袍服有着窄袖式、宽袖式和大袖式三种基本形制，共同特点是交领、右衽、宽身、上下分裁、系带、无开衩、下摆为直摆；到了汉代袍服的基本形制是交领、右衽、曲裾或直裾、袖口多窄袖、絮丝绵、上下分裁、系带、无开衩、下摆为直摆或圆摆；宋代袍服按袖子的宽窄可分窄袖式和广袖式两种，共同特点是合领、对襟、宽身直腰、上下通裁、系带、两侧开衩、下摆为直摆或圆摆；明代袍服是盘领、右衽、宽身、上下通裁、系带、两侧开衩、下摆为直摆或圆摆；清代袍服圆领、右衽、窄袖或马蹄袖、无收腰、上下通裁、系扣、两侧开衩或四开衩、直摆或圆摆；民国长袍为立领或高立领、右衽、窄袖、无收腰或有收腰、上下通裁、系扣、两侧开衩、直摆或圆摆；民国旗袍为小立领或立领、右衽或双襟、无收腰或有收腰、上下通裁、系扣、两侧开衩、直摆或圆摆。根据以上，可以总结出中国出土袍服及馆藏袍服演变款式图表（表1-4）。

表1-3　中国出土袍服及馆藏袍服数量和形制

时期	先秦	汉、晋、南北朝	唐、宋、明		清前、中期	清末、民国	
参考来源	湖北江陵马山一号楚墓考古报告①	长沙马王堆三号汉墓考古报告②	福建福州南宋黄昇墓考古报告③	山东省孔府馆藏明代袍服	故宫博物院藏清代宫廷袍服	江南大学民间服饰传习馆馆藏长袍	江南大学民间服饰传习馆馆藏旗袍
数量	8双	14双	9双	5双	7双	34双	44双
形制	长袖宽身 短袖宽身 长身	长袖宽身 曲裾、直裾 长身	长袖宽身 普袖宽身	长袖宽身 袍身上窄 下宽	袍身上窄 下宽	直身 合体	直身合体 紧身收腰

续表

时期	先秦	汉、晋、南北朝	唐、宋、明		清前、中期	清末、民国	
裁剪工艺	上下分裁	上下分裁	上下通裁	上下通裁	上下分裁 上下通裁	上下通裁	上下通裁
纹饰	彩绣 锦缘	彩绣 印花	彩绘 彩绣 贴金 印金	补子 彩绣	彩绣 暗纹 织金 缂丝	暗纹	彩绣 暗纹
领型	交领	交领	合领	盘领	圆领	立领 高立领	立领
门襟	右衽	右衽	对襟	右衽	右衽	右衽	右衽 双襟
袖型	窄袖 宽袖 大袖	窄袖	窄袖 广袖	窄袖 广袖	马蹄袖 窄袖	窄袖	窄袖 短袖 无袖
开衩形式	无开衩	无开衩	两侧开衩	两侧开衩	两侧开衩 四开衩	两侧开衩	两侧开衩
下摆造型	直摆	直摆、 圆摆	直摆 圆摆	直摆 圆摆	直摆 圆摆	直摆 圆摆	直摆 圆摆
系合方式	系带	系带	系带	系带	系扣	系扣	系扣
功能	内衣 帝王常服	内衣 常服	常服	常服 朝服	朝服 吉服 常服 行服	常服 礼服	常服 礼服
面料	绢、锦、 纱	绢、罗、 绮、纱	纱、罗	罗	绸、缎、缂丝	绸、缎、纱	绸、缎、纱、 棉、彰绒
其他	絮丝绵	絮丝绵 絮棉	单层	单层 有表里	絮绵、加皮 有表里	絮绵、加皮 有表里	絮绵、加皮 有表里

① 湖北省荆州地区博物馆：《江陵马山一号楚墓》，文物出版社，1985年。
② 湖南省博物馆：《长沙马王堆二、三号墓》，文物出版社，2004年。
③ 福建省博物馆：《福州南宋黄昇墓》，文物出版社，1982年。

表1-4　中国出土袍服及馆藏袍服演变款式图表

二、我国袍服功能的演变

我国袍服功能的演变是数千年来袍服演变的重要因素之一，它的功能由最初作为内衣到作为帝王的便服，再到后来的朝服、礼服最后演变成时装。在先秦时期袍服主要作为内衣使用，除此之外还被帝王当作常服穿着。《论语》注云："亵衣，袍茧也"。[1]亵衣就

[1] [清]康有为著，楼宇烈整理：《论语注》，中华书局，1983年。

是古代女子所穿的内衣。《释名·释衣服》:"袍,苞也。苞,内衣也。"[1]从这两处可以确定,袍在先秦时期主要是作为内衣穿着,所以穿着时必须加罩外衣。史料记载和出土袍服中小袖式、大袖式相吻合。《汉书·舆服志》:"袍者,或曰周公抱成王宴居,故施袍。"[2]这是说在周代,帝王以袍为常服,但袍不是当作正服而是当作宴居时的服装所用的,这说明在先秦时期,袍服除了做内衣的主要功能外还可做帝王的常服。据战国时期的马山墓出土宽袖式袍服看,已有纹饰和彩绣,史料记载和出土袍服相吻合,袍服作为贵族的常服开始出现并已有简单的纹饰和彩绣。

汉代袍服是男女均可穿着的。《释名》云:"妇人以绛作衣裳,上下连四起施缘,亦曰袍。"[3]由此可见这时的袍还有衣裳相连属之式,男女皆穿袍;袍服的功能开始了从内衣和帝王常服到朝服的转变。《后汉书·舆服志》载:"通天冠,其服为深衣制。随五时色,近今服袍者,下至贱更小吏,皆通制袍、单衣,皂缘领袖中衣为朝服。"袍在汉时开始作为衬衣当作朝服组成部分出现。东汉永平二年(公元59年)开始将袍定制为朝服,以所佩印绶为主要官品标识。[4]也就是说在公元59年袍服以国家法制的形式,正式定为朝服。

据《旧唐书·车服志》记载,至唐太宗时期就连庶民都可以穿袍服,但还是会以服色区分高低贵贱。袍衫在当时是男女通用的,不同之处在于细微的变化,如男子所着之袍衫必于膝部做一拼接,而女子所着袍衫则多不添加这道拼缝;宋代袍服是各个阶层都可穿着的,但面料有区别。《夷坚志》中载一侠妇曰:"吾手制衲袍以赠君"。[5]衲袍是粗布短身袍,所以加以证明了袍在宋代是各个阶层都可穿着的,但面料是有区别的;宋时一般礼仪场合宫嫔及宴乐时歌者会穿袍,《挥麈余话》云:"女童乐四百,靴袍玉带"。[6]元代官袍多以罗为面料,并以花纹大小表示级别。[7]元主有虬龙袍、天鹅织锦袍。一般也着布袍,其领、袖间镶以皮。蒙古族贵妇衣有袍,袍式宽大而长。而大袖在袖口处较窄。其长曳地,行时须两女奴拽之。可做礼服用。自大德以后,蒙古族、汉族间的士人之服就各从其变。[8]

明代袍服是承唐制的。明代,太祖下诏:衣冠悉如唐代的形制。永乐三年(1405

---

[1] [东汉]刘熙:《释名》,上海辞书出版社,2009年。
[2] [东汉]班固:《汉书·舆服志》,中华书局,2007年。
[3] [东汉]刘熙:《释名》,上海辞书出版社,2009年。
[4] 《中国大百科全书》总编委会:《中国大百科全书》,中国大百科全书出版社,2009年。
[5] [宋]洪莲:《夷坚志》,中华书局,2006年。
[6] 周锡保:《中国古代服饰史》,中央编译出版社,2011年。
[7] 《中国大百科全书》总编委会:《中国大百科全书》,中国大百科全书出版社,2009年。
[8] 周锡保:《中国古代服饰史》,中央编译出版社,2011年。

年）定：翼善冠，盘领窄袖袍，玉带。按唐太宗初服翼冠，明成祖复制之。洪武十五年定，在朝贺大乐时，乐工小袖单袍。这三个证据可证明代袍服是承唐制的。另外，教坊官的常服，黑缘罗大袖襕袍。[1]据《明史·舆服志》等史料记载，明朝文武官员的官服是按服色、纹饰的不同来区别品级的。服装胸背上的补子也是区别官品的重要标志。[2]明代的袍服开始出现补服。清代袍服作为礼服有着详细的分类。据《清代宫廷服饰》记载，清代的袍服有龙袍、蟒袍、常服袍、行袍。命妇有朝袍、龙袍、蟒袍、常服袍等。常服袍颜色花纹随所用，唯宗室用四开衩的样式。凡礼服的袖端，都做成马蹄袖。[3]

袍服到了民国，男子穿长袍，女子穿旗袍。由于受西方文化的影响，旗袍开始了改良，加入了省道等元素，使之更加适体，加之流行元素的影响，袍服一度成为中式服装中最为流行的服饰。《近代汉族民间服饰全集》中记载，民国时期长袍多为男装常礼服，形制为立领宽身、细长直袖、右衽斜襟、下摆略圆、有六至九个不等的盘扣。沿用传统礼服是恪守传统文化的一种表现。[4]记载的长袍整体特征与江南大学民间服饰传习馆藏品吻合。《中国古代服饰史》中记载，旗袍20世纪中期，逐渐流行，以后渐为一种普遍服饰，到三四十年代，已不论老小都改着此旗袍，逐渐取代上衣下裙的形式。[5]

三、我国袍服装饰纹样的演变

自从袍服从内衣转变为外衣开始，袍服就开始有了装饰。从表1-5中可知，先秦时期的宽袖袍服已经有了锦缘并且施以精致的彩绣；汉代时期袍服除了彩绣以外还有印花的装饰手法；到了宋代，袍服的装饰手法有彩绘、彩绣、贴金、印金等；明代官袍多素身，但在袍服胸前的位置加一个补子，补子有方、有圆，施以精致彩绣；清代袍服出现扣子，有镂空、有浮雕，材料有鎏金、有镀银、有铜、有琉璃、有宝石、有珍珠。男子袍服多以团纹装饰为主，皇袍中的朝服、吉服用织锦或缂丝等工艺施以满工，官服胸前有补子，文官绣禽武官绣兽；女子袍服从清初的素雅到清末的饰有镶、绲、绣等，装饰手法繁复华丽；民国时期男子穿长袍，装饰简单，扣子多以布制盘扣为主，无彩绣。女子穿旗袍，盘扣形制多种多样，但彩绣逐渐从满工的奢华减少至只有暗纹的素雅，后随着西方文化的影响，开始出现印染等装饰方式。

---

[1] 周锡保：《中国古代服饰史》，中央编译出版社，2011年。

[2] [清]张廷玉：《明史·舆服志》，中华书局，1974年。

[3] 张琼：《清代宫廷服饰》，上海科学技术出版社，2010年。

[4] 崔荣荣：《近代汉族民间服饰全集》，中国轻工业出版社，2009年。

[5] 周锡保：《中国古代服饰史》，中央编译出版社，2011年。

表1-5　中国以装饰、纹样命名之袍统计表

名称	时期	功能	服者	备注
明珠袍	唐	装饰	侠客	缀有珍珠宝物之袍
	清	装饰	皇帝	
铭袍	唐	赏赐	近臣	绣有文字于衣背之袍，配花鸟图作团形
绣袍	唐	官服	官员	依官职绣不同纹样及八字铭文
	先秦至民国	装饰	贵者	彩绣之袍
金字袍	唐	赏赐	贵者	铭袍的一种，绣有金字之袍
银字袍	唐	赏赐	贵者	铭袍的一种，绣有银字之袍
麒麟袍	唐	官服	武将、近臣	
	明	赏赐	文武显贵	胸背肩膝襕皆绣麒麟或胸背缝麒麟补
	清	公服	外使	事毕还朝，则须卸之
凤尾袍	后晋至民国	御寒		破旧棉袍，相传此名始于后晋宰相之袍
苣文袍	宋、金	公服	仪卫	又称苣纹袍，以绯色布帛为之
瑞鹰袍	金	公服	仪卫	因绣有瑞鹰之纹，故名
白泽袍	金	公服	仪卫	因绣有白泽之纹，故名
瑞马袍	金	公服	仪卫	因绣有瑞马之纹，故名
织文袍	元	赏赐	贵者	织有文字之袍
大团花罗袍	元	官服	官员	
虬龙袍	元	彰显地位	皇帝	
猩袍	清	官服	官员	小说《红楼梦》中官服，猩红色
蟒袍	明	常服	三品官员	以红色绫罗为之，大襟宽袖，下长至足
	清	礼服	职官、命服	又称花衣，圆领箭袖长至足跗，衬褂内
龙袍	先秦至民国	装饰	多为帝王	织绣有龙纹之袍
	清	吉服	帝、后	
	清	礼服	高级将领	以黄绸缎为之，下不开裾，不用箭袖
丽水袍	清	礼服	官吏、命妇	织绣有立水纹样的袍，夹衣

袍用图案发展到清朝已经非常成熟了，在传世袍服中以清代宫廷袍服图案最为典型，在君主专制发展到最后一个王朝的时候，服装文化礼仪、典章制度也随之繁复起来，宫廷袍服图案由敬事房和造处等专门官员绘制呈览，对袍服主要图案的设计一般为团纹，

以吉祥、富贵、福寿等为主题，多用动物、瑞兽、植物、吉祥物、自然风景、文字纹等来表达寓意。对尺寸和数量也有严格的规定，团纹尺寸一般在21~30厘米，团数以八团和十二团为主（表1-6）。

表1-6　故宫博物院藏清代袍服织绣团花图案统计表

项目	内容
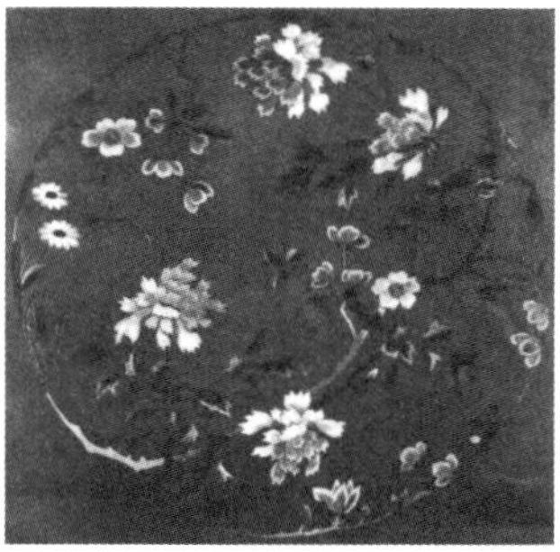 名称	紫缎地彩绣玉堂富贵
直径	直径21厘米
年代	公元1756年以前制
团数	八团之一
袍名	紫色绣八团花广领袖女锦袍
黄纸签原题	乾隆二十四年正月二十九日收，王常贵呈览
 名称	黄金实地纱地缀贴莲云万蝠
直径	直径21.1厘米
年代	19世纪初期制
团数	八团之一
袍名	道光金黄纱贴花卉缂丝夹袍
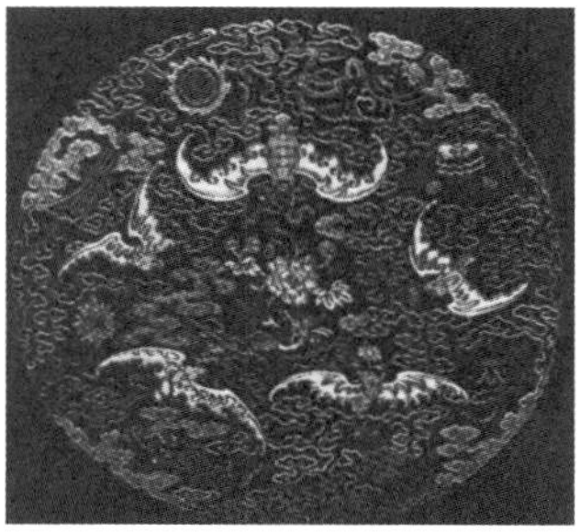 名称	官绿缎地织金彩云蝠吉祥
直径	直径26厘米
年代	18世纪末期制
团数	八团之一
袍名	葱绿地缂丝八团福寿吉祥袍
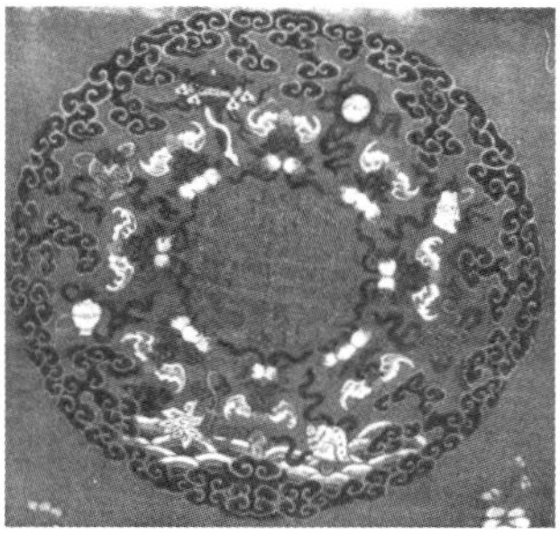 名称	缂丝葱绿地福寿吉祥
直径	直径21.7厘米
年代	18世纪末期制
团数	八团之一
袍名	葱绿地缂丝八团福寿吉祥袍

续表

	名称	官绿缎地彩绣祥云捧日洪福齐天
	直径	直径29.1厘米
	年代	18世纪初期制
	团数	八团之一
	袍名	官绿缎地彩绣八团洪福齐天棉袍
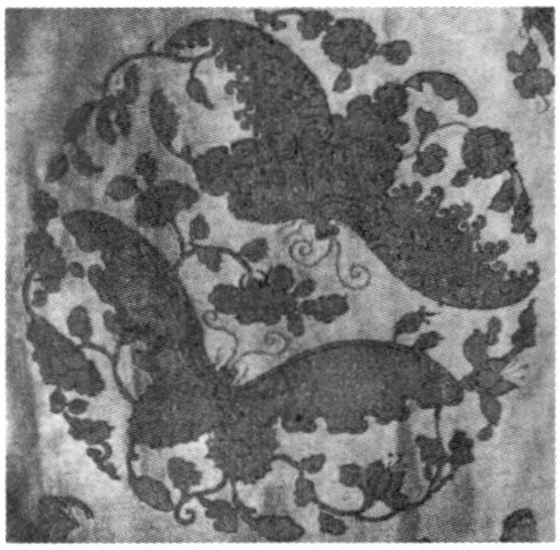	名称	秋香缎地织金喜相逢
	直径	直径27.5厘米
	年代	公元1769年以前制
	团数	八团之一
	袍名	香色缎织二色金喜相逢领边女夹袍
	黄纸签原题	乾隆三十四年三月二十九日收，包衣昂帮呈览
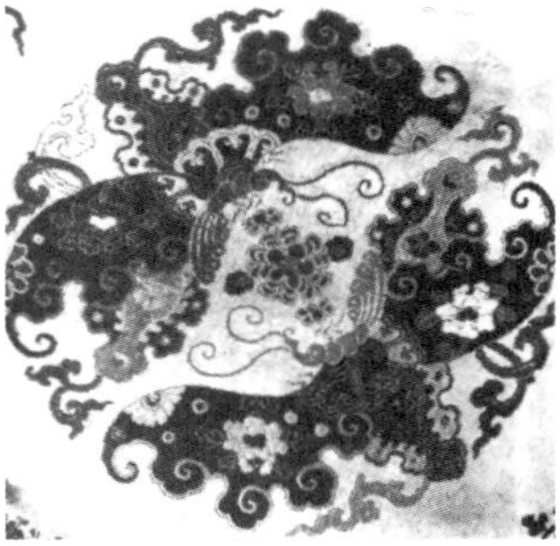	名称	柳绿缎地织金彩喜相逢
	直径	直径29厘米
	年代	公元1799年以前制
	团数	八团之一
	袍名	绿缎织喜相逢有水夹袍
	黄纸签原题	嘉庆四年十二月初九日收，敬事房呈览
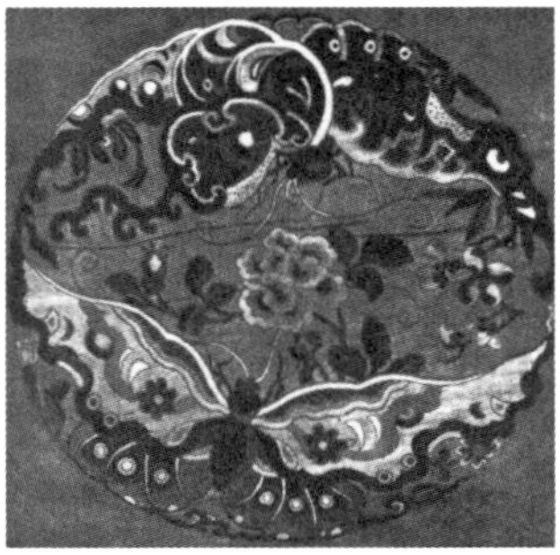	名称	柳绿地织金彩喜相逢
	直径	直径28.7厘米
	年代	公元1768年以前制
	团数	八团之一
	袍名	缎织八团花卉女棉袍
	黄纸签原题	乾隆三十三年一月十一日收，福隆安呈览

续表

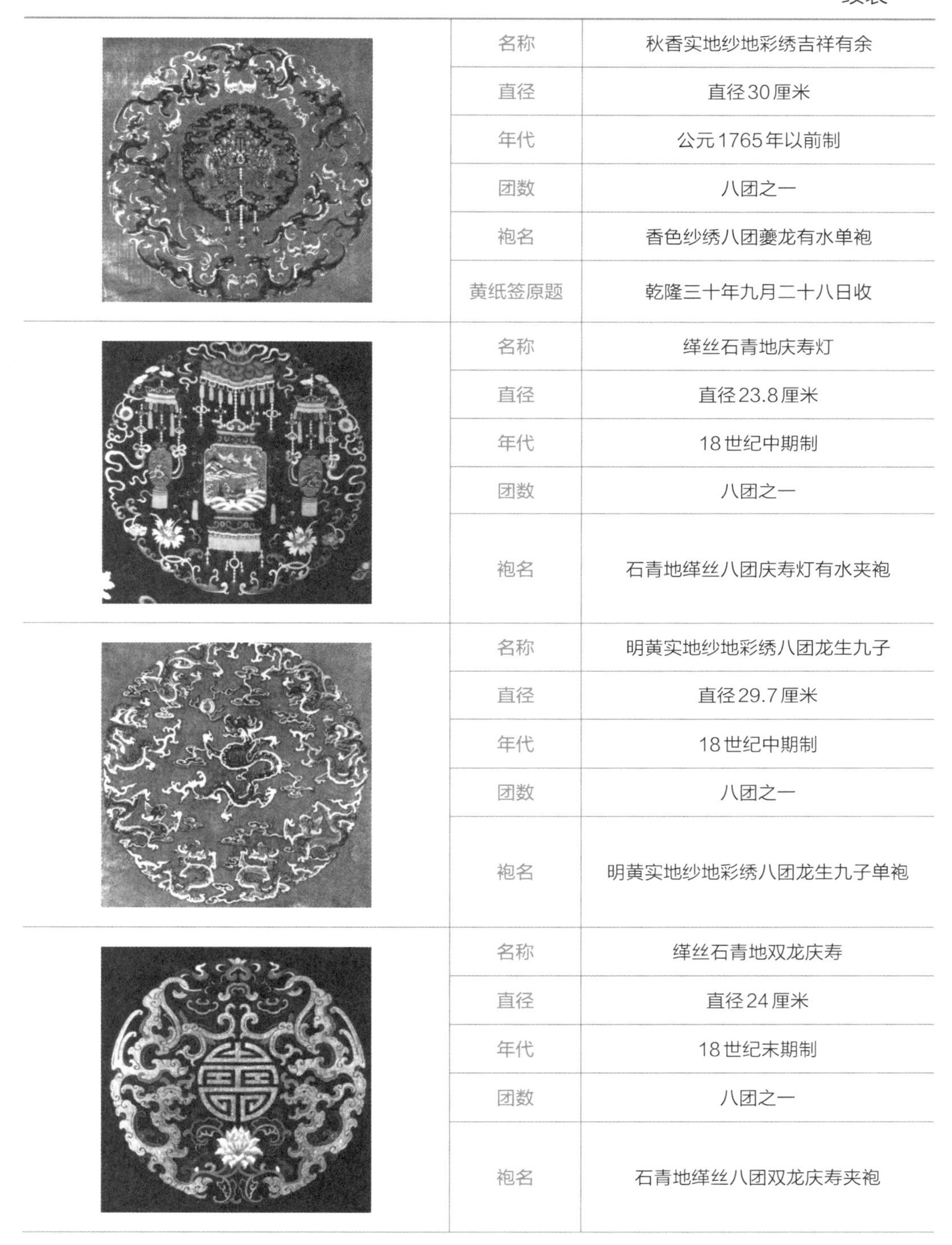

项目	内容
名称	秋香实地纱地彩绣吉祥有余
直径	直径30厘米
年代	公元1765年以前制
团数	八团之一
袍名	香色纱绣八团夔龙有水单袍
黄纸签原题	乾隆三十年九月二十八日收
名称	缂丝石青地庆寿灯
直径	直径23.8厘米
年代	18世纪中期制
团数	八团之一
袍名	石青地缂丝八团庆寿灯有水夹袍
名称	明黄实地纱地彩绣八团龙生九子
直径	直径29.7厘米
年代	18世纪中期制
团数	八团之一
袍名	明黄实地纱地彩绣八团龙生九子单袍
名称	缂丝石青地双龙庆寿
直径	直径24厘米
年代	18世纪末期制
团数	八团之一
袍名	石青地缂丝八团双龙庆寿夹袍

续表

图	项目	内容
	名称	石青实地纱地缂丝绣升龙
	直径	直径30厘米
	年代	18世纪末期制
	团数	八团之一
	袍名	石青实地缂丝绣八团升龙单袍
	名称	绛紫实地纱绣夔龙
	直径	直径30厘米
	年代	公元1808年以前制
	团数	八团之一
	袍名	绛紫纱缀绣八团龙单袍
	黄纸签原题	嘉庆十三年五月二十六日收
	名称	紫缎地彩绣玉堂富贵
	直径	直径21厘米
	年代	公元1756年以前制
	团数	八团之一
	袍名	紫色绣八团花广领袖女锦袍
	黄纸签原题	乾隆二十四年正月二十九日收，王常贵呈览
	名称	黄金实地纱地缀贴莲云万蝠
	直径	直径21.1厘米
	年代	19世纪初期制
	团数	八团之一
	袍名	道光金黄纱贴花卉缂丝夹袍
	黄纸签原题	

续表

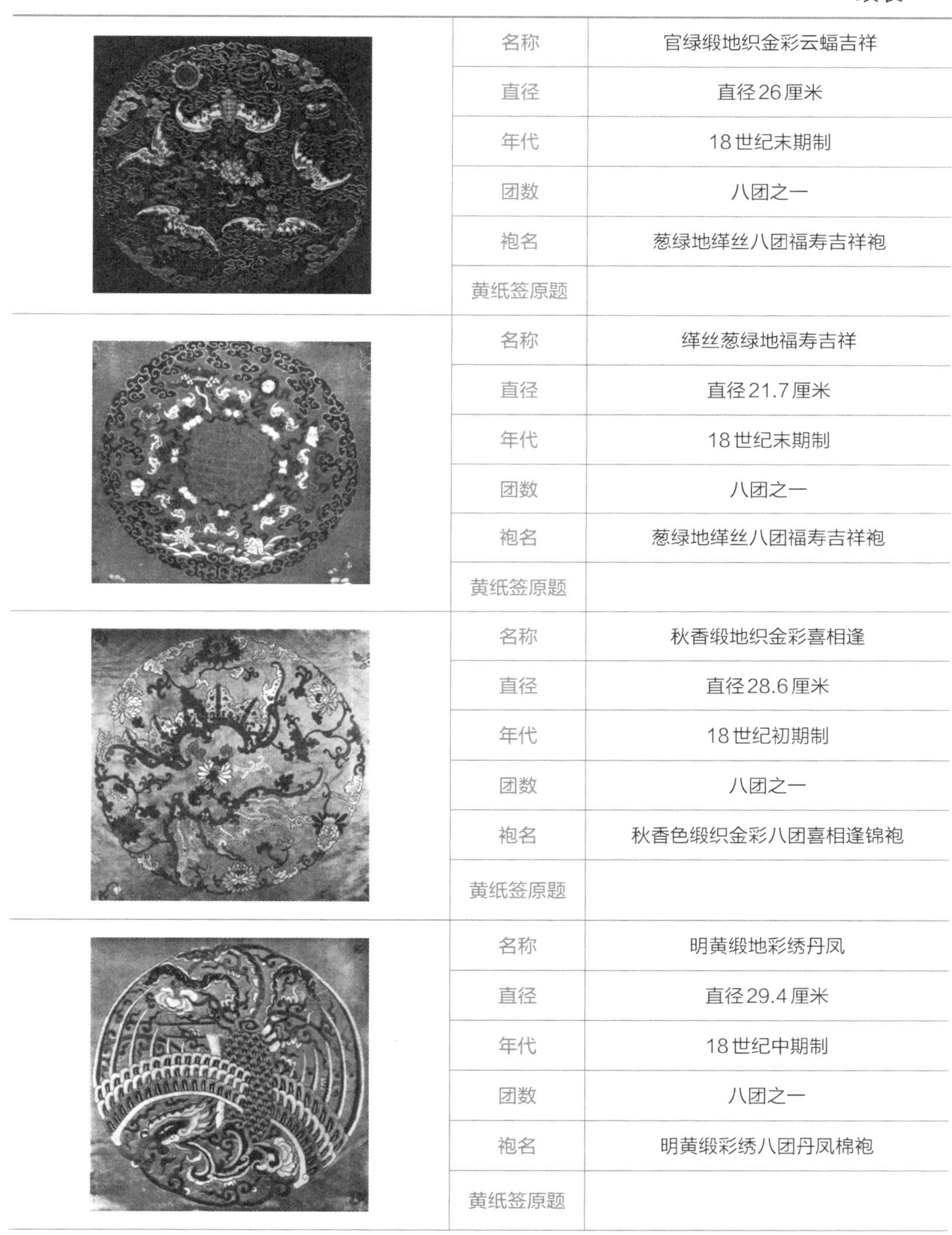

项目	内容
名称	官绿缎地织金彩云蝠吉祥
直径	直径26厘米
年代	18世纪末期制
团数	八团之一
袍名	葱绿地缂丝八团福寿吉祥袍
黄纸签原题	
名称	缂丝葱绿地福寿吉祥
直径	直径21.7厘米
年代	18世纪末期制
团数	八团之一
袍名	葱绿地缂丝八团福寿吉祥袍
黄纸签原题	
名称	秋香缎地织金彩喜相逢
直径	直径28.6厘米
年代	18世纪初期制
团数	八团之一
袍名	秋香色缎织金彩八团喜相逢锦袍
黄纸签原题	
名称	明黄缎地彩绣丹凤
直径	直径29.4厘米
年代	18世纪中期制
团数	八团之一
袍名	明黄缎彩绣八团丹凤棉袍
黄纸签原题	

续表

图	项目	内容
	名称	石青缎地彩绣凤穿牡丹
	直径	直径30.3厘米
	年代	公元1808年以前制
	团数	十二团之一
	袍名	石青缎绣十二团花夹袍
	黄纸签原题	嘉庆十三年十二月七日收，造办处呈览
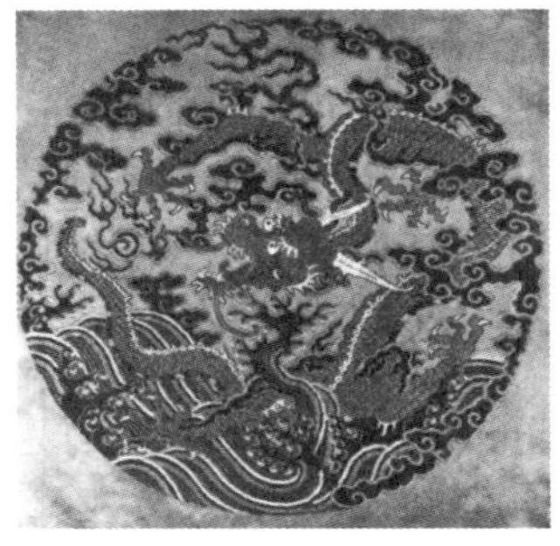	名称	秋香缎地织金彩海龙
	直径	直径21.5厘米
	年代	17世纪中期制
	团数	八团之一
	袍名	秋香缎织金彩八团海龙棉袍
	名称	石青缎地织金彩龙凤呈祥
	直径	直径21.3厘米
	年代	17世纪中期制
	团数	八团之一
	袍名	石青缎织金彩八团龙凤棉袍
	黄纸签原题	
	名称	秋香实地纱地彩绣夔龙富贵
	直径	直径30.1厘米
	年代	18世纪中期制
	团数	八团之一
	袍名	秋香实地纱地彩绣八团夔龙富贵单袍

四、我国袍服色彩的演变

中国以色彩命名的袍见表1-7，按照相邻朝代袍服色彩相比，汉代以青袍、绿袍、白袍、赤霜袍、皂袍为主，魏晋南北朝则是以绯袍、黄袍、紫袍和白袍为主。到了唐朝，以色彩命名的主要袍服有青袍、绿袍、赭袍、绯袍、赤霜袍、绛袍、黄袍、柘袍、皂袍、茜袍、紫袍、白袍、五色袍等十余种，与魏晋南北朝时期比较，种类增多，从侧面说明大一统下昌盛的唐王朝经济、科技上都比前朝有了很大的发展，染色技术以及人民的物质生活水平有了极大的提高，由于染色技术等因素的改变，不同色彩所代表的社会等级也随之发生改变。宋朝以色彩命名的常见袍服有绿袍、赭袍、绯袍、赤霜袍、柘袍、皂袍、茜袍、紫袍、白袍、鹄袍等十余种，虽然种类依然很多，但若根据出土实物、传世绘画和文献记载来分析，不难看出相对物质文化发达的唐朝来说，宋朝在这个基础上，对精神文化的追求更加明显。主要表现为两点：一是唐朝是大一统的多民族国家，对内对外都采用开明开放的政策，所以袍的色彩丰富多样，宋朝领土面积的大量缩小，对外交流，尤其是路上文明的交流相对唐朝时阻塞了很多，民族成分也相对单一了很多，加之理学的盛行，袍的色彩上相对唐朝简单了很多；二是宋朝是经五代十国的动乱后建立起的王朝，国家政策是以文官治理国家，所以文官阶层的社会地位大大提高，从而其审美情趣等都更加深刻地影响着整个国家，具体到袍服的色彩中就是用色的素净、高雅。元朝时期受经济、政治、文化等因素的影响，以色彩命名的袍主要有紫罗袍、绯袍、青袍、绿袍、蓝袍等，相对单一。明朝时期以色彩命名的袍得到新的发展，主要种类有绯袍、青袍、绿袍、蓝袍等，尤其蓝袍的大量出现，从其开始相对大量出现一直到现代社会，都是主要的袍服色彩之一。到了清朝，常见的袍的色彩有石青、明黄、蓝、绛红、褐、紫、玉、灰蓝、宝蓝、秋香、杏红、杏黄。月白藏蓝、大红等十余种色彩，袍的色彩更加繁复、华丽。民国时期，国家内忧外患，久经战乱，人民生活水平受到严重影响，随之袍的色彩也受社会大环境的影响走入了低调时期，一改清朝雍容华贵的色彩，以素雅为主。男子袍服统称长袍，女子袍服统称旗袍，从前以色彩命名的袍服的形式基本消失了。

表1-7　中国以色彩命名之袍统计表

名称	时期	功能	服者	备注
青袍	汉至隋、宋	常服	男女皆服	
	唐	公服	八至九品官吏	因小吏服，故引申为卑官代名词
	明	公服	五至七品官吏	另一种解释是黑色布袍，为丧服
	清		僧侣	又称缁衣，黑色布袍

续表

名称	时期	功能	服者	备注
绿袍	隋	官服	六品以下官吏	
	唐、宋	官服	六至七品官吏	
	明	公服	八至九品官吏	
赤霜袍	汉至宋		神话传说中的妇女	又称青霜袍，粉红色袍服
皂袍	汉至宋	常服	官吏	
绯袍	南北朝、隋		天子、官吏、士庶	红色袍服
	唐	常服	四至五品官员	
	宋	常服	六品官员	
	元	公服	六至七品官员	
	明	公服	一至四品官员	
黄袍	隋之前		士庶、百官	
	隋	朝服	帝王、贵臣	
	唐至明	常服	皇帝	改黄色为赤黄色，总章元年明确规定除天子外一律不准服黄
	清	礼服、遮雨	皇帝、后妃	包括帝后之朝袍、龙袍、雨衣，皇子蟒袍和清中叶后赐予功臣之蟒袍限金黄
紫袍	南北朝	常服	皇帝	
	隋	公服	五品以上官员	
	唐	公服	三品以上官员	
	宋	官服、命服	官员、命妇	
	元	官服	官员	
白袍	梁、宋、元		军士	
	秦至宋	孝服	庶民	
赭黄袍	隋至明	常服	皇帝	隋文帝始服，又称柘袍、柘黄袍、郁金袍，赤黄色袍服
绛袍	唐		武士、仪卫	深红色袍服
	晋至明	朝会	皇帝	也称朱纱袍、绛纱袍
茜袍	唐、宋		状元	大红色袍服，因茜花之色而得名
五色袍	唐		侍卫	以青、赤、黄、白、黑五色为方位标识
鹄袍	宋	应试时服	士子	白色襕袍，色洁白如鹄，故名

续表

名称	时期	功能	服者	备注
蓝袍	明	礼服	士人	
	清	礼服	帝王、官员	

五、我国袍服材料的演变

根据湖北江陵马山一号墓出土袍服等资料分析，绢、绨、方孔纱、素罗、彩条纹绮、锦等为先秦时期袍服的主要用料；秦汉时期袍服用料有锦、绫、罗、绮、纱、绢、缟、纨、麻等；魏晋南北朝时期除了齐鲁地区，巴蜀的蚕也发展起来，棉纺技术逐渐在新疆地区推广，这一时期麻织物仍然被广泛使用，尤其在南方地区，袍用材料基本沿袭了汉代的品种，个中有所发展。绫就在这一时期有了很大的发展，由于技术改革，产量大增，《中华古今注》载："北齐贵臣多着黄绫袍。"但由于没有出土袍服或文献直接记载，所以缎在唐代作为袍服的衣料，只是一个推断。宋代袍用衣料在唐代基础上有了新的发展，在纺织技术中缂丝技术得到较大发展，棉纺技术也得到进一步推广。明朝袍服原料种类发生了很大的变化，一方面是主要原料的传承发展，另一方面随着棉在全国民间的推广和流行，棉布也成为民间袍服的主要材料，丝绸则向精加工高档面料发展。随着唐后期纺织中心开始南移，经过宋代到了明朝时期，苏州已经成了全国的纺织中心。清代袍服的面料有绫、锦、缎、绸、罗、绢、葛、棉、衲纱等，皇室贵族及官僚则多选用单色织花或提花的绸、缎、纱等，所用袍料主要来自江南三织造，其中以缂丝和云锦最为名贵。民国时期随着清王朝的衰亡，江南三织造以及其生产的缂丝、云锦等也逐渐退出了历史舞台，随之而来的是舶来品涤纶等化学纤维面料。中国以衣料命名的袍见表1-8。

表1-8 中国以衣料命名之袍统计表

名称	时期	功能	服者	备注
绵袍	先秦至民国	御寒	士庶均可	多做成窄袖、大襟、内絮丝绵
缊袍	先秦至民国	御寒	贫者	纳有乱麻或絮旧绵之袍
绨袍	先秦至民国	御寒	贫者	以粗帛制成之袍
锦袍	先秦至清		贵者	珍品，常作赏赐之物
	唐至民国		僧侣	又称衲袍，因鲜艳如锦，故名

续表

名称	时期	功能	服者	备注
布袍	先秦至民国		贫者	布制长袍
	先秦至民国		平民或隐士	布衣之意，指平民或隐士
	先秦至民国	居丧	居丧之人	居丧之服
罗袍	先秦至清		多官吏、贵族	
布襕	先秦至清			在宋时官员服用，以苎麻制成
絁袍	先秦至民国		庶民	以粗绸制成之袍，借指庶民之服
麻袍	先秦至民国		贫者	
缯袍	先秦至民国			以帛制之袍
皮袍	先秦至民国	御寒	士庶均可	以皮为里衬之袍或直接用皮制成之袍
棉袍	汉至民国	御寒	士庶均可	明代记载始于汉，明中后期开始盛行
绫袍	魏晋至清		士庶均可	
	唐	公服	官吏	
绛纱袍	晋至明	朝会	帝王	以红纱为之，红里，领、袖、襟、裾以皂缘，交领，大袖，长及膝
碧纱袍	晋至清		贵族	绿色纱袍
罽袍	唐、五代	保暖		以罽制成之袍，紧密而厚实，多用于初春、深秋之季
纱袍	宋至清	公服	官员	以纱罗制成，有圆领大襟和斜领大襟数种，宋因薄透不雅观被禁，清定位礼服
	宋以前至清	常服	士庶	

六、我国袍服的文化传承

首先是汉族袍服礼俗文化传承。汉族袍服礼俗文化是一脉相承的，尤其是作为礼服的这一文化功能，自东汉永平二年，国家以法律的形式确立了袍作为礼服的这一文化功能开始，自后的历朝历代袍服一直传承延续着这一功能，其中又以大礼服尤为突出，一直延续了上下分裁再缝合的形式，以象征对黄帝垂衣裳而治天下的正统传承，唐代初年的襕袍就是在这种礼俗文化的背景下产生的，所以中国袍服史就是半部中国礼服发展史。

其次是汉族袍服技术文化传承。汉族袍服从技术文化上看，传统的十字剪裁法这一独特的技术以及缝纫方式自先秦时期到民国都是一脉相承的，其剪裁方式既符合东方人的体型轮廓，又符合东方文化中的俭以养德、畏天敬人等传统思想。袍服的制作技艺涵盖了绝大多数中华民族服装制作的技艺，所以中国袍服史不仅是中国的礼服发展史更是一部中国传统服装的技术发展史。

再次是汉族袍服艺术文化传承。汉族袍服被体深邃、雍容华贵的艺术审美从产生之初就深受上至贵族阶层、下至黎民百姓的喜爱，虽然历朝历代袍服流行的主要形制一直在发生着变化，但是其被体深邃、庄重的审美一直传承下来，中国绝大多数的丝绸染织装饰技艺也都被运用在历朝历代的袍服之上，所以将各个朝代的袍服总结来看，不仅是一部中华民族的民族融合史，更是一部中华民族的艺术文化发展史。

最后是汉族袍服制度文化传承。自黄帝垂衣裳而治天下开始，中国就有了自己的一套服装制度，这一套制度随着时间的推移越来越完备。我国的历代正史中也大都会有一篇专门记载历代乘车和穿衣制度的《舆服志》，这说明在古代社会乘车和穿衣制度是国家最重要的制度之一，是国家重要的统治工具，中国的袍服发展史也是中国服装制度文化传承史的重要组成部分。

中国的袍服有着悠久的历史和深厚的文化，绵延相传数千年而经久不衰，具有非常强大的生命力，历史上中国的袍服一直是周边各国家和地区所向往的珍品，对其他民族服装的发展产生着极其深远的影响。现在在欧美许多国家的博物馆和拍卖行还能见到大量的清代时期中国的袍服，这些袍服受到不同文化人们的喜爱，被修改成适合当地人所穿着的袍服，这些传世实物都是中西方文化交流的产物，也是中国袍服的魅力所在。

第二节 袍服的演变

一、我国袍服演变的共同性

中国袍服的整体特征总结为连体通裁，这也是礼服的重要特征。自先秦的袍服有了连体通裁，到汉代袍服腰线基本消失，之后的唐、宋、明、清的袍服，都采用连体通裁的方法。

作为礼服的重要组成部分的特征，袍服造型稳重，款式严谨，风格儒雅，所以自其从汉代成为礼服，便一直延续到民国，从皇帝的朝服龙袍，到官员的补服官袍，袍服始终占据着礼服的重要部分。

二、我国袍服演变的差异性

从民族融合来看，袍服并非汉族所特有的服装。早期的汉族袍服和南北少数民族的袍服最大的不同在于汉袍是右衽，而少数民族为交领或左衽。后来随着汉族的迁移、民族融合，汉族和少数民族的战争贸易往来，袍服也相互交融，少数民族多被汉族影响，穿右衽袍服，时至清朝，袍服又向满族服饰靠拢，出现袖口收窄等变化。民国时期，在女性服饰中，旗袍逐渐取代了汉袍，流行于全国，旗袍又受到西方文化的影响，开始收腰。

从制式上看，袍服在中国服装史上具有十分重要的地位。从汉代的曲裾袍到南北朝、唐代的圆领袍衫，再到民国的旗袍；由最初的肥大宽博到后来的紧瘦修身；领子的形状，由最初交领变为后来的鸡心领、圆领、盘领、立领等多种领型；袍服的下摆则由最初的没有开衩，变化为后来的两开衩、四开衩，又变回两开衩和不开衩；清代袍服开始使用盘扣等。袍服逐渐经历了由宽大到适体的过程。

从功能上看，袍服从先秦及秦代的内衣到西汉的外衣再到东汉的朝服，从魏晋南北朝和隋代开始流行于上流社会到唐代的百姓间普遍流行开来，至清代推广至全国，到民国长袍的传统象征和旗袍的流行象征，袍服逐渐经历了内衣、常服、礼服、时装的四个过程。

中国袍服是丰富、绚丽、多样的，历经数千年不断地继承、发展、创新，不断地吸取其他民族元素加以充实，但始终保持着固有特色。近代袍服是几千年来民族服饰融合的产物。从一个袍服的发展史，能从侧面映射出中国服饰文化的发展史。袍服的发展史对现代民族服饰有着借鉴意义，对袍服的研究有着很高的社会文化研究价值，既有利于挖掘中国古代服饰的丰富遗产，又有利于民族文化的传承和发展。希望在将来我国的礼服能以传统礼服的袍服为基础，重新回归到具有本民族文化印记的礼服。这对中华民族的文化归属感和民族自信心的增强及对外文化的传播与发展都有着积极的推动作用。

第二章

传统袍服的发展与研究

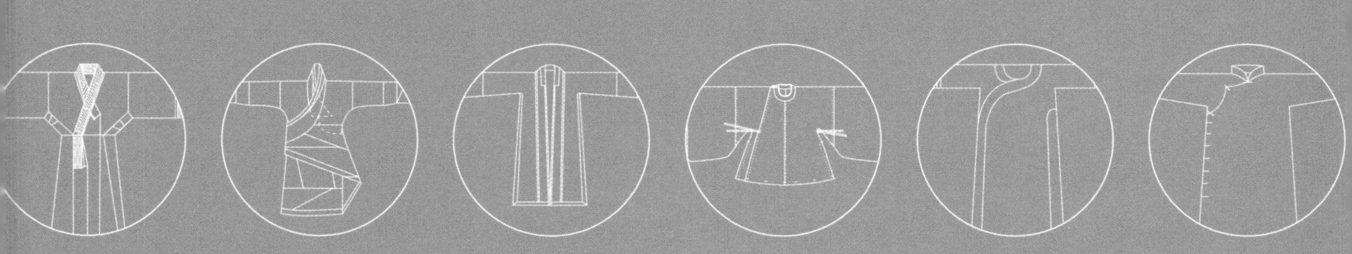

第一节　先秦时期

袍服作为礼仪服饰，袍服不仅是庄重的有形标志，还承载着丰富的文化内涵，它象征着一个国家、地区的政治、经济、文化水平。目前国内外学者对袍服研究多以民国时期袍服研究居多，对其他历史时期的袍服研究少且不全面。沈从文先生的《中国古代服饰研究》、周锡保先生的《中国古代服装史》、缪良云先生的《中国衣经》、刘瑞璞先生的《古典华服结构研究——清末民初典型袍服结构考究》、王宇清先生的《历代妇女袍服考实》都对中国先秦时期袍服有着不同程度的相关研究。然而这些研究仅仅只是中国先秦时期袍服研究的开端，而后的学人鲜有对先秦时期袍服进行专门研究。先秦时期是中国袍服出现、发展的时期，对于中国袍服研究的追根溯源起着关键的作用，所以专门对中国先秦时期袍服进行研究梳理很有必要，它可以为了解中国袍服历史之源提供直接、系统的资料，一方面它有助于中国传统服饰的传承和发展，另一方面也可为中国现代礼服的设计提供借鉴元素。本文首先对先秦时期的材料进行厘定，以期对先秦时期袍服有一个全面、系统的认识。

一、先秦时期袍服的形制与功能

袍服是中国最早的服装形制之一，在先秦时期已经出现，四川广汉三星堆出土的铜大立人像就身穿袍服（图2-1），距今已有3000~5000年之久。本文所研究的先秦时期袍服以《论语》《释名·释衣服》《汉书·舆服制》等著作加之夏代同一时期的古蜀文明四川广汉三星堆出土铜大立人像、湖北江陵马山楚墓一号墓出土袍服、河南辉县固围村出土战国魏国青铜人像（图2-2）、河南三门峡上村岭出土战国跽坐人漆绘铜灯（图2-3）、战国楚墓出土的帛画《人物龙凤图》（图2-4）等实物进行形制、功能的研究。

经研究发现，袍在先秦时期的主要功能为内衣，在穿着时也必须加罩外衣。

而在这一时期，袍服除了做内衣外还可以做帝王的常服，并且已经出现了简单的纹饰和彩绣。

图2-1　四川广汉三星堆出土的铜大立人像
（图片来源：三星堆博物馆）

图2-2 河南辉县固围村出土战国魏青铜人像（图片来源：中国国家博物馆）

图2-3 河南三门峡上村岭出土战国跽坐人漆绘铜灯（图片来源：河南博物院）

图2-4 湖南战国楚墓《人物龙凤图》（图片来源：湖南省博物馆）

表2-1、表2-2分别是湖北江陵马山一号墓出土袍服形制和测量数据情况。

表2-1 湖北江陵马山一号墓出土袍服形制表❶

名称	领型	门襟形式	收腰情况	裁剪方式	开衩情况	下摆造型	备注
素纱绵袍	交领	右衽大襟	无收腰	上下分裁	无开衩	直摆	背部领口下凹
黄绢面绵袍	交领	右衽大襟	无收腰	上下分裁	无开衩	直摆	锦缘、领内外加精绣绦带
菱纹绵面绵袍	交领	右衽大襟	无收腰	上下分裁	无开衩	直摆	死者骨架长164厘米

表2-2 湖北江陵马山一号墓出土袍服测量数据表 单位：厘米

名称	身长	领缘宽	袖展	袖宽	袖口宽	袖缘宽	腰宽	下摆宽	摆缘宽
素纱绵袍	148	4.5	216	35	21	8	52	68	
舞凤飞龙纹绣土黄绢面绵袍	140	3.1		35	20	9.5			
黄绢面绵袍	165	6	158	45	45	11	59	69	8
对凤对龙纹绣浅黄绢面绵袍	169	9	182	47	47	17	66	80	11

❶ 湖北省荆州地区博物馆：《江陵马山一号楚墓》，文物出版社，1985年，第5-6页。

续表

名称	身长	领缘宽	袖展	袖宽	袖口宽	袖缘宽	腰宽	下摆宽	摆缘宽
小菱形纹锦绵袍之一	200	6	345	64.6	42	10.5	68	83	6
小菱形纹锦绵袍之二	161	6	277	40	36.5	15	66	79	12
E形大菱形纹锦面绵袍	170.5	10.5	246	41	34	12	78	96	22
深黄绢面绵袍	171.5	4	166	41	33.5	17		73	6

马山楚墓的年代，约公元前三四世纪，属战国中晚期。从表2-2中袖口宽的数据可以看出战国袍服按袖子的宽窄不同可以分为三类：大袖式、宽袖式、窄袖式。它们的共同特点是交领、右衽大襟、无收腰、上下分裁、无开衩、直摆，少部分袍服出现纹饰和彩绣。先秦时期正是当时主流的袍式礼服深衣逐步衰落，袍服开始形成雏形的时期，袍服还保留着深衣的上下分裁制式。深衣在后世看来是属于身长过膝的袍式长衣，而根据《汉书》和《论语》的记载，先秦时期深衣和袍是有着明显的区别的：深衣在当时属于礼服的一种，其制作有着严格的规定及寓意；袍在当时主要是指穿在里面的内衣，其没有特定的裁剪和寓意，另一种袍是作为帝王常服，有简单的刺绣和寓意，因为是常服，制作也应无特定规定和寓意。

先秦时期袍服按功能可分为常服之袍和内衣之袍两种，男女皆可穿。贵族常服袍多趋于瘦长，衣领趋宽，衣上织或绣有纹样，边缘较宽，边缘多用厚质地的织锦，既能保证衣服的造型美，又能避免行走的不便。战国楚墓出土的帛画《人物龙凤图》中有一穿袍的妇女，右衽、高领、镶宽缘锦、宽袖，袖口有极宽的两色斜纹锦、腰系带、袍长坠地呈曲裾式。

从形制上看，袍服在中国服装史上具有十分重要的地位，袍服款式上的特点主要表现在领、襟、袖及衣裾上。

袍的领多采用质地厚实的布帛制作而成，一是固定袍服的框架，二是可以增加耐磨度。袍的领款式样丰富多彩，仅从造型上就分有方领、交领、斜领、直领。方领又称方盘领，始于先秦，流行在先秦及汉，直到宋代还在士大夫中延续，在冠婚、祭祀、宴居、交际等场合穿服。交领又称交衽，连于衣襟，穿服时两襟交叉叠压，故而得名。主要流行于先秦时期，多用于男女常服（图2-5、图2-6），不分尊卑，后逐渐减少，只在儿童服装和少数民族地区传承（图2-7）。

大襟也就是右襟，为汉族男女的主要衣襟形制，而左襟相对来说，为部分少数民族穿服为主，先秦时期出现，后又沿用下来。

袖子一般由三个部分组成，近腋处称为袼，袖口称为袪，除去袼和袖的袖身部分称为袂。袼部位无论袖子本身是大袖（图2-8~图2-10）、宽袖（图2-11~图2-13）、窄袖（图2-14、图2-15），袼的大小都基本是固定的，即便是拖地的大袖，袼的大小也不会过于扩大，这是为了便于活动。袪一般用厚实的布帛制作，考究的袍服袖口会制成花边配以配饰或镶以兽皮。袖口的形状也有窄口、宽口和大口之分。袂为袖中部位，是袖子的主体部分，所谓的大袖，主要是在肘关节为主的衣袂部分宽大。

图2-5｜凤鸟花卉纹绣浅黄绢面绵袍

图2-6｜清代哈萨克族交领女袍（图片来源：中国国家博物馆）

图2-7｜民国时期儿童交领上衣（图片来源：笔者收藏）

图2-8｜小菱形纹锦面绵袍（大袖式）

图2-9｜龙凤相蟠纹刺绣袍服

图2-10｜龙凤纹刺绣襜褕（图片来源：荆州博物馆）

图2-11｜对凤对龙纹绣浅黄绢面绵袍（宽袖式）（图片来源：荆楚文化网之清宫图库）

图 2-12 | 凤鸟花卉刺绣襜褕（先秦）
（图片来源：荆州博物馆）

图 2-13 | 凤践蛇纹刺绣秋衣（先秦）
（图片来源：荆州博物馆）

图 2-14 | 素纱绵袍（窄袖式）
（图片来源：荆楚文化网之清宫图库）

图 2-15 | 圆领褐袍

袍裾就是袍的下摆，原本专指衣背下部，后泛指整个下摆，有曲裾、燕裾、长裾等。先秦及西汉时期的曲裾袍的裾就是曲裾，制作时袍服斜裁成三角状，连缀衣襟，穿着时衣襟相互交叠，尖端部位绕至身后，形成曲裾。下摆形如燕尾，称燕裾，在袍的下端缀以三角形装饰，一般采用多片。长裾及背部下摆很长，一般贵妇穿服，行走时会有婢女手托长裾。先秦纽扣（早期是小带扣节）的形态位置概行曲袷交领，主要款式第一纽扣（小带的扣带）在右腋下。起初先秦及秦汉时期为人适领。自从袍服从内衣转变为外衣开始，袍服就开始有了装饰。先秦时期的宽袖袍服已经有了锦缘并且施以精致的彩绣，袍服的装饰部位起初以领袖为主。

二、先秦时期袍服的材料

春秋战国时期各国诸侯变法，提倡耕织，私营的城市手工作坊和官营作坊并存，农村男耕女织。手工业得到发展，其中纺织业和染业的发展对服装的发展起到很大的推进作用。纺织业有丝织、麻织、葛织，其中丝织品主要供统治阶级使用，庶民百姓主要服麻、葛制品。所以这一时期的袍主要是丝、麻等材料织造的。服装用料中丝帛有绢、缣、绮、锦等，加之刺绣等工艺和精致的麻织物一起成为贵族使用的衣料，周朝设有专门官吏掌管生产供应，起初商人是不准穿用这些高档织物所制服饰的。《礼记 · 玉藻》："士不衣织。"孔颖达曰："织者，前染丝后织者。此服功多色重，故士贱不得衣之也。大夫以上衣织，染丝织之也。士衣染缯。"意为士贱不能穿织锦制衣服。《礼记 · 玉藻》又载："锦文珠玉成器不粥于市。"可见锦为大贵族的独占品，不得在市场上出售，一般人是不能服锦的。《管子 · 立政》："度爵而制服，量禄而用材……虽有贤身贵体毋其爵而不敢服其服，虽有富家多资毋其禄不敢用其材……刑余戮民，不敢服丝。"明确了服饰与等级地位的关系。后随着商人财富及社会地位的提高和纺织生产的发展，大商人也可以穿从前贵族专用的织品，这就又反过来扩大了市场，促进了纺织业的生产发展。

这个时期出现了按袍的衣料和填充物来命名的袍服，有绨袍、褞袍、绵袍等（表2-3）。《史记 · 范雎传》记载曰："'范叔一寒如此哉！'乃取其一绨袍以赐之。"这是记载战国时期秦相范雎装穷人在秦国见旧日结怨之人，受其赐袍而恩怨化解之故事。绨是一种粗厚的丝织品，绨袍就是粗帛所制成的袍，色绿而有光泽，贫者用于御寒。当时贫者用于御寒的还有褞袍，褞袍又称缊袍，纳有碎麻或新旧绵絮的袍。《庄子 · 让王》记载："曾子居卫，褞袍无表。"这是先秦时期对袍的记载，可见褞袍在先秦时期已经出现。还有一种名为绵袍的服饰是当时贵族所穿之袍，一般造型为窄袖大襟，絮丝绵。湖北江陵马山一号楚墓出土袍服中就有素纱绵袍、舞凤飞龙纹绣土黄绢面绵袍、凤鸟花卉纹绣浅黄绢面绵袍、对凤对龙纹绣浅黄绢面绵袍、小菱形纹锦绵袍、E型大菱形纹锦面绵袍、深黄绢面绵袍，多制作精美，可见在先秦时期，贵族御寒之袍以绵袍为主。

中国对桑蚕的养殖和麻的应用非常早，所以先秦时期有着明显的分类，贵族服丝织品，以锦为贵，锦的价格贵重如金，所以锦字从帛从金，以纳有丝绵的袍御寒。百姓贫者则只能以粗麻为衣料，纳乱麻等为絮来御寒。这都是受到当时社会背景的影响。新疆地区擅长纺织毛布，新疆哈密五堡曾出土先秦上古时期毛布缝制的长袍，此袍无领、窄袖、袖口和底襟镶毛带，出土时穿于死者身上，腰间束带（图2-16）。根据湖北江陵马山一号墓出土袍服等资料分析，先秦时期华夏地区主要袍服用料有绢、绨、方孔纱、素罗、彩条纹绮、锦等。

图 2-16 | 对襟褐袍

表2-3 中国以衣料命名之袍统计表[1]

名称	时期	功能	服者	备注
绵袍	先秦至民国	御寒	士庶均可	多制成窄袖、大襟、内絮丝绵
缊袍	先秦至民国	御寒	贫者	纳有乱麻或絮旧绵之袍
绨袍	先秦至民国	御寒	贫者	以粗帛制成之袍
锦袍	先秦至清		贵者	珍品，常作赏赐之物
	唐至民国		僧侣	又称衲袍，因鲜艳如锦，故名
布袍	先秦至民国		贫者	布制长袍
	先秦至民国		平民或隐士	布衣之意，指平民或隐士
	先秦至民国	居丧	居丧之人	居丧之服
罗袍	先秦至清		多官吏、贵族	
布襕	先秦至清			在宋时官员服用，以苎麻制成
绝袍	先秦至民国		庶民	以粗绸制成之袍，借指庶民之服
麻袍	先秦至民国		贫者	
缯袍	先秦至民国			以帛制之袍
皮袍	先秦至民国	御寒	士庶均可	以皮为里衬之袍或直接用皮制成之袍

先秦时期是袍服的发展初期，其形制基本可以概括为大袖式、宽袖式和窄袖式三种，后世的袍服都是以此为基本型进行演变。先秦时期袍服的功能简单，还没有作为朝服、大礼服出现，除了帝王常服有装饰外，其他袍服基本无装饰，但是袍的种类很多，仅史书有明确记载的袍的名字就达十余种，其中《庄子·让王》一文更是先秦时期的著作，明确记录了先秦的褞袍，这就直接证明了袍这个词在先秦时期已经出现。现代人研究国服，先秦是源头，发掘其特点，设计出更好地代表个人、地区以及国家形象的礼服是其社会价值；设计出蕴含中国特有的民族文化与风情，使其成为中国文化传承与传播的一种方式，是其文化价值；如何对袍服进行改良创新，使其既中国又国际，既古典又现代，既时尚又内涵，是其艺术价值。因此，袍服的研究、传承与创新是一个具有社会价值、文化价值与艺术价值三重价值的问题。

[1] 周汛，高春明：《中国衣冠服饰大辞典》，上海辞书出版社，1996 年，第 193–203 页。

第二节　秦汉时期

秦汉时期是中国古代的大一统时期，服饰制度逐渐完善，等级森严。这一时期也是袍服逐步走向成熟的时期，对后世袍服的发展产生了深远的影响，在整个中国袍服演变史中起着承上启下的作用。因此对秦汉时期袍服的研究就有着非常重要的意义，尤其袍服的功能演变过程是袍服演变史中不可或缺的重要组成部分。本文主要以袍服的形制和功能及袍服的色彩与材料两部分为基础，通过经籍、史籍、考古报告等资料进行分析总结。

一、秦汉时期袍服的形制与功能

秦代服饰是战国服饰的延续，秦代历时十五年，袍服没有太多的改变。秦代的出土资料很有限，主要集中在秦始皇陵周围，其中最具代表性的就是秦陵兵马俑，兵马俑真人大小，制作写实，细节也很清楚。图2-17、图2-18为秦始皇陵穿袍跪俑，跪俑穿右衽袍，长至膝盖以下，中衣领围在颈部，如围巾样，可以起到保暖的作用，交领，窄袖，腰间系带。图2-19为秦始皇陵马厩出土的秦代养马官员俑，穿右衽短袍，袍内还穿有一件袍，袍为交领，窄袖，大襟，无开衩，腰间系带，袖口紧收。图2-20为秦始皇陵车驭手俑，在马车上站立驾车，头戴冠，右衽交领长袍，腰间系细带，并在前面打结，大襟，窄袖，无开衩。从有限的资料中可以看出，秦朝袍服的共同特点是：交领、大襟、无收腰、腰间系带、无开衩、窄袖，袍服没有出现纹饰和彩绣，但是由于资料有限，出土俑多是小官吏、士兵和佣人，根据先秦时期贵族袍服已开始出现简单纹饰和彩绣推断，秦时贵族袍服应该也有简单的纹饰和彩绣，但是其他阶层的人民所穿袍服是没有纹饰和彩绣的，作为装饰并没有普及。

袍服到了汉代有了里程碑式的发展，本文所研究的汉代袍服以《释名》《后汉书》等书籍和长沙马王堆三号汉墓出土袍服等实物进行研究，表2-4是长沙马王堆三号汉墓出土袍登记表情况，表2-5是其与测量数据、形制情况[1]，图2-21是汉代袍服结构图。

表2-4　长沙马王堆三号汉墓出土袍服登记表

名称	领型	门襟	裁剪方式	里	缘	备注
罗夹袍	交领	右衽	上下分裁	素绢	起绒锦	有窄绢边
褐色绢地“长寿绣”夹袍	交领	右衽	上下分裁	素绢	素绢	

[1] 湖南省博物馆：《长沙马王堆二、三号墓》，文物出版社，2004年。

续表

名称	领型	门襟	裁剪方式	里	缘	备注
罗丝绵袍	交领	右衽	上下分裁	素绢	起绒锦	袖为起绒锦
黄褐罗地“信期绣”丝锦袍	交领	右衽	上下分裁	素绢	素绢	
褐色绮夹袍	交领	右衽	上下分裁	素绢	素绢	
赫褐绢地“长寿绣”夹袍	交领	右衽	上下分裁	素绢	起绒锦	直缝
赫褐绢地“长寿绣”夹袍	交领	右衽	上下分裁	素绢	锦	有袍角结带
褐色绢地“乘云绣”夹袍	交领	右衽	上下分裁	素绢	素绢	右袍尖角
深褐色绢地“乘云绣”夹袍	交领	右衽	上下分裁	素绢	素绢	
罗丝绵袍	交领	右衽	上下分裁	素绢	素绢	
黄褐绢地“长寿绣”夹袍	交领	右衽	上下分裁	素绢	素绢	
罗丝绵袍	交领	右衽	上下分裁	素绢	素绢	
素纱绵袍	交领	右衽	上下分裁	素绢	素绢	
黄褐罗地“信期绣”绵袍	交领	右衽	上下分裁	素绢	素绢	

表2-5　长沙马王堆三号汉墓出土袍服测量数据及形制表

名称	衣长	通袖长	领型	门禁	面	里	絮	备注
罗地“信期绣”丝锦袍	155厘米	243厘米	交领	右衽曲裾	“信期绣”菱纹罗	素绢	丝绵	绒圈锦袍缘
印花敷彩丝绵袍	130厘米	236厘米	交领	右衽直裾	绛红色印花敷彩纱	素纱	丝绵	整衣用50厘米宽、2300厘米长的纱

马王堆墓的年代在公元前193年，属西汉初期，这一时期的袍服为交领、右衽、曲裾或直裾、袖口多窄袖、袍面多彩绣、絮丝绵、领袖下摆施缘。图2-22是马王堆一号汉墓出土的袍服中的曲裾袍信期绣锦缘绵袍和直裾袍印花敷彩纱绵袍各一件，图2-23、图2-24是其结构示意图。图2-25是马王堆一号墓帛画《升天图》，图2-26是其局部。这幅T形帛画出土自马王堆一号墓，遣策中称其为“非衣”，整幅帛画绘制于丝绢上，内容可以分为上、中、下三个部分，分别描绘天上、人间、地下之景象，中间部分为一位老年贵妇拄杖而立，应该就是墓主人辛追，穿曲裾长袍，袍面布满纹饰，袖子宽大，袖口收紧，左侧两个端盘者戴“刘氏冠”，分别穿黄袍和蓝袍，妇人身后有三位婢女，穿曲裾袍，分别为粉袍、黄袍和蓝袍。这说明在西汉初年袍服以曲裾袍最为常见，直裾袍相对出现较少，人们的身份地位主要靠袍服的面料和纹饰绣工加以区分，从色彩和款式上

区别不大。另外画中所出现成人袍服领袖皆为黑缘边，而两个男孩则未用黑色的领袖缘边。东汉时，基本都用直裾袍，而且官民款式不分，不同官级间款式也无大的区别，但从出土实物中可以看出，身份越是高贵的人袍的长度一般会越长。

图 2-17 | 秦始皇陵穿袍跪俑侧面（秦始皇陵博物院）

图 2-18 | 秦始皇陵穿袍跪俑正面（秦始皇陵博物院）

图 2-19 | 秦代养马官员俑（秦始皇陵博物院）

图 2-20 | 秦始皇陵车驭手俑（秦始皇陵博物院）

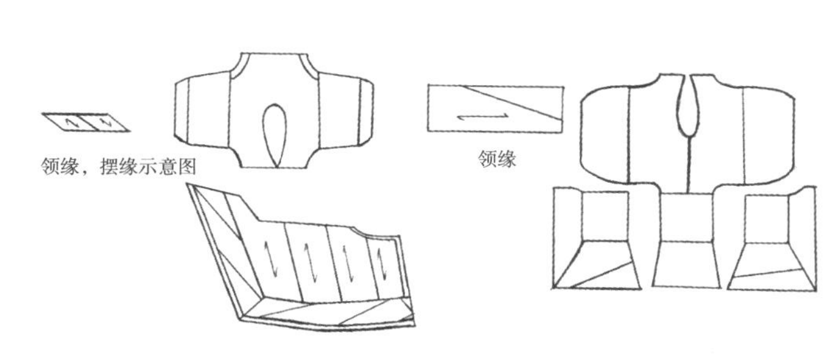

图 2-21 | 汉代袍服结构图

（a）信期绣锦缘绵袍

（b）印花敷彩纱绵袍

图 2-22 | 长沙马王堆一号汉墓出土的袍服

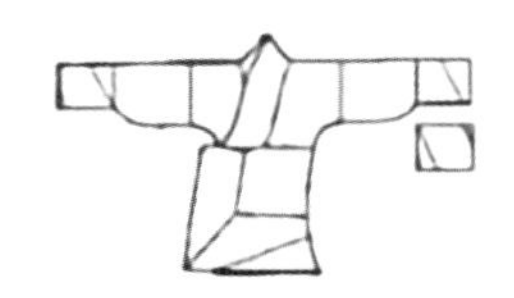

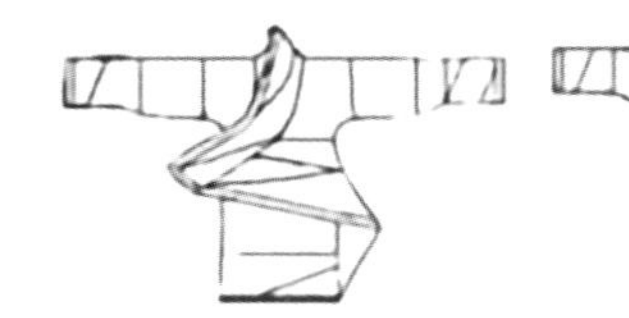

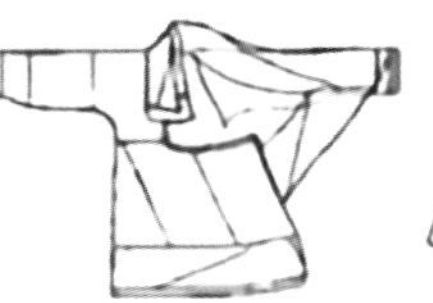

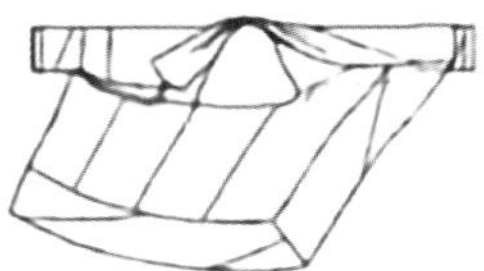

图 2-23 | 印花敷彩纱绵袍结构示意图

图 2-24 | 信期绣锦缘绵袍结构示意图

图 2-25 | 长沙马王堆一号汉墓出土帛画《升天图》

图 2-26 | 《升天图》局部墓主人及侍从（长沙马王堆一号汉墓出土）

汉代的常服以袍为主。另外，长沙马王堆一号汉墓中的曲裾袍可以证明，有方领、曲裾、衣襟下达腋部即旋绕于后。汉代袍主要有几个特点：一是有里有表或絮碎麻、丝绵，称夹袍或绵袍；二是多交领、大襟、右衽，袂宽，祛窄；三是领口、袖口处绣纹样。袍的长短也不一样，文官、长者袍长至踝骨或盖脚面，武将或劳动者袍长过膝。而这时袍服的功能开始了从内衣和帝王常服到朝服的转变。从此官袍成为封建社会中的权位象征。从皇帝到小吏都以袍为朝服，交领，多大袖，衣袖由宽大的袂和往上收的祛组成，衣领和袖口处镶有花边，大襟，衣襟开得较低，主要以衣料质地和色彩区分等级。

根据款式外形分曲裾袍、直裾袍、褂袍、大袍、重缘袍五种。曲裾袍和直裾袍在长沙马王堆考古报告中有实物出土图片，曲裾袍战国出现，西汉早期盛行，东汉时渐少，交领，领口低，袖有宽窄两种，袖口有花边，通身紧窄，袍长曳地，下摆呈喇叭状。直裾袍于西汉出现，东汉盛行。褂袍是缀有褂饰的长袍，《礼·杂记上》汉郑玄注：“六服皆袍制，不禅，以素纱裹之，如今褂袍襈重缯矣。”唐孔颖达疏：“汉时有褂袍，其袍下之襈以重缯为之。”大袍是宽敞的袍服，《后汉书·礼仪志上》：“皆服都纻大袍。”[1]重缘袍是汉代妇女婚嫁所穿的礼服，以材料及色彩区分尊卑，因为衣缘多达数层而得名。

---

[1] [南朝宋]范晔：《后汉书·礼仪志下》，中华书局，2012 年，第 956 页。

袍的领款式仅从造型上分就有方领、交领、曲领、圆领、斜领、直领、合领、盘领、立领。先秦及西汉时期的曲裾袍就是非常典型的曲裾，直裾以直裾袍为例，汉初多用于女服，东汉男女并用。裾平直，底部方正，穿着时裾和襟折向身背，东汉后移至前身。

袍服从西汉流行的曲裾袍逐渐过渡到东汉流行的直裾袍，也就是这个过程，袍服的功能逐渐由原来的内衣、常服逐渐演变成礼服。关于袍服正式成为礼服的讨论，有两种主要的观点。一种是说袍服正式开始作为礼服的时期在秦朝，主要的理论依据是晋人崔豹所著《中华古今注》记载："袍者，自有虞氏即有之。故《国语》曰：'袍以朝见也。'秦始皇制：三品以上绿袍、深衣"。这种观点以史料为依据，乍一看似乎很权威，并且目前国内很多关于服装史的书籍多是引用的这一观点。但是研究历史要秉承严谨的态度，不可偏信，尤其是孤证的时候更要小心分析求证，当代或邻近朝代的书籍记载当代的内容可信度就会大大高于远离其朝代的作者记载的内容。目前史学界认为虞舜时代为传说时代，并无文字，历史只靠传说，秦代只有甲骨文，传世信息少，几乎没有证据。《中华古今注》为晋人崔豹所著，作者不能亲见古事，更难以有真材实料加以证明，如其说秦制就不确切，秦代官职称爵级而非品级，品级乃曹魏时期九品中正制以后之制。而且绿色在传统习俗及国家制度上是相对卑下而非高贵之色。还有就是袍在西汉还是以曲裾袍为主，不能作为礼服，直到东汉才正式成为朝服。综上分析，《中华古今注》所说的袍应该在秦朝为高级官员的朝服一事存有很多疑点，不可轻信。另一种观点是东汉永平二年，袍服正式成为朝服。这种观点的证据是《后汉书·舆服志下》载："今下至贱更小吏，皆通制袍，单衣，皂缘领袖中衣，为朝服云。"王宇清著《历代妇女袍服考实》引《后汉书·舆服志下》载："袍之得以挤于男子礼服之林，可要晚到东汉初期明帝永平二年（公元59年）。"《后汉书·舆服志下》还载有："太皇太后、皇太后入庙服，绀上皂下，蚕，青上缥下，皆深衣制，隐领袖缘以绦。""皇后谒庙服，绀上皂下，蚕，青上缥下，皆深衣制，隐领袖缘以绦。""贵人助蚕服，纯缥上下，深衣制。大手结，墨玳瑁，又加簪珥。""公、卿、列侯、中二千石、二千石夫人，绀缯蔮，黄金龙首衔白珠，鱼须擿，长一尺，为簪珥，入庙佐祭者皂绢上下，助蚕者缥绢上下，皆深衣制，缘。"从中可见，虽然袍服在东汉孝明帝永平二年正式成为朝服，但是深衣仍然占据着礼服的重要位置，袍取代深衣是一个逐步演变的过程，不是一道命令就即刻转变的。从先秦到汉应该是袍服的发展期，逐渐走向成为礼服的重要位置。自东汉永平二年袍服正式成为朝服。

二、秦汉时期袍服的色彩与材料

《后汉书·舆服志下》记载："秦以战国继天子位，减去礼学，郊祀之服，皆以袀玄”。[1]秦时礼服尚黑色，汉初仿之，汉武帝太初元年定黄色的尊崇地位，《后汉书·光武帝纪上》记载：“建武二年，刘秀始正火德，色尚赤”。[2]西汉末年，佛教经中亚传入中国，东汉末年佛教在民间流传开来。佛家的传播对中国文化的发展，服饰文化的发展都产生了深远的影响。东汉时期神仙方术和道家学说相结合形成道教，道教文化也长期影响着中国的文化尤其服饰文化的发展。从马王堆汉墓出土的服饰、帛画看，开始出现人物刺绣，具有十分重要的艺术意义。

史籍记载秦汉时期袍服按色彩命名分为青袍、绿袍、白袍、赤霜袍、皂袍和单缘袍六种，青袍在汉代是指青色布袍，男女皆服，和唐代官袍中的青袍有所区别，汉无名氏《古诗五首》之一：“穆穆清风至，吹我罗衣裾。青袍似春草，长条随风舒。”绿袍在汉朝是指宽袍大袖绿色之袍，官员着绿袍，一般平民着白袍。赤霜袍又名青霜袍，是粉红色袍服，神话传说中为妇女服用，汉班固《汉武帝内传》记载：“夫人年可廿余，天姿清辉，灵眸绝朗，服赤霜之袍，六彩乱色，非锦非绣”。[3]皂袍是官吏所穿的黑色常服袍，《后汉书·钟离意传》：“帝每夜入台，辄见崧，问其故，甚嘉之，自此诏太官赐尚以下朝夕餐，给帷被皂袍，及侍史二人。”[4]单缘袍是汉代妇女的一种袍服。汉制，公卿列侯夫人以下，衣服襟袖，用单色缘边，故名“单缘袍”。袍分五色，用锦绣。[5]

自从袍服从内衣转变为外衣开始，袍服就开始有了装饰。从表2-6、表2-7中得知，先秦时期袍服出现了锦缘和彩绣，汉代时期袍服不仅有彩绣，还出现了印花。

表2-6　中国以装饰纹样命名之袍统计表

名称	时期	功能	服者	备注
绣袍	唐	官服	官员	依官职绣不同纹样及八字铭文
	先秦至民国	装饰	贵者	彩绣之袍

表2-7　中国以色彩命名之袍统计表

名称	时期	功能	服者	备注
青袍	汉至隋、宋	常服	男女皆服	
	唐	公服	八至九品官吏	因小吏服，故引申为卑官代名词

[1] [南朝宋]范晔：《后汉书·舆服志下》，中华书局，2012年，第1099页。
[2] [南朝宋]范晔：《后汉书·光武帝纪上》，中华书局，2012年，第7页。
[3] [汉]班固：《汉武帝内传》，中华书局，1985年，第8页。
[4] [南朝宋]范晔：《后汉书·钟离意传》，中华书局，2012年，第414页。
[5] 吴山：《中国历代服装·染织·刺绣辞典》，江苏美术出版社，2011年，第25页。

续表

名称	时期	功能	服者	备注
青袍	明	公服	五至七品官吏	还有一种解释是黑色布袍，为丧服
	清		僧侣	又称缁衣，黑色布袍
赤霜袍	汉至宋		神话传说中妇女	又称青霜袍，粉红色袍服
皂袍	汉至宋	常服	官吏	
白袍	梁、宋、元		军士	
	秦至宋	孝服	庶民	

秦王朝统一中国后，废“分封制”行“郡县制”，汉承袭了秦的郡县制，这对维护中央集权和国家统一起到了积极作用。秦商鞅变法第一次明确提出重农抑商政策，汉效仿之，这对当时的农业、手工业和社会经济的发展，以及统治阶级政权的巩固起到了积极作用。这一时期纺织业、染色业等服装相关产业有了长足进展，高档服饰的需求大大增加。这对服装业，尤其对高档袍服的发展起到了积极的推动作用。秦汉时期朝廷不仅把“劝奖农桑”作为国策，还当作考核地方官的重要指标。《四民月令》记载：“三月条将治蚕室、乃同妇子，以秦其事。”[1]《汉书·高帝纪》：“八年：贾人毋得衣锦、绣、绮、縠、絺、纻、罽。”[2]《汉书·成帝纪》四年：“公爵列侯，多畜奴婢，被服绮，车服过制。申敕有司，以渐禁之。青绿民所常服，且勿止。”[3]这说明汉朝的服饰制度是禁止商人穿高档面料所制服饰的，但是执行得不严格，商人穿越制的服饰很常见，所以从服装的面料上贵族和商人是很难区分的，但是普通百姓穿服以青绿色为主。汉代设织室令丞主管为官营的纺织机构，如在长安设立的东西两织室。还设有平淮令，专管染色。在当时的丝织业中心临淄建立三服官手工工场。

秦汉时期，丝、麻、毛纺织技术都达到很高的水平。缫车、纺车、络纱、整经工具、脚踏斜织机等手工纺织机器已经广泛使用。织机、束综提花机已经产生，多色套版印花已经出现，服饰主要材料有丝帛、麻布、葛布和动物毛皮等，棉布开始初步进入边疆人民的生活领域。秦汉时期桑蚕业大为发展，内蒙古和林格尔汉墓出土的壁画中可以看出有养蚕的器物，由此可知在东汉末年内蒙古南部地区已经开始出现桑蚕业，加之黄河流域、长江流域等早已出现的桑蚕业，此时桑蚕业在全国基本得到推广普及。《淮南子》记载“原蚕一岁再登”，说明在秦汉时期已经有二化蚕出现，丝产量大大提高。地域上的推广和单位产量的提高都大大

[1] [汉] 崔寔：《四民月令》，中华书局，2013 年，第 5 页。
[2] [东汉] 班固：《汉书·高帝纪》，中华书局，2007 年，第 14 页。
[3] [东汉] 班固：《汉书·成帝纪》，中华书局，2007 年，第 76 页。

推动了纺织业的发展，这是这一时期服饰技艺发展、袍服成为礼服的经济原因之一。汉朝时张骞受命于朝廷出使西域，开辟丝绸之路，包括南、中、北三条路，使得中国文化尤其是服饰文化得以和亚欧其他国家得到交流。《汉书 · 货殖列传》记载："齐鲁千里桑麻之地"。[1]此处可见临淄纺织业的繁华。秦汉用于纺织品染色的矿石染料主要有丹砂、空青、石黄等，植物染料主要有蓝草、茜草、红花、栀子、鼠李、紫草。《中国染织史》说："凸版印花技术在春秋战国时代得到发展，到西汉时已有相当高的水平。"[2]此外，还有蜡缬、夹缬、绞缬的染缬工艺，浸染、套染、媒染的染色和彩绘等手法来丰富服饰的色彩。

史籍记载秦汉时期袍服按材料分有锦袍、布袍、绨袍、绵袍、缊袍、毳袍六种（表2-8）。锦袍是用彩色花纹的丝织物所制成的袍，色彩斑斓华美，历代视作珍品，常用作朝廷对近臣、外邦的赏赐之物。《史记 · 匈奴传》记载："汉与匈奴约为兄弟，所以遗单于甚厚，绣袷长襦锦袷袍各一。"[3]又称衲袍，僧侣所服之袍，因其色艳如锦，故名。布袍是布做的袍子，贫者服用。《后汉书 · 东夷传 · 三韩》："大率皆魁头，布袍草履。"[4]绨袍是由粗帛制成的袍服，贫者御寒之用。《后汉书》："故孝文皇帝绨袍革舄，木器无纹，约身薄赋，时致升平。"[5]绵袍是纳有绵絮的袍，多做成窄袖、大襟，内絮丝绵，长沙马王堆出土多件绵袍（图2-27）。缊袍又称褞袍，是纳有乱麻或絮旧绵的袍，贫者御寒之用。《后汉书 · 桓荣传》："少立操行，褞袍糟食，不求盈余。"[6]

根据湖北江陵马山一号墓出土袍服等资料分析，先秦时期主要袍服用料有绢、绨、方孔纱、素罗、彩条纹绮、锦等；秦汉时期，中国的丝、麻、毛纺织技术都达到了很高的水平，纺织品更为丰富，可以用作袍服材料的有锦、绫、罗、绮、纱、绢、缟、纨、麻等，锦还是这一时期最为贵重的袍服原料，棉开始传入中国边疆。

表2-8　中国以衣料命名之袍统计表

名称	时期	功能	服者	备注
绵袍	先秦至民国	御寒	士庶均可	多制成窄袖、大襟、内絮丝绵
缊袍	先秦至民国	御寒	贫者	纳有乱麻或絮旧绵之袍
绨袍	先秦至民国	御寒	贫者	以粗帛制成之袍

[1] [东汉] 班固：《汉书 · 货殖列传》，中华书局，2007 年，第 785 页。
[2] 吴淑生、田自秉：《中国染织史》，上海人民出版社，1986 年，第 98 页。
[3] [汉] 司马迁：《史记 · 匈奴传》，中华书局，2008 年，第 350 页。
[4] [南朝宋] 范晔：《后汉书 · 东夷传 · 三韩》，中华书局，2012 年，第 858 页。
[5] [南朝宋] 范晔：《后汉书》，中华书局，2012 年，第 310 页。
[6] [南朝宋] 范晔：《后汉书 · 桓荣传》，中华书局，2012 年，第 373 页。

续表

名称	时期	功能	服者	备注
锦袍	先秦至清		贵者	珍品，常作赏赐之物
	唐至民国		僧侣	又称衲袍，因鲜艳如锦，故名
布袍	先秦至民国		贫者	布制长袍
	先秦至民国		平民或隐士	布衣之意，指平民或隐士
	先秦至民国	居丧	居丧之人	居丧之服
罗袍	先秦至清		多官吏、贵族	
布襕	先秦至清			在宋时官员服用，以苎麻制成
绝袍	先秦至民国		庶民	以粗绸制成之袍，借指庶民之服
麻袍	先秦至民国		贫者	
缯袍	先秦至民国			以帛制之袍
皮袍	先秦至民国	御寒	士庶均可	以皮为里衬之袍或直接用皮制成之袍
棉袍	汉至民国	御寒	士庶均可	明代记载始于汉，明中后期开始盛行

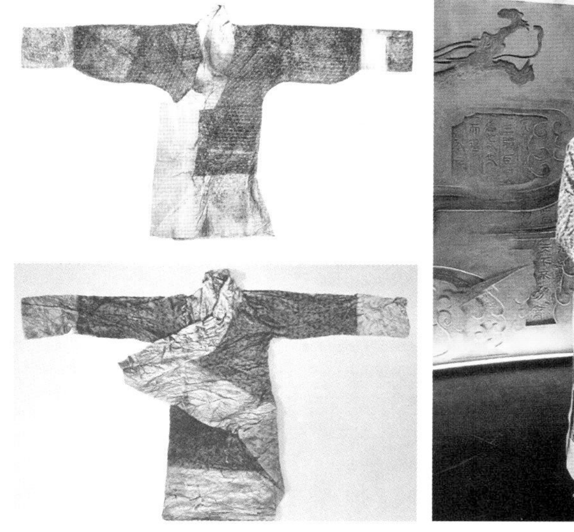

图 2-27 | 长沙马王堆汉墓出土袍服及湖南省博物馆复原曲裾袍穿着效果图

秦汉时期是我国的大一统时期，经济文化高度发展，车服礼仪制度更加完善，丝织品技艺有了新的发展。服装上基本是汉承秦制，秦承战国制度。服饰元素以中原文化为主，受到外来元素影响较小，剪裁方式还是一脉相承，为上下分裁，这一裁剪方式一直延续到鲜卑族建立的北朝才逐渐变为上下通裁，这体现了袍服的传承性。袍服虽然由曲裾逐渐演变为直裾，功能也从内衣、常服逐渐变为礼服，从先秦到秦汉，袍服无论是形制、功能，还是色彩装饰、材料一直都在发生着变化，但是其上下分裁、交领系带等特点一直未变，这体现了袍服的多样同一性。经过长时间的发展演变，秦汉袍服自身内部体系已经发展完备，袍服已经是一种成熟的服饰了，它不但内部种类丰富，工艺考究，而且搭配也繁多而丰富，这体现了袍服的完备性。秦汉时期袍服在很大程度上就已经被视为正宗传统文化的象征，而且袍服本身就处处体现着传统文化，这体现了袍服与传统文化的相容性（关于秦汉时期袍服的具体信息见附录二）。

第三节　魏晋南北朝时期

魏晋南北朝是中国古代史上一个重大变化的时期，分裂和动乱是这一时期政治上最突出的现象之一。这一时期，由于国家分裂，儒学产生裂变，走向衰微，玄学兴起，形成了注重审美、向往自然和追求超逸的价值观。文士们崇尚虚无，蔑视礼法，放浪形骸，任性不羁。其服饰表现为穿宽松袍衫，领多敞开，袒露胸怀，这正是受到当时这种社会背景的影响所致。本文首先对魏晋南北朝时期袍服形制与功能进行阐述，其次对这一时期的袍服色彩与材料进行说明，以系统地表征这一历史时期的袍服特点。

一、魏晋南北朝时期袍服的形制与功能

周汉礼制的服饰制度，在魏晋奔放自由思潮的文人中遭到毁灭性地打击，在服饰上表现就是出现了不同于汉朝的大袖袍衫，交领直襟，长衣大袖，袖口宽敞不收缩，因穿着方便，又符合当时兴起的思潮，所以相习成风。大袖袍衫是当时新兴的长衣，也是袖口博大、不收袖口的袍的统称，它是传统袍的一种发展定型。其将袍的礼服性质削减，便服性质扩增，使袍服成为便装，在全民中开始普遍流行。

（一）魏晋南北朝时期袍服的形制

从形制上看，魏晋南北朝时期袍服的款式丰富、种类繁多。仅从史书上明确记载这一时期的袍服来看，按款式命名的有袿袍、襕袍、复袍三种之多。唐孔颖达疏："汉时有袿袍，其袍下之襈以重缯为之"。襕袍又称襕带，官吏、士人所穿之袍。圆领、窄袖、袍长过膝，膝盖部分施一横襕，以象征衣裳分属的古代服制。初见于北周，至唐形成定制。《旧唐书·舆服志》有"晋公宇文邕始命袍下加襕"[1]的记载。宇文邕即是北周武帝，在

[1] [五代后晋]刘昫：《旧唐书·舆服志》，中华书局，1975年，第827页。

其当政时下令袍下加襕，就是在袍之下加一横襕，以作为下裳的形制。又如《随书·礼仪志六》：“保定四年，百官始执笏，常服上焉，宇文邕始命袍下加襕”。[1]复袍是以数层布帛制成的袍。1974年江西南昌永外正街晋墓出土木牍，即记有“故黄麻复袍一领”。

袍在这一时期的形制主要有领、襟、袖、衣裾、纽扣的变化。

袍的领型有方领、交领、曲领、圆领、斜领、直领等几种。

袍服的袖型也有不同，大袖为贵族妇女穿着紧身窄袖为劳动人民日常所服，而舞者服装的袖长为普通者数倍。

此时期纽扣的形态位置也发生重大变化，此前主要款式为第一纽扣（小带的扣带）在右腋下，南北朝时期逐渐发生变化，并一直延续至明代。通过对各个时期的专著记载、考古报告及博物馆馆藏为研究基础，用列表（表2-9、表2-10）的形式表达出来。

表2-9　魏晋南北朝袍服款式图

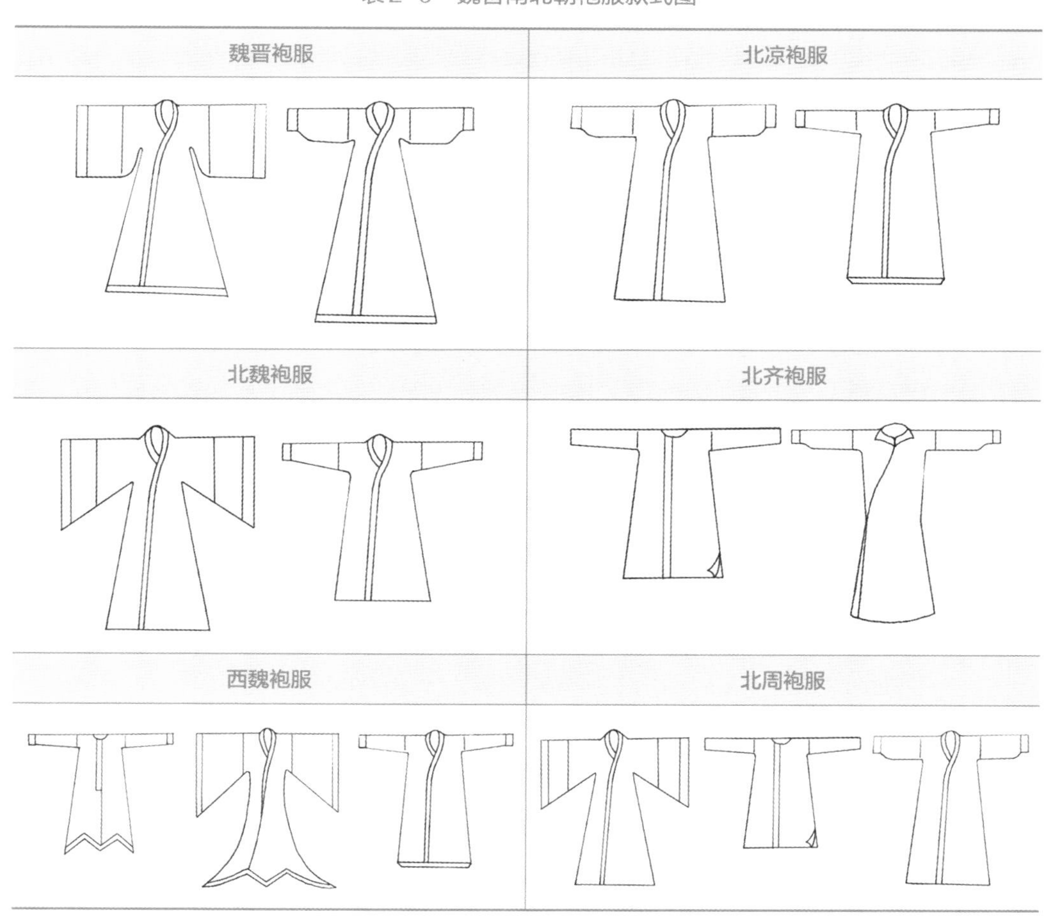

[1] [唐]魏徵：《隋书·礼仪志六》，中华书局，2008年，第817页。

表2-10　魏晋南北朝以形制命名之袍统计表

名称	时期	功能	服者	备注
袿袍	盛行于汉魏		妇女	缀有袿饰
大袍	汉至明			宽敞的袍
襕袍	北周至清	象征衣裳分制服制	官吏、士人	初见于北周，唐形成定制；圆领、窄袖、膝盖处施一横襕
复袍	晋			数层布帛制成之袍
长袍	汉至民国			下长过膝
	清	礼服	帝、后、官吏	包括帝后龙袍、职官蟒袍、朝袍等
	民国	常礼服	男子	各色绸缎为之，双层，圆领窄袖大襟

（二）魏晋南北朝时期袍服的功能

从功能上看，袍服在魏晋南北朝时期开始成为当时社会的流行服饰之一，但是当时还多限于有一定地位的人和少数民族穿着。功能上从内衣、帝王常服、礼服逐渐演变为内衣、礼服、帝王常服及便服，正是因为其作为便服在贵族及百姓中开始流行所致，因而这一时期标志着袍服的发展从此进入成熟期。《魏书·咸阳王禧传》载："魏主责，妇女之服乃为夹领小袖"。[1]夹领不是交领，应该是当时本民族的特色。北朝的袍没有南朝的宽大，而且领是开在颈旁的。《急就篇》云："褶为重衣之最在上者也，其形若袍，短身而广袖，一曰左衽之袍也"。北方少数民族大多为游牧民族，善于骑马，所以多穿裤衣，即上穿短袍，下穿裤。《文说》亦作左衽袍。左衽的衣式为少数民族特点，汉族则为右衽之式。短身的袍，是比襦略长的上衣，这种制式是北方游牧民族的常服。《梁书》载："芮光国之人（中国古代北方游牧民族）则衣锦制得小袖袍"。在南朝朝会间用绛纱袍，除朝服外另有纹饰的锦袍。此时期目前没有大量集中的出土袍服实物，但是从当时的史书记载和画作中可以对其进行研究。

袍服功能的演变是随着社会、经济、文化的演变而改变的。魏晋南北朝是我国古代服装史大变动的时期，这个时期由于战争等因素，大量的外国人移居中原，胡服便成了当时流行的服装。紧身、圆领、开衩就是当时胡服的特点，其行动便利，这也是其成为便服的主要原因之一。受北方少数民族特色袍服的影响，袍服的特点成为上衣长大，一般长过膝盖或盖住脚面。衣领有交领，圆领之分。衣袖不长，多为窄袖。魏晋南北朝之际这种袍服传入我国南方，逐渐成为时尚服装，交领、圆领并存，窄袖、广袖并行。连体通裁是自北朝后袍服的一大特征。另外，是作为礼服的重要组成部分的特征。袍服造

[1] [北齐]魏收：《魏书·咸阳王禧传》，中华书局，1974年，第401页。

型稳重，款式庄严、儒雅，所以自从北朝成为便服，便一直延续到民国时期，从皇帝的便服袍，到官员、百姓的便服袍，袍服始终占据着便服的重要部分。

二、魏晋南北朝时期袍服的色彩与材料

（一）魏晋南北朝时期袍服的色彩

从色彩上看，这一时期的面料色彩丰富、种类繁多。仅在史书中明确记载这一时期袍服按色彩命名的有绯袍、黄袍、紫袍和白袍四种之多。绯袍是红色袍服，南北朝时贵贱通用。五代后唐《古今中华注》卷中记载："旧北齐则长帽短靴，合胯袄子，朱紫玄黄，各从所好，天子多着绯袍，百官士庶同服"。❶黄袍是黄色袍服，原无等秩，百官皆服，士庶阶层也可穿着。自隋代起才正式成为朝服，唐总章元年（公元668年）开始专属皇帝服用。❷紫袍是紫色的袍服，北朝皇帝常服，隋代以后为官服的一种。《周书·李迁哲传》："军还，太祖嘉之，以所服紫袍、玉带，所乘马以赐之，并赐奴婢三十口"。❸白袍是白色袍服，这一时期为军士所服。《梁书·陈庆之传》："庆之麾下悉著白袍，所向披靡"。❹魏晋南北朝是以绯袍、黄袍、紫袍和白袍为主，从色彩上相比较绯袍、黄袍和紫袍开始大量出现，并被贵族所喜爱，从而在特定人群中流行开。这一时期国家分裂，社会动荡，服装色彩的等级也少有严格的规定，如绯袍和黄袍就一度在皇帝及官员中流行，都可以穿着。

这一时期除了以色彩命名的袍服之外，不同朝廷的袍服还各有其对色彩的要求（表2-11）。南朝天子朝会要穿绛纱袍及黄、白、青、皂诸色袍，三品以下官员不得穿杂色绮，六品以下只能穿彩色绮，也有禁令，庶人不得服五彩，只得服青、白、绿。《渊鉴类函》引《晋令》："士卒百工履色无过绿、青、白"。北朝则不同，除效仿汉制孝文帝改革外，大多朝代没有严格的服饰规定，任其穿着。沈括《梦溪笔谈》卷一《故事一》记载："中国衣冠，自北齐以来乃全胡服"。《旧唐书·舆服志》记载："北朝则杂以戎夷之制，朱紫玄黄，各任所好"。❺由此可见，社会政治、经济、文化对特定时期袍服色彩有一定的影响。

表2-11　魏晋南北朝以色彩命名之袍统计表

名称	时期	功能	服者	备注
青袍	汉至隋、宋	常服	男女皆服	
	唐	公服	八至九品官吏	因小吏服，故引申为卑官代名词

❶［晋］崔豹，［五代］马缟，［唐］苏鹗：《中华古今注》，商务印书馆，1956年，第105页。
❷ 周汛，高春明：《中国衣冠服饰大辞典》，上海辞书出版社，1996年，第199页。
❸［唐］令狐德芬：《周书》，中华书局，1974年，第499.124页。
❹［唐］姚思廉：《梁书·陈庆之传》，中华书局，1973年，第189页。
❺［五代后晋］刘昫：《旧唐书·舆服志》，中华书局，1975年，第827页。

续表

名称	时期	功能	服者	备注
青袍	明	公服	五至七品官吏	还有一种解释是黑色布袍，为丧服
	清		僧侣	又称缁衣，黑色布袍
赤霜袍	汉至宋		神话传说中的妇女	又称青霜袍，粉红色袍服
皂袍	汉至宋	常服	官吏	
绯袍	南北朝、隋		天子、官吏、士庶	红色袍服
	唐	常服	四至五品官员	
	宋	常服	六品官员	
	元	公服	六至七品官员	
	明	公服	一至四品官员	
黄袍	隋之前		士庶、百官	
	隋	朝服	帝王、贵臣	
	唐至明	常服	皇帝	改黄色为赤黄色，总章元年明确规定除天子外一律不准服黄
	清	礼服、遮雨	皇帝、后妃	包括帝后之朝袍、龙袍、雨衣。皇子蟒袍和清中叶后赐予功臣之蟒袍限金黄
紫袍	南北朝	常服	皇帝	
	隋	公服	五品以上官员	
	唐	公服	三品以上官员	
	宋	官服、命服	官员、命妇	
	元	官服	官员	
白袍	梁、宋、元		军士	
	秦至宋	孝服	庶民	
绛袍	唐		武士、仪卫	深红色袍服
	晋至明	朝会	皇帝	亦称朱纱袍、绛纱袍

（二）魏晋南北朝时期袍服的材料

从材料上看，魏晋南北朝时期的面料丰富、种类繁多。仅在史书中明确记载这一时期袍服按制作材料命名的有绛纱袍、碧纱袍、绫袍、罗袍四种之多。绛纱袍简称绛袍，又称朱纱袍。帝王朝会的袍服。制出晋代，以红色纱为之，红里。领、袖、襟、裾俱以皂缘。交领大袖，下长及膝。其后隋、唐、宋、明皆习之。《通典 · 卷六十一》

记载："晋……朝服，通天冠、绛纱袍"。[1]碧纱袍是绿色纱袍，多用于贵族。晋陆翔《邺中记》："石虎临轩大会，著碧纱袍"。[2]绫袍是以单色菱纹制成的长衣，魏晋南北朝时不分贵贱皆可服用。《晋荡公护传》记载："汝时着绯绫袍、银装带，盛洛着紫织成缬通身袍、黄绫里，并乘骡同去"。五代后唐《古今中华注》卷中："北齐贵臣多着黄文绫袍，百官士庶同服之"。《三国志》卷二十九《杜夔传》裴松之引傅玄序注云："马钧乃扶风人，巧思绝世，天下名巧也。其为博士居贫，乃思绫机之变，旧绫机五十综者五十蹑，六十综者六十蹑，先生患其丧功费日，乃皆易以十二蹑，其奇文异变，因感而作者，犹自然之成形，阴阳之无穷"。绫是在绮的基础上发展起来的，正是由于马钧的改革，使得绫的产量在这一时期大大提高。《中华古今注》记载："北齐贵臣多着黄纹绫袍"。可见绫在这一时期开始被广泛使用。绫袍也是在此时开始流行的。罗袍是以罗制成的袍子，《北齐书·杨愔传》："自尚公主后，衣紫罗袍，金缕大带"。[3]南北不同朝廷，不同时期袍服所用材料也是深受当时政治、经济、文化影响的（表2-12）战乱引起的人口大迁徙，使得这一时期经济格局发生了变化，大量人口向东北、西北、巴蜀和江淮以南转移，西晋末年南方地区进一步发展，尤其是江淮流域和太湖流域大面积荒地得到开垦，形成当时中国的新的财富区。这打破了两汉时期关中、中原先进，四周越远越相对落后的经济格局，也为经济中心南移和纺织中心从齐地移往吴越地区打下了基础。养蚕技术取得较大进展，其中重要的有低温催青法、盐腌杀蛹法和炙箔法。低温催青法在《齐民要术·卷五·种桑柘》引晋《永嘉记》中记载："取蚖珍之卵藏内瓮中，随器大小亦可，十纸。盖覆器口，安硎泉冷水中，使冷气折出其势，取得三七日，然后剖生养之"。盐腌杀蛹法在《齐民要术·卷五·种桑柘》中记载："用盐杀茧，易缫而丝韧，日晒死者，虽白而薄脆。缣练衣着，几将倍矣。甚者，虚失藏功，坚脆悬绝"。[4]另梁陶弘景《药总诀》记载："凡藏茧，必用盐官盐。"另外，这一时期麻类纤维仍被广泛使用，尤其在南方地区。

表2-12　魏晋南北朝以衣料命名之袍统计表

名称	时期	功能	服者	备注
绵袍	先秦至民国	御寒	士庶均可	多制成窄袖、大襟、内絮丝绵
缊袍	先秦至民国	御寒	贫者	纳有乱麻或絮旧绵之袍

[1] [唐]杜佑：《通典·卷六十一·礼二十一·沿革二十一·嘉礼六》，中华书局，2013年，第3页。
[2] [晋]陆翙：《邺中记》，商务印书馆，1937年，第9页。
[3] [唐]李百药：《北齐书·杨愔传》，中华书局，1973年，第313页。
[4] [北魏]贾思勰：《齐民要术·种桑柘》，中华书局，2009年，第162-164页。

续表

名称	时期	功能	服者	备注
绨袍	先秦至民国	御寒	贫者	以粗帛制成之袍
锦袍	先秦至清		贵者	珍品，常作赏赐之物
	唐至民国		僧侣	又称衲袍，因鲜艳如锦，故名
布袍	先秦至民国		贫者	布制长袍
	先秦至民国		平民或隐士	布衣之意，指平民或隐士
	先秦至民国	居丧	居丧之人	居丧之服
罗袍	先秦至清		多官吏、贵族	
布襕	先秦至清			在宋时官员服用，以苎麻制成
絁袍	先秦至民国		庶民	以粗绸制成之袍，借指庶民之服
麻袍	先秦至民国		贫者	
缯袍	先秦至民国			以帛制之袍
皮袍	先秦至民国	御寒	士庶均可	以皮为里衬之袍或直接用皮制成之袍
棉袍	汉至民国	御寒	士庶均可	明代记载始于汉，明中后期开始盛行
绫袍	魏晋至清		士庶均可	
	唐	公服	官吏	
绛纱袍	晋至明	朝会	帝王	以红纱为之，红里，领、袖、襟、裾以皂缘，交领，大袖，长及膝
碧纱袍	晋至清		贵族	绿色纱袍
纱袍	宋至清	公服	官员	以纱罗制成，有圆领大襟和斜领大襟数种，宋因薄透不雅观被禁，清定位礼服
	宋以前至清	常服	士庶	

中华民族的发展史一部分就是中原民族和周围少数民族相互融合的发展史，中国的中原民族和周围少数民族经过长时间战争、通婚、贸易等交往，民族间产生融合，这一融合会直接或间接地体现在服装上，魏晋南北朝时期就是民族大融合时期，也是服装大变革时期。这一时期出现的襕袍就是中原民族和北方游牧民族服装文化相互影响的产物，圆领袍的流行更是在此后的千余年间深深地影响着袍服的形制。袍服的演变史，能从侧面映射出中国服饰文化的发展史（关于魏晋时期袍服的具体信息可见附录三）。

第四节　隋唐时期

隋唐时期是中国古代社会的鼎盛时期，创造了丰富多彩的服饰文明，当时服饰文化昌盛、服饰种类众多，其中有记载的袍类名称就有33种之多，这与政治、经济、文化的制度密不可分。隋唐时期是经历了三国两晋南北朝时期长达三百多年的分裂和动乱后统一起来的朝代，历经战争、迁徙、商贸等交流，经历了空前的民族大融合，唐代的政治制度更是开明。《资治通鉴》卷一九八“太宗贞观二十一年”记载：“自古皆贵中华，贱夷狄，朕独爱之如一”。[1]这从侧面反映当时政治制度的开明，统治者对少数民族的包容及对各民族平等的态度。这也为后来服饰的发展，特别是圆领袍服在全国各阶层的流行打下了政治基础。

一、隋唐时期袍服的分类研究

隋唐时期袍服种类甚多，袍服的命名大致可以按照形制、装饰、色彩、材料来分类。

（一）隋唐时期袍服的形制分类

隋唐时期的袍服按形制可以分为袴、衫袍、帢、襕袍、披袍（表2-13）。袴是长的袍，《新唐书·李训传》载：“孝本易绿袴，犹金带，以帽幛面，奔郑注，至咸阳，追骑及之”。[2]有关于袴的记载还有《广韵·马韵》：“袴，袴衿，袴袍也”，由此可知袴是唐代的一种袍服。衫袍是唐宋时期皇帝的礼服之一，唐因隋制，天子常服赤黄、浅黄袍衫，折上巾，九还带，六合靴。帢帽又称袷褶，袍之一种，五代后唐《中华古今注》卷中：“隋改江南，天子则曰帢帽，公卿则曰褐襦”。襕袍又称襕带，官吏、士人所穿之袍，圆领窄袖，袍长过膝，膝盖处施一横襕，以象征衣裳分制的古代服制，初见于北周，至唐形成制度，以后历代沿用，五代后唐《中华古今注》卷中：“自贞观年中，左右寻常供奉赐袍。丞相长孙无忌上仪请于袍上加襕，取象于缘，诏从之”。[3]相关记载还有紫襕即紫色襕袍，紫罗襕即以紫色细罗制成的襕袍。披袍是披搭于肩背的袍，形制较普通，袍服为长。作用与披风类似，但披风无袖，披袍有袖，两袖通常垂而不用，多用于秋冬之季。《旧唐书·安禄山传》：“每见林甫，虽盛冬亦汉洽。林甫接以温言，中书厅引坐，以己披袍覆之”。[4]五代后蜀孟昶《临江仙》词：“披袍窣地红宫锦，莺语时啭轻音”。

---

[1] [宋]司马光：《资治通鉴·唐纪》，中华书局，2007年，第424页。

[2] [宋]欧阳修，[宋]宋祁：《新唐书·李训传》，中华书局，1972年，第2422页。

[3] [晋]崔豹，[五代]马缟，[唐]苏鹗：《中华古今注》，商务印书馆，1956年，第35页。

[4] [五代后晋]刘昫：《旧唐书·安禄山传》，中华书局，1975年，第5368页。

表2-13 隋唐时期以形制命名之袍统计表

名称	时期	功能	服者	备注
襴袍	北周至清	象征衣裳分制服制	官吏、士人	初见于北周，唐形成定制；圆领、窄袖、膝盖处施一横襴
袴	唐			唐时袍的别称
衫袍	隋、唐、宋	常服	皇帝	
帢（帽）	隋至唐			
披袍	唐、五代	装饰、御寒		形制长于普通袍服多用于秋冬

从形制上说，隋唐时期袍服最为突出的特征是连体通裁的圆领窄袖袍的流行（图2-28~图2-33）。首先是连体通裁的特征，袍服上下彻底成为一体，发展成为连体通裁的服饰，自北朝开始流行的连体通裁袍服至隋唐时期已经开始在全国各个阶层流行开来，并一直传承下去。隋唐时期袍的领从造型上来看有很多类型。方领始于先秦，后在先秦和汉流行开来，交领分为斜领和直领两种，而自隋代开始曲领

图2-28 | 大歌绿绫袍

图2-29 | 绯地臈缬纯袍

图2-30 | 绞缬布袍

图2-31 | 橡地臈缬纯袍

图 2-32 | 缥纹缬布袍

图 2-33 | 杂乐细布袍

被定为朝服所用；圆领在隋唐后用于官服（图2-34），隋唐时期的大袖款式主要在文官中流行（图2-35），隋唐时期袍的领从造型上来看多种多样。方领始于先秦，流行在先秦及汉，直到宋代还在士大夫中延续，在冠婚、祭祀、燕居、交际等场合穿服。交领又称交衽，连于衣襟，穿服时两襟交叉叠压，故而得名。主要流行于先秦时期，多用于男女常服，交领可分为斜领和直领两种。

图 2-34 | 唐李贤墓壁画中官员的服饰

图 2-35 | 唐金乡县主墓文官俑

（二）隋唐时期袍服的装饰分类

隋唐时期袍服按装饰可以分为明珠袍、铭袍、绣袍、金字袍、银字袍、麒麟袍、龙袍七种（表2-14）。

表2-14　隋唐时期以装饰命名之袍统计表

名称	时期	功能	服者	备注
明珠袍	唐	装饰	侠客	缀有珍珠宝物之袍
	清	装饰	皇帝	
铭袍	唐	赏赐	近臣	绣有文字于衣背之袍，配花鸟图作团形
绣袍	唐	官服	官员	依官职绣不同纹样及八字铭文
	先秦至民国	装饰	贵者	彩绣之袍
金字袍	唐	赏赐	贵者	铭袍的一种，绣有金字之袍
银字袍	唐	赏赐	贵者	铭袍的一种，绣有银字之袍

续表

名称	时期	功能	服者	备注
麒麟袍	唐	官服	武将、近臣	
	明	赏赐	文武显贵	胸背肩膝襕皆绣麒麟或胸背缝麒麟补
	清	公服	外使	事毕还朝，则须卸之
龙袍	先秦至民国	装饰	多为帝王	织绣有龙纹之袍

明珠袍是缀有珍珠宝物的袍服，制出晋代，皇帝御服，一说为下客服。清张英《渊鉴类函》卷三七一唐李白《叙旧赠江阳宰陆调》诗："腰间延陵剑，玉带明珠袍"。由此可以推断，隋唐时期，这一袍服仍在穿服。

铭袍是绣有文字的袍服。唐武则天时，绣织金银铭文于衣，赐予近臣以示恩宠。所绣铭文字数不一，内容各异。通常绣于衣背，作团形，并配以花鸟图案。《旧唐书·舆服志》："则天天授二年二月，朝集刺史赐绣袍，各于背上绣成八字铭"。之后各朝官服延续了这一传统，元代胸背团花，明清两代胸背部的补子均是由此发展而来。

绣袍在唐代是指官袍，后代亦有彩绣之袍之意。根据不同的官职品第，绣以不同的纹样，并绣有以训诫为内容的八字铭文，创制于唐武则天时，天授三年正月二十二日，内出绣袍，赐新除都督刺史。其袍皆刺绣作山形，绕山勒回文铭曰：德政惟明、职令思平、清慎忠勤、荣进躬亲。自此每新都督刺史，必以此袍赐之。《唐会要·舆服志下》卷三十二："延载元年五月二十二日，出绣袍以赐文武官三品已上，其袍文仍各有训诫。诸王则饰以盘龙及鹿，宰相饰以凤池，尚书饰以对雁，左右卫将军饰以对麒麟，左右武卫饰以对虎，左右鹰扬卫饰以对鹰，左右千牛卫饰以对牛，左右豹韬卫饰以对豹，左右玉铃卫饰以对鹘，左右监门卫饰以对狮子，左右金吾卫饰以对豸。文铭皆各为八字回文。"其辞曰："忠贞正直，崇庆荣职，文昌翊政，勋彰庆陟，懿冲顺彰，义忠慎光，廉正躬奉，谦感忠勇"。

金字袍，是"铭袍"之一种，绣有金字的袍服。《新唐书·狄仁杰传》："俄转幽州都督，赐紫袍、龟带，后自制金字十二于袍，以旌其忠"。宋吴曾《能改斋漫录》卷十四："武后制赐狄仁杰袍金字：其十二字史不著"。[1]

银字袍，是绣有银字的袍服。《旧唐书·舆服志》："长寿三年四月，敕赐岳牧金字银字铭袍"。

麒麟袍，是绣有麒麟的袍，制出唐代，一般用于武将、近臣。《唐会要·舆服志下》

---

[1] [宋] 吴曾：《能改斋漫录·卷十四》，中华书局，1960 年，第 402 页。

卷三十二："延载元年五月二十二日。出绣袍以赐文武官三品已上。其袍文仍各有训诫。诸王则饰以盘龙及鹿。宰相饰以凤池。尚书饰以对雁。左右卫将军。饰以对麒麟"。❶

（三）隋唐时期袍服的色彩分类

隋唐时期袍服按色彩可以分为十二种（表2-15）。

青袍一说为青色布袍，二说是一种官袍。唐代规定官吏公服皆用袍制，以袍色昭明身份等级，八九品服青。因小吏所用，故引申为卑官服饰的代名。唐杜甫《徒步归行》："青袍朝士最困者，白头拾遗徒步归"。

绿袍是绿色的袍服。隋代定为六品以下官服，唐宋时用于六、七品官服。《隋书·礼仪志七》："五品以上，通着紫袍，六品以下，兼用绯绿"。❷

赭袍是红色袍服，有三种解释。一为红袍，帝王之服。唐陆龟蒙《杂伎》诗："六宫争近乘舆望，珠翠三千拥赭袍"。二为军将之服。《旧五代史·延寿传》："戎王命延寿就寨安抚诸军，乃赐龙凤赭袍，使衣之而往"。❸三为传说中仙人之袍。《古今图书集成·礼仪典》卷三四零辑《闻见后录》："唐吕仙人故家岳阳，今其地名仙人村，吕姓尚多，艺祖初受禅，仙人自后苑中出，留语良久，解赭袍衣之，忽不见。今岳阳仙人像羽服下着赭袍云"。

绯袍，是红色袍服，省称绯。南北朝时贵贱通用。入唐以后专用于官吏，为四、五品官员的常服。

赤霜袍，又称青霜袍，是粉红色袍服，为神话传说中妇女服用。唐《朝下寄韩舍人》诗："瑞气迴浮青玉案，日华遥上赤霜袍"。

黄袍，是黄色袍服，原无等秩，百官均服，士庶也可，自隋代正式用于朝服。《隋书·礼仪志七》："百官常服，同于匹庶，皆著黄袍，出入殿省"。又唐刘肃《大唐新语·厘革》："隋代帝王贵臣，多服黄纹绫袍……皆著黄袍及衫，出入殿省"。❹唐代高宗总章元年明确规定除天子外一律不准穿黄袍，从此黄袍成为皇帝的专用服饰。《旧唐书·舆服志》："禁士庶不得以赤黄为衣服杂饰"。

赭黄袍，又称柘黄袍、郁金袍，是赤黄色袍服。《新唐书·车服志》："至唐高祖，以赭黄袍、巾带为常服"（图2-36）。

皂袍是官吏穿的黑色袍服。宋王栐《燕翼诒谋录》卷一："国初仍唐旧制，有官者服

---

❶［宋］王溥：《唐会要·舆服志下》，中华书局，1991年，第244页。

❷［唐］魏徵：《隋书·礼仪志七》，中华书局，2008年，第279页。

❸［宋］薛居正：《旧五代史·延寿传》，中华书局，1974年，第1311页。

❹［唐］刘肃：《大唐新语·厘革》，中华书局，1984年，第148页。

皂袍，无官者白袍”。❶

图 2-36 | 唐阎立本《步辇图》局部

茜袍是大红色袍服，唐宋时学子考中状元，即可穿着红袍。宋陆游《天彭牡丹谱》花释名第二：“状元红者，重叶深红花，其色与鞓红、潜绯相类，而天姿富贵。彭人以冠花品，多叶者谓之第一架，叶少而色稍浅者谓之第一架，以其高出众花之上，故名状元红。或曰旧制进士第一人即赐茜袍，此花如其色，故以名之”。

紫袍是紫色袍服，北朝皇帝朝服，至隋代成为达官之服。隋代规定官吏公服用袍，五品以上服紫。《隋书·礼仪志七》：“五品以上，通着紫袍”。唐代则改为三品以上。

白袍是白色袍服，解释有三。一是军士之袍。二是庶民之袍，以白绢为之。《新唐书·车服志》：“太尉长孙无忌又议：‘袍服者下加襕，绯、紫、绿皆视其品，庶人以白’。”三是孝服。

五色袍是侍卫之服，以青、赤、黄、白、黑五种色彩为方位标识。《文献通考·职官志十二》：“贞观十二年，左右屯卫始置，飞骑出游幸，即衣五色袍，乘六闲马，赐猛兽衣鞯而从焉”。❷

表2-15　隋唐时期以色彩命名之袍统计表

名称	时期	功能	服者	备注
青袍	汉至隋、宋	常服	男女皆服	
	唐	公服	八至九品官吏	因小吏服，故引申为卑官代名词
	明	公服	五至七品官吏	还有一种解释是黑色布袍，为丧服
	清		僧侣	又称缁衣，黑色布袍
绿袍	隋	官服	六品以下官吏	
	唐宋	官服	六至七品官吏	
	明	公服	八至九品官吏	
赤霜袍	汉至宋		神话传说中的妇女	又称青霜袍，粉红色袍服

❶ [宋] 王铚：《燕翼诒谋录》，中华书局，2013 年，第 3 页。
❷ [宋元] 马端临：《文献通考·职官志十二》，中华书局，2013 年，第 564 页。

续表

名称	时期	功能	服者	备注
皂袍	汉至宋	常服	官吏	
绯袍	南北朝、隋		天子、官吏、士庶	红色袍服
	唐	常服	四至五品官员	
	宋	常服	六品官员	
	元	公服	六至七品官员	
	明	公服	一至四品官员	
黄袍	隋之前		士庶、百官	
	隋	朝服	帝王、贵臣	
	唐至明	常服	皇帝	改黄色为赤黄色，总章元年明确规定除天子外一律不准服黄
	清	礼服、遮雨	皇帝、后妃	包括帝后之朝袍、龙袍、雨衣；皇子蟒袍和清中叶后赐予功臣之蟒袍限金黄
紫袍	南北朝	常服	皇帝	
	隋	公服	五品以上官员	
	唐	公服	三品以上官员	
	宋	官服、命服	官员、命妇	
	元	官服	官员	
白袍	梁、宋、元		军士	
	秦至宋	孝服	庶民	
赭黄袍	隋至明	常服	皇帝	隋文帝始服，又称柘袍、柘黄袍、郁金袍；赤黄色袍服
绛袍	唐		武士、仪卫	深红色袍服
	晋至明	朝会	皇帝	亦称朱纱袍、绛纱袍
茜袍	唐、宋		状元	大红色袍服，因茜花之色而名
五色袍	唐		侍卫	以青、赤、黄、白、黑五色为方位标识

由于政治、经济、文化和工艺技术的影响，从先秦时期到民国时期，主要的色彩不断发生变化，但也有一些色彩可以延续很久。青袍从唐朝到明朝所服者身份越来越高，绿袍从隋朝到明朝所服者的地位一直在降低，绯袍则比较特殊，先是南北朝时皇帝服用，到唐三品以上官员服用，之后到宋降低为官员、命妇，几经变化。其中黄袍和白袍比较稳定。黄袍自隋朝开始一直到清朝结束1300多年中，一直是

最尊贵的象征。白袍正相反，除少数士子等有身份的人穿过，大多时期都是普通百姓的象征。

（四）隋唐时期袍服材料研究

按材料分为八种，分别为绛纱袍、柘袍、锦袍、宫锦袍、布袍、绫袍、绨袍、罽袍。

绛纱袍又称朱纱袍，帝王朝会的袍服。《新唐书 · 车服志》："凡天子之服十四……绛纱袍，朱里红罗裳，白纱中单，朱领、褾、裾、白裙、襦、绛纱蔽膝，白罗方心曲领，白袜，黑舄"。

柘袍因用柘木汁染成，故名。又称柘黄袍、赭黄袍、郁金袍，是赤黄色袍服。隋文帝始服，唐贞观年间规定，皇帝常服，因隋旧制，用折上巾，赤黄袍，六合靴。《旧唐书 · 舆服志》："（天子）常服，赤黄袍衫，折上头巾，九环带，六合靴……自贞观以后，非元日冬至受朝及大祭祀，皆常服而已"。后引申为帝王的代称。

锦袍解释有二。一是以彩锦制成的袍，《新唐书·天竺传》："玄宗诏赐怀德军，使者曰：'蕃夷惟以袍带为宠。'帝以锦袍、金革带、鱼袋并七事赐之"。《新五代史·段凝传》："已而梁亡，凝率精兵五万降唐，庄宗赐以锦袍、御马"。[1]二是又称衲袍，僧侣所着之袍。因鲜艳如锦故名。唐杜甫《秋日夔府咏怀奉寄郑监李宾客一百韵》："管宁纱帽净，江令锦袍鲜"。

宫锦袍是宫锦制成的袍子。多用于达官贵者。《新唐书 · 李白传》："白浮游四方，尝乘月与崔宗之自采石至金陵，着宫锦袍坐舟中，旁若无人"。

布袍解释有三。一是布做的袍服，贫者服之。唐唐彦谦《早行遇雪》诗："荒村绝烟火，髯冻布袍湿"。二是平民或隐士之服。三是居丧之服。

绫袍是以单色纹绫制成的长衣。魏晋南北朝时不分贵贱皆可穿着。至唐代，规定为官吏公服，以袍色和花纹辨别等级，因成官服为绫袍。《新唐书 · 董晋传》："在式，朝臣皆绫袍，五品而上金玉带"。《唐会要》卷三十二："其年十一月九日，令常参官服衣绫袍，金玉带。至八年十一月三日，赐文武常参官大绫袍"。

绨袍是以粗帛制成的袍服。贫者用于御寒。唐高适《咏史》诗："尚有绨袍赠，应怜范叔寒。不知天下士，犹作布衣看"。又《别王八》诗："征马嘶长路，离人挹佩刀。客来东道远，归去北风高。时候何萧索，乡心正郁陶。传君遇知己，行日有绨袍"。

罽袍是以罽制成的袍。质地紧密而厚实，多用于初春、深秋之季。唐杜牧《少年行》："春风细雨走马去，珠落璀璀白罽袍。"五代韦庄《立春》诗："罽袍公子樽前觉，锦帐佳人梦里知"。

---

[1] [宋] 欧阳修：《新五代史 · 段凝传》，中华书局，1974 年，第 498 页。

唐代政府下属官办纺织手工业规模越来越大，分工越来越细，长安设有织染署、内八作和掖庭局，在许多州还设有官锦坊，缎就是起源于唐代的，缎与锦相结合可织造出丝织品中最华丽的锦缎。唐朝袍服主要衣料有绢、绫、罗、锦、纱、绮等。唐代用缂丝装裱过王羲之上等的书法，说明缂丝技术在唐时已经成熟，不过也没有直接证据可以证明缂丝在唐朝用来制作过袍服。隋朝及唐朝前期的经济发展主要体现在农业，唐朝农业采用了均田法和租庸调法，大大促进了农业，唐朝中后期工商业发展繁荣。黄河流域、长江流域、闽江流域、珠江流域一片繁荣景象。《唐国史补》卷下："初越人不工机杼，薛兼训为江东节制，乃募军中未有室者，厚给货币，密令北地娶织妇以归，岁得数百人，由是越俗大化，竞添花样，绫纱妙称江左矣。"[1]这从侧面说明，在唐初的时候丝织业的中心还在北方，黄河流域的桑蚕生产技术处于全国领先地位，江浙一带相对落后。

二、隋唐时期民族融合对袍服的影响研究

（一）民族融合所产生的袍服现象

隋唐时期文化发展中多元化是民族融合主要的表现之一，陈寅恪《李唐氏族之推测后记》："则李唐氏族之所以崛起，盖取塞外野蛮精悍之血，注入中原文化颓废之躯，旧染既除，新机重启，扩大恢张，遂能别创空前之世局"。[2]这是说唐代文化最富有生气的一面就在于民族融合，多元并蓄。圆领袍（图2-37）就是在这种多元文化的背景下产生的。圆领袍是领子为圆领的袍服，窄袖，长及膝下。此种袍服源于汉末西北胡人的袍服，至隋代为中原人接受，唐朝五代流行开来，并成为社会服饰的主流。北周和唐代都有襕袍的记载，隋代汉族人所穿胡袍已经按照汉族人的习惯与嗜好加以改良了。例如，袍的下端膝盖处上下加有一道拼缝，这就是《旧唐书》中所称"袍下加襕"。少数民族融合了汉族的上衣下裳传统文化。这种吸收少数民族窄袖合身的特点又结合中原民族上衣下裳的袍下加襕的传统，很好地体现了民族融合的服饰形式。

男女有别为中原民族传统的礼制，这一时期出现的女穿男袍也是民族融合的主要表现之一（图2-38）。《旧唐书·舆服志》记载："或有着丈夫衣服靴衫，而尊卑内外，斯一贯矣"。《旧唐书·车服志》载："开元中，奴婢服襕衫，而仕女衣胡服"。这证明盛唐时期，穿着胡服男装也是当时妇女的时尚。妇女所穿胡服男装，其形式有两种：一种是

[1] [唐] 李肇：《唐国史补卷下》，上海古籍出版社，1957 年，第 67 页。

[2] 陈寅恪：《陈寅恪先生全集·李唐氏族之推测后记》，里仁书局，1979 年，第 357 页。

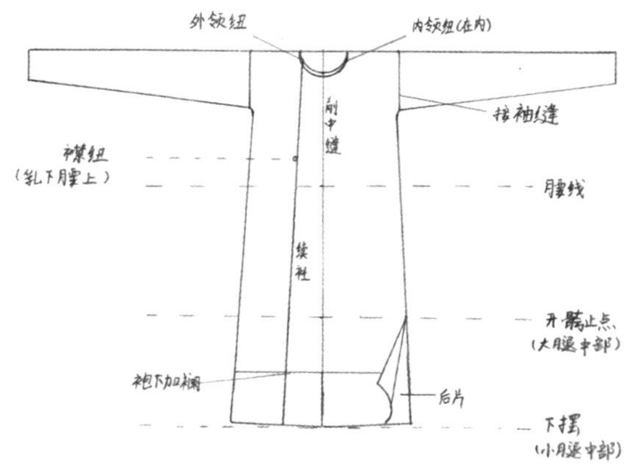

图 2-37 | 圆领袍服（根据步辇图绘制）

图 2-38 | 挥扇仕女图

男式袍衫，其特点是宽大而且长，袍长及踝，盖于脚面，袍摆两侧有开衩，领子有圆领和交领，右衽，无衣缘，袖子有窄袖或中袖；另一种是胡服制式，与袍衫相比较为合体，衣长也比袍服略短些，衣领多为圆领或大翻领，窄袖，衣缘有些要镶彩绣宽边，衣摆为左右开衩。隋唐承袭北朝习俗行圆领袍，起于北方，而统驾全局，圆领款式遂通行于四方。主要款式为第一纽在右肩近颈处右耳下，第二纽在右腋前侧。由此可见，袍服之领型的发展至隋唐时期，受北方少数民族影响颇深，逐渐将圆领在全国传播开来，并成为千余年来袍服的主要领型。

（二）民族融合下圆领缺骻袍的考究

缺骻袍在古籍文献中多有记载，但无详细图片或出土实物，遂何为缺骻袍，具体形制尚有待考究。首先分析骻字，骻，形声。字从骨。从夸，夸亦声。“骨”为“髀”省。“髀”意为“大腿”。“夸”为“跨”者。“跨”指分腿骑马。“骨”与“夸”联合起来表示“大腿左右分开”。本义为左右分开的大腿。两股之间，人体两腿叉开后虚空的部分。

然后分析缺骻之意。缺骻衫：也称“舒骻衫”“四帹衫”“四骻衫”“四袴衫”。开衩的短衫。通常以白布为之，长不过膝，骻部前、后及两侧各开一衩，衩旁饰缘。多用于庶民，取其便利。其制适于初唐。宋明时期犹用。《新唐书·车服志》：“士服短褐，庶人以白，中书令马周上仪。《礼》无服衫之文，三代之制有深衣。请加襕、袖、褾、襈，为士人上服，开骻者名（三）缺骻衫，庶之服之”。《格致镜原》卷十六引《丹铅录》：“马周缺骻衫即今之四帹衫，帹，褾，衣袂有缘也。帹衣裾分也。四帹衫：开衩的短衫。衣裾开衩曰‘帹’。四帹：前后左右各开一衩。”《朱子家礼》卷二：“将冠者双紒，四襈衫。勒帛，采履，在房中南间”。明方以智《通雅》卷三十六：“分裾四帹”。清厉荃《事物异名录》卷十六：“《纲目集览》：‘开骻者，名缺骻衫，庶人服之。’即今四帹衫”。一作“四袴衫”[1]清汪汲《事物原会》卷三十八：“开骻者名缺骻衫，即今四骻衫也。唐马周制”。四骻衫即“缺骻衫”，明张岱《夜航船·衣裳》：“马周制开骻。即今之四骻衫”。[2]此议论之衫为唐圆领缺骻袍衫，虽衫与袍有别，但同一时代，缺骻之意应该相同。由此推论，缺骻袍应该是指开骻袍，即下摆部位前后左右各开一衩之袍，这一推论在五代、隋唐的壁画中多有体现证实。图2-39是太原市北齐娄叡墓发掘简报西壁总剖面图局部，从画面最下一排人物左面第二、第三人所穿袍服中清晰可见，这两件袍的下摆是在后面开衩的，第四人袍服袍的下摆是在旁边开衩的。

图2-39｜太原市北齐娄叡墓西壁圆领缺骻袍

《旧唐书·典服志》说：“北朝则杂以戎狄之制。至北齐，有长帽短靴，合袴袄子，朱紫玄黄，各任所好。高式诸帝，常服绯袍”。高氏诸帝所服之袍，其式样应即上述圆领缺骻袍，它是在旧式鲜卑外衣的基础上参照西域胡服改制而成。《北齐书·文宣帝纪》说高洋有时散发胡服；其“胡服”是泛称，实际上指的大约也是缺骻袍。《新唐书》和《通典》卷六一作：“开元四年二月制：军将在阵，赏借绯紫，本是从戎缺胯之服。一得之后，遂别造长袍，递相仿效。自今之后，衙内宜专定殿中侍御史纠察”。由此可见，缺胯袍是鲜卑族传统服饰结合西域胡服改制而成，即为圆领缺胯袍，后随着鲜卑族建立的政权统治中原地区，进而在中原地区流行，鲜卑人建立的北魏有孝文帝改革，服饰得以汉化，但是此时汉化的服饰已经与传统中原地区服饰有所区别，后来北齐推翻北魏，鲜卑服饰再度盛行，但此时的鲜卑服饰也已经汉化，之后的隋唐服饰，尤其袍服，多研习北朝之制，但按照汉族服饰加以改良，如左衽改为右衽，袍之衣身加长等。自北朝起，中原服饰结束了中原地区传统的一线式传承，而是受孝文帝改革及北齐鲜卑服复盛的影响，在隋唐时期开始了汉服与胡服相互融合的二线式传承。开衩的缺胯袍即在北朝、隋唐时期开始在中原地区盛行。此缺胯袍在后来的宋、元、明、清时期皆有传承。

缺胯袍的流行不是偶然的，四开衩主要功能还是便于北方游牧民族骑马需要，随着胡风在中原地区的盛行而流传开来。就服装在生产和生活中的使用功能而言，它比

[1] [清]历荃：《事物异名录·卷十六》，岳麓书社，1991年，第182页。

[2] [明]张岱：《夜航船·衣裳》，中华书局，2012年，第221页。

汉魏式褒博巍峨的衣冠要方便得多。既然如此，冠冕衣裳何以尚能长期流传呢？看来这主要是传统的礼法观念在起作用。就中原地区来讲，在北朝之前，受礼及生活生产方式的影响，袍服为曲裾袍和直裾袍，下摆无开衩。北朝开始缺胯袍随着北方游牧民族入主中原而兴起，由鲜卑贵族及士兵将领所服传开至全国士庶，隋唐时期缺胯袍盛极一时。

隋唐时期，文化经济繁荣，民族融合，袍服种类多样，出现了有着典型民族融合特征的袍服的流行现象。无论圆领襕袍还是女穿男袍都是受到非常特殊的民族融合现象而产生的。隋朝袍服承袭北朝，唐朝服饰制度承袭隋朝，虽然一脉相承，但又有所发展演变。唐初因袭隋制，天子用黄袍及衫。《文献通考》马端临曰："用紫、青、吕为命服，昉于隋炀帝，而其制随定于唐"。《唐音癸签》载："唐百官服色，视阶官之品"。这里共同说明，唐代的袍服制度是继承隋制得，一般是圆领窄袖，文官也有穿宽袖圆领袍者。这说明中原民族袍服既吸收了游牧民族服装特征，又保留传承了中原民族服装特征。总之，政治、经济、文化的繁荣，民族的包容、融合、多元化发展才是唐朝袍服高度繁荣、种类丰富的关键因素。

第五节　宋、辽、金时期

宋、辽、金虽然属于不同的民族，文化传统有很大差异，但服饰上的差异并不影响两国的交流。金代作为辽代礼制的继承者，与契丹族都是游牧民族，服饰继承了胡服的特点，在与南宋的交往中逐渐受到中原文化的影响，无论是贵族还是平民的服饰都受到了汉文化的渗透。由此可见，中国历史上服饰的发展是一脉相承的。这一时期也是袍服的成熟期，对后世袍服的发展产生了深远的影响。在服装上的差异也突显了中原农耕文明和北方游牧文明的差异。对这一时期袍服的研究有着非常重要的意义，这一时期的袍服研究尤其是对不同民族统治者统治下袍服演变机理有着重要意义。本文首先依据形制、材料、色彩、装饰对宋、辽、金时期袍服进行分类研究，其次对宋、辽、金时期袍服的演变进行分析，以客观地表现这一时期服饰的变迁。

一、宋、辽、金时期袍服的分类

（一）基于形制视角的宋、辽、金时期袍服分类

宋代袍服按形制可以分为大袍、窄袍、衫袍、靴袍、履袍、单袍、直身袍七种。

第一种，大袍，是宽敞的袍服。《宋史 · 仪卫志六》："驾士，服锦帽，绣戎衣大袍，

银带”。[1]

第二种，窄袍。解释有三：一是宋代皇帝礼服之一，袍身狭小，两袖紧窄，故以为名。《续通志》卷一二三：“宋制，天子之服……有窄袍，便坐视事则服之”。二是宋辽时诸国使人入殿参加朝会之服，有紫、绯等色。宋代孟元老《东京梦华录·元旦朝会》：“诸国使人大辽大使顶金冠，后檐尖长如大莲叶，服紫窄袍……夏国使副皆金冠短小样制，服绯窄袍”。[2]《辽史·仪卫志二》：“臣僚便服，谓之‘盘裹’。绿花窄袍，中单多红绿色”。[3]三是宋代宫廷内职出入内廷所着之服。《宋史·舆服志五》：“景德三年，诏内诸使一下出入内庭，不得服皂衣，违者论其罪，内职亦许服窄袍”。

第三种，衫袍，是唐宋时皇帝常服之一。《宋史·舆服志三》：“天子之服……五曰衫袍……天子朝会、亲耕及视事、燕居之服也”。

第四种，靴袍，是宋代皇帝礼服之一。专用于郊祀明堂、诣宫、宿庙等场合。始于南宋乾道九年（公元1173）。宋叶梦得《石林燕语》卷七：“故事：南郊，车驾服通天冠、绛纱袍；赴青城祀日，服靴袍。”[4]又《宋史·舆服志三》：“（天子）服靴，则曰靴袍。”

第五种，履袍，是宋代皇帝礼服之一，专用于郊祀明堂、诣宫、宿庙等场合。始于南宋乾道九年。《宋史·舆服志三》：“天子之服，一曰裘冕，二曰衮冕，三曰通天冠，四曰履袍……袍以绛罗为之。”

第六种，单袍，是没有衬里的单衣。宋《岁时广记》卷三十七：“升朝官每岁初冬赐时服，止于单袍。太祖讶方冬犹赐单衣，命赐以夹服，自是士大夫公服冬则用夹。”

第七种，直身袍，是斜领大袖，宽而长的袍，形制与道袍近似，衣背由两片缝制而成，直通下缘，故名。直身袍始见于宋代，元代禅僧及士人均服此服。明初，太祖制庶民服，青布直身即此衣式。

辽起源于朔漠，属契丹族，服饰在早期和中后期表现出了不一样的特点，即披发左衽。“臣僚戴毡冠，金花为饰，或加珠玉翠毛，额后垂金花，织成夹带，中贮发一总”“皇帝幅巾，授甲戎装，以貂鼠或鹅项、鸭头为捍腰。蕃汉诸司使以上并戎装，衣皆左衽，黑绿色”“并发左衽，窃为契丹之饰”。从这些文献中可知契丹穿的都是“左衽”，这一现象继承了胡服的特点。

金代妇女喜欢裹头巾，所穿的服装也大概沿袭了辽代的旧制，衣服形制采用直领、

---

[1] [元]脱脱：《宋史·仪卫志六》，中华书局，1985年，第3474页。

[2] [宋]孟元老：《东京梦华录·元旦朝会》，商务印书馆，1936年，第21页。

[3] [元]脱脱：《辽史·仪卫志二》，中华书局，1983年，第1518页。

[4] [宋]叶梦得：《石林燕语·卷七》，中华书局，1984年，第98页。

左衽。大袄子是金代妇女常穿的服装，其式样像男子的道袍，下体则穿裙子，裙子左右分别短缺二尺余，为使裙幅撑开，特用裹着素帛的铁丝圈为衬，上用单裙笼罩，妇女许嫁则穿绰子，其制与宋代褙子相近，对襟窄袖，前长拂地，后长曳地五寸余，走起路来衣裙扫地。

（二）基于材料视角的宋、辽、金时期袍服分类

宋代袍服按材料分为布襕、锦袍、宫锦袍、布袍、绨袍、纱袍、罗袍、絁袍八种。

第一种，布襕，是以苎麻制成的袍衫。《宋史·礼志二十五》："群臣当服布斜巾，四脚，直领布襕"。

第二种，锦袍。解释有二。一是以彩锦制成的袍（图2-40）。色彩斑斓华美，历代视为珍品，常用作朝廷向近臣、外邦的赏赐之物。宋周去非《岭外代答》卷二："熙宁中王相道抚定黎峒，其酋亦有补官，今其孙尚服锦袍，束银带，盖其先世所受赐而服之云"。二是僧侣所着之袍，又称衲袍，因鲜艳如锦故名。

图2-40｜灵鹫对羊纹锦袷袍（北宋）

第三种，宫锦袍，是宫锦制成的袍子。多用于达官贵者。宋苏轼《中山松醪赋》："颠倒白纶巾，淋漓宫锦袍"。

第四种，布袍。解释有三。一是布做的袍服，贫者服之。二是平民或隐士之服，宋刘过《寿健康太尉》诗："万里寒风一布袍，持将诗句谒英豪"。三是居丧之服，宋朱熹《朱子语类》卷一二七："孝宗居高宗丧，常朝时裹白幞头，着布袍"。

第五种，绨袍，是以粗帛制成的袍服。贫者用于御寒。宋陆游《蔬食》诗："犹胜烦秦相，绨袍闵一寒"。

第六种，纱袍。解释有二。一称纱公服，以纱罗制成的公服，有圆领大襟及斜领大襟数种（图2-41、图2-42）。一般用于夏季，常朝礼见皆可穿着，着之以图凉爽。宋

时已有，因其质地轻薄，有伤观瞻，曾一度禁止，后上下通行。宋陈元靓《事林广记》卷二十二：“一朝士平日起居，衣纱公服”。清代规定为正式礼服。二是士庶常服。

图 2-41 | 素纱圆领单衫（一）

图 2-42 | 素纱圆领单衫（二）

第七种，罗袍，是以罗制成的袍子（图2-43）。宋徐兢《宣和奉使高丽图经·卷十一》：“控鹤军，服紫文罗袍，五采间绣大团花为饰”。[1]《宋史·礼志二十八》：“素纱软脚幞头，浅色黄罗袍，黑银带”。

图 2-43 | 浅褐色罗镶花边大袖（南宋）

第八种，绝袍，是粗绸制成的袍。借指庶民之服。宋陆游《村居》诗：“纱帽新裁稳，絁袍旧制宽”。

辽在建国以前以游牧狩猎为业，契丹人早期大多以兽皮裹身，一直到立国前才会种植桑麻、纺织布帛，穿着布制的衣服，太祖耶律阿保机在北方称帝时，衣冠服制尚未具

[1] [宋]徐兢：《宣和奉使高丽图经·卷十一》，商务印书馆，1937年，第23页。

备，后得北方十六州，将当地文物仪仗收归己有，辽太宗即位后颁布服制，在后晋服制的基础上创立自己的衣冠服制，以辽制治契丹族人，以汉制治汉族人，皇帝、汉官穿着汉服，皇太后及契丹臣僚穿契丹服，采取了两种不同的礼制。❶

金代服饰实物在黑龙江阿城巨源金墓，山西大同金墓也有出土，阿城巨源金墓经鉴定被确认为齐国王墓。棺内葬有男女两人，其中男性着衣八层，共十件，女性着衣九层，共十六件，衣服的种类较为丰富，织物品种有绢、绸、纱、罗、绫、锦等，织品细腻而有光泽，并具有较强的韧性，织品中大量采用挖梭技术，织金占有相当比重，有织金绢、织金绫、织金绸、织金锦等。印染、彩绘、刺绣等技法也被大量采用，尤其是刺绣，针法灵活，富于变化。金墓的主人是一位道士，出土时面覆罗纱，身穿丝织单衣，夹衣和棉衣十余件，外裹道袍，鹤氅（图2-44），腰系丝带，脚穿布袜、繡鞋。❷

图 2-44 | 鹤氅（山西大同金代道士阎德源墓出土）

（三）基于色彩视角的宋、辽、金时期袍服分类

宋代袍根据色彩来分，可以分为十种，分别为绿袍、赭袍、绯袍、赤霜袍、柘袍、皂袍、茜袍、紫袍、白袍、鹄袍。

绿袍，是绿色袍服。《辽史·仪卫志二》：“八品、九品、幞头、绿袍”。

赭袍，是红色袍服，有三种解释。一为红袍，帝王之服。宋邵伯温《邵氏闻见录》卷七：“御衣止赭袍，以绫罗为之”。❸

---

❶ 天津人民美术出版社编：《中国织绣服饰全集·历代服饰卷下》，天津人民美术出版社，2004 年，第 1 页。
❷ 天津人民美术出版社编：《中国织绣服饰全集·历代服饰卷下》，天津人民美术出版社，2004 年，第 4 页。
❸ [宋] 邵博：《邵氏闻见录·卷七》，中华书局，1983 年，第 66 页。

绯袍，是红色袍服。南北朝时贵贱通用，入唐以后专用于官吏，为四、五品官员的常服，宋代因之。《宋史·舆服志五》："阶官至四品服紫，至六品服绯，皆象笏，佩鱼"。

赤霜袍，又称青霜袍，是粉红色袍服。神话传说中为妇女服用。宋柳永《御街行》词："赤霜袍烂飘香雾。喜色成春煦"。

柘袍，又称柘黄袍、赭黄袍、郁金袍，是赤黄色袍服，帝王之服。宋苏轼《书韩干牧马图》诗："柘袍临池侍三千，红妆照日光流渊。"《辽史·仪卫志二》："皇帝……柘黄袍，九环带，白练裙襦，六合靴"。《大金国志》卷三十四："国主视朝服，纯纱幞头，窄袖柘袍"。[1]

皂袍，是官吏穿的黑色袍服。

茜袍，是大红色袍服，唐宋时学子考中状元，即可穿着红袍。或曰旧制进士第一人即赐茜袍，此花如其色，故以名之。

紫袍，是紫色袍服，北朝皇帝朝服，至隋代成为达官之服，至宋则贬至各种命服，包括官服及命服之服。宋周去非《岭外代答》卷二："紫袍象笏，趋拜雍容。使者之来，文武官皆紫袍。"

白袍，是白色袍服。解释有三。一是军士之袍，宋陆游《猎罢夜饮》诗："白袍如雪宝刀横，醉上银鞍身更轻"。二是庶民之袍，以白绢为之。三是孝服。

鹄袍，是白色襕袍。其色洁白如鹄，故名。宋代规定应试士子皆着白襕，因称其服为鹄袍。宋岳珂《桯史》卷十："命供帐考校者，悉倍前规，鹄袍入试"。[2]

（四）基于装饰视角的宋代时期袍服分类

宋代袍服按装饰可以分为凤尾袍、苣文袍、瑞鹰袍、白泽袍、瑞马袍五种。

凤尾袍，破旧棉袍。宋陶谷《清异录》卷下："凤尾袍者，相国桑维翰时未仕缊衣也。谓其褴褛穿结，类乎凤尾"。[3]

苣文袍，又称苣纹袍，仪卫之服。以绯色布帛为之，衣上绣有苣荬菜纹。《宋史·仪卫志六》："太常铙、大横吹，服绯苣文袍、袴、抹额、抹带。太常羽葆鼓、小横吹，服苣文袍、袴、抹额、抹带"。《金史·仪卫志上》："大横吹，苣纹袍、袴、抹额、抹带"。《金史·仪卫志上》："大横吹，苣纹袍、袴、抹额、抹带"。

瑞鹰袍，金代仪卫之服。因织绣有瑞鹰，故名。[4]《金史·仪卫志上》："第三部二百七十二人：殿中侍御史二人，左右屯卫大将军二人，折冲都尉二人，紫瑞鹰袍"。

---

[1] [宋] 宇文懋昭：《大金国志·卷三十四》，中华书局，1957年，第255页。

[2] [宋] 岳珂：《桯史·卷十》，中华书局，1981年，第137页。

[3] [宋] 陶穀：《清异录·卷下》，上海古籍出版社，2012年，第131页。

[4] [元] 脱脱：《金史·仪卫志上》，中华书局，1975年，第1665页。

白泽袍，是金代仪卫之服，因织绣有白泽之纹，故名。《金史·仪卫志上》："步甲队，第一第二两队百一十人：领军卫将军二人，平巾帻、紫白泽袍、袴、带……"

瑞马袍，是金代仪卫之服，因织绣有瑞马之纹，故名。《金史·仪卫志上》："第十队七十人，折冲都尉二人，瑞马袍"。

二、宋、辽、金时期袍服的演变及原因分析

（一）宋、辽、金时期袍服的演变

1. 宋、辽、金时期袍服穿着人群的演变

到宋代袍服的演变已经开始呈现多元化的趋势，不同人群穿着不同的袍服，而且不同场合所穿袍服也有了更细致明确的划分。宋元时期出现从单一形制到多种形制并存的状态。官服、常服，男服、女服，都出现了大量的袍服，可从《清明上河图》（图2-45）中的人物形象窥其一斑。

图2-45｜宋张择端《清明上河图》局部

宋代官服以袍衫为主，有朝服和公服之分。其形为圆领大袖，有时袍下加襕、腰束带，有宽袖广身和窄袖紧身两种基本形式。一般通过质料、色彩、饰物来辨别官职，图2-46左边队伍前面高官圆领大袖袍，后面小官圆领窄袖袍。此外，同为高官职的武将也穿窄袖袍，见图2-47右侧。平民男子一般只服黑白两种颜色。公服又称省服、常服，特征是圆领或盘领、大袖或小袖，颈两侧有护领，腰束带，有时袍下加襕，头戴方顶展角幞头，如图2-48~图2-50所示。宋代依照前代的制度，按季节颁赐各官服饰，所赐的锦袍有宽身大袖和紧身窄袖两种。袍是长至足上，有表有里。有官职者服锦袍，尚未

图 2-46 | 宋佚名《迎銮图》

图 2-47 | 宋刘松年《中兴四将图》

图 2-48 | 宋赵佶《文会图》局部

图 2-50 | 宋佚名《歌乐图卷》局部

图 2-49 | 宋周季常 林庭珪《五百罗汉·应身观音》

有官职者服白袍，庶人服布袍。[1]宋时妇女不常穿袍，一般礼仪场合宫嫔及宴乐时歌者会穿。宋朝时男子的袍服一般有四种形式：一种袍长及脚踝或略偏上，广袖，交领，领缘、袖口镶边，衣缘“缝掖”或“直缀”；一种袍长及膝，广袖，交领，领缘、袖口镶边；第三种袍长及脚踝，窄袖，交领或圆领，领缘有镶边，但袖口一般不镶边；第四种袍长及踝或至腿膝处，常在腰间束带，圆领，领内加立领。这四种袍服中，前两种为文人雅士及退隐闲居官僚所服，也是帝王常服。第三种则为略有身份的平民所服。第四种为官服，一般官员，男女侍从，公差吏卒均服此类服装，宋时穿袍服的女性多为侍女，如图2-51、图2-52所示。

图2-51｜宋佚名《宋仁宗皇后像》

图2-52｜宋佚名《女孝经图》局部

辽代服装有国服和汉服之分，国服为契丹服饰，汉服为五代后晋时服饰，皇帝所用的国服有六种形制，分别为祭服、朝服、公服、常服、田猎服和弔服，祭服之中有大祀服和小祀服之分，皇帝朝服相当于汉族的衮冕，公服戴紫皂幅巾，穿紫色窄袍或红袄，系玉带，常服穿花窄袍，红中单，冬季披貂裘，田猎服用幅巾，穿铠甲，弔服戴素冠，穿素衣，皇帝所用的汉服也有祭服、朝服、公服、常服等形制，祭祀宗朝，纳后、元日受朝等用祭服，戴冕冠，穿玄衣纁裳。通常祭祀、冬至、朔日受朝、元会等用朝服，戴通天冠，穿绛纱袍，白裙襦，公服戴翼善冠，穿柘黄袍衫。常服戴褶上巾，穿柘黄袍衫。臣僚服饰也有国服、汉服之分。国服用于北班、汉服用于南班。[2]

2. 宋、辽、金时期袍服形制的演变

宋代时期袍服的形制也发生着演变，主要是在领、襟袖等处。领的款式分为方领、

[1] 萧国亮：《中国社会经济史研究：独特的“食货”之路》，北京大学出版社，2005年，第221页。

[2] 天津人民美术出版社编：《中国织绣服饰全集·历代服饰卷下》，天津人民美术出版社，2004年，第2页。

交领、圆领、斜领、直领、合领、盘领等。历代袍服襟的样式也很多，有对襟、大襟、左襟等。袍服本身的用途决定了袖子的款式。

辽时期的男子袍服与宋代不同，通常采用左衽、圆领及窄袖，下长过膝（图2-53~图2-56）。根据文献记载，金代盛行火葬制度，也是由于这个原因，致使金代服饰实物留存下来的很少，完整的衣服更是寥寥无几。

图2-53 | 辽代黄褐色罗夹袍

图2-54 | 辽代黄褐色地燕衔绶带纹绵锦袍

图2-55 | 辽代黄褐色圆点纹绮绵袍

图2-56 | 团凤纹织金锦袍

金代的服饰和辽代的服饰有相似之处（图2-57~图2-62）。金代男子衣服都窄小，不论贵贱都穿尖靴，金主平时也只服皂巾杂服，舆士庶同，官属们平居，唯着上领褐衫，开始并没有上下等级之分，冠用羊裘、狼皮、有鞑帽、貂帽。

图 2-57 | 紫地金锦襕绵袍

图 2-58 | 褐地翻鸿金锦绵袍

图 2-59 | 绿地夔龙纹织金锦绵袍

图 2-60 | 紫地云鹤纹织金金绵袍（金）

图 2-61 | 褐地翻鸿纹金锦交领开衩袍

3. 宋、辽、金时期袍服装饰纹样和色彩的演变

图 2-62 | 金代男士画像

宋、辽、金时期袍服的装饰纹样较前代也有着明显的不同之处。自从袍服从内衣转变为外衣开始，袍服就开始有了装饰。宋代袍服的装饰手法有彩绘、彩绣、贴金、印金等。虽然宋、辽、金时期袍服的装饰手法开始大量出现多种装饰手法综合使用的现象，但是总体装饰

风格还是一改前代的富丽堂皇，装饰的风格逐渐趋于素雅，在宋代也由于合领的大量流行，在领襟处镶精致的花边，下摆、袖口处只镶简单的花边或不镶花边，以突出领襟处的装饰。而元代袍服的装饰主要特征则体现在袍服的胸背处，为植物装饰，设计成规矩的团纹，或彩袖，或彩绘、贴金等，以彰显身份的高低、地位的尊卑，从唐朝开始一直到清朝袍上的装饰纹样渐渐成为辨别等级的主要方式。

宋时期袍服的色彩也一直发生着变化。由于印染技术的限制及政治、经济等因素，从先秦到民国，社会上主要流行的色彩一直发生着变化，有些色彩则一直延续很久，变化很少。例如，青袍从唐到明所服者身份越来越高；绿袍从隋朝到明朝所服者的地位一直在降低；绯袍则比较特殊，先是南北朝时皇帝服用，到唐三品以上官员服用，之后到宋降低为官员、命妇，几经变化；其中黄袍和白袍比较稳定，黄袍自隋朝开始一直到清朝灭亡的1300多年中，一直是最尊贵的象征，白袍则相反，除少数士子等有身份的人穿过，大多数时期都是普通百姓的象征。

辽时期的男子袍服颜色用得较深，有灰、灰蓝、赭黄、墨等，袍上的花纹比较朴素，契丹族男子着长袍时里面常有衫袄，衫袄的颜色较外衣为浅，常用的有白、黄、粉、米色等。下穿套裤，裤腿塞入靴筒之内。辽代皇后服饰只定有小祀之服，戴红帕，穿络缝红袍，腰系玉佩，脚穿络缝乌靴。普通妇女的着装也以袍衫为主，颜色灰暗，常见者有黑、紫、绀色，袍式采用左衽、交领，名谓团衫。贵族妇女的袍式前长拂地，后长曳地尺余，妇女的下体裤、裙均用，裙子的幅围比较宽大，通常用黑、紫色面料为之，上绣全枝花图纹。金朝政权建立之后，也订立了自己的服装制度，这一制度基本上在辽代的基础上产生，百官公服分为三等，以颜色为别，一至五品服紫，六至七品服绯。金人服装喜欢用白色，金人的春装以鹘捕鹅，杂花卉为纹饰，秋装以熊、鹿、山林等动植物为纹饰。

4. 宋、辽、金时期袍服材料的演变

宋代时期袍服在用料上也更为精细。中国对桑蚕的养殖和麻的应用非常早，所以先秦时期有着明显的分类，到了宋代袍用衣料在唐代基础上有了新的发展，在纺织技术中缂丝技术得到很大的发展，缂丝艺术在宋代盛极一时，甚至连宋徽宗都亲自写诗赞美缂丝。宋代时期以材料命名的袍服就有绵袍、缊袍、绨袍、锦袍、布袍、罗袍、布襕、绝袍、麻袍、缯袍、皮袍、棉袍、绫袍、绛纱袍、碧纱袍、纱袍等20 多种，其中纱袍更是从以前的常服在宋代正式变为公服。

辽代服饰实物在辽宁省法库县“叶茂台辽墓”曾有出土，那是一座契丹族妇女的墓葬，墓主人头戴冠帽，上穿短袄，长袍，下穿裤、裙，手戴绣花分指手套，脚穿齐膝缂丝软靴，头间佩戴水晶和琥珀相间的项饰，所有服装都用左衽，两袖宽博，衣襟上有疙

瘩式纽襻，长袍以罗为地，通体绣花，领绣二龙，肩、腹、腰等部绣簪花骑凤羽人，其他部位绣桃花、水鸟、蝴蝶等图案，帽做圆顶，两旁各立一高翅，如“山”字形，帽顶面料用纱，内絮丝绵，两立翅用缂丝包边，中心部位绣缠枝花及麒麟，所有纺织品都用桑蚕丝织成，有7大类90余个品种，这也反映出当时的纺织水平。[1]

（二）宋、辽、金时期袍服演变的原因分析

1. 宋、辽、金时期袍服穿着人群演变的原因分析

宋元时代袍服穿着人群的演变深受当时社会背景的影响。

宋代统治阶级采取抑武重文的政策，宋太祖赵匡胤在开国之初就通过“杯酒释兵权”将兵权收缴回中央，这是抑武的体现。还有就是时服的赏赐，时服是皇帝每年按季节赏赐给近侍、文武官员的时令服饰，一般为公服或朝服中的几件，武官得到的也是文官样式的袍、衫、褙子等，所以造成军戎服饰的儒雅化，也提高了文人在人们心中的地位。另外，宋代兴办学校、普及教育、尊崇儒家学说、兼容佛道思想、大力推行文官体制、科举选官也得到完善和发展，这使得士大夫为基础的文官体制取代了以往公卿贵族累世相传的统治。这对宋代社会发展、服饰变迁产生了很大的影响。由于文人的地位被推崇到一个很高的位置，所以这种推崇就延伸到服饰上，百姓多模仿文人的穿戴。

2. 宋、辽、金时期袍服形制演变的原因分析

宋代时期袍服演变主要受当时社会背景的影响。

首先宋代时期政治上重文轻武，一改历朝历代尚武之风，这在袍服的形制上的直接反应就是文人袍服款式在全社会的极速推广流行。宋代时期文化上地演变深刻地影响着当时人们对袍服的审美变化。宋代是以中原农耕文明为主体的汉族所建立的朝代，所以服装形制除了继承隋唐的圆领之外，开始在各个阶层流行交领等汉族传统服饰的形制，宋代更是结合直裾袍、圆领袍等历代袍服的特征，开创了合领袍服流行的盛况。所以宋代一朝，袍服合领、交领、圆领、盘领并起，广袖、大袖、窄袖并行，使袍服的发展达到一个新的高峰。

3. 宋、辽、金时期袍服装饰纹样和色彩演变的原因分析

宋代时期袍服装饰纹样和色彩演变受到当时文化背景的极大影响。

宋代诞生了由程颢、程颐奠基，朱熹集大成的宋明理学。将伦理纲常确立得十分完备，成为宋代占统治地位的哲学思想。这种思潮直接影响当时人民的人生观、审美观，以致形成宋代独特的艺术形态。由此，当时的服饰一方面显得拘谨守旧，另一方面也体现了宋代士大夫追求的平淡简单、朴实无华、自然闲适的服饰审美格

---

[1] 《中国织绣服饰全集·历代服饰卷下》，天津人民美术出版社，2004年，第3页。

调。服饰色彩宋代推崇恬静淡雅之色，受此审美观的影响，宋代的服饰色彩不如前代那样艳丽。宋代以色彩命名的常见袍服有绿袍、赭袍、绯袍、赤霜袍、柘袍、皂袍、茜袍、紫袍、白袍、鹄袍等十余种，虽然种类依然很多，但是如果根据出土实物、传世绘画和文献记载来分析，不难看出相对物质文化发达的唐代来说，宋代在这个基础上，对精神文化的追求更加明显，主要表现为两点：唐代是大一统的多民族国家，对内对外都采用开明开放的政策，所以袍的色彩丰富多样，宋代领土面积的大幅缩小，对外交流尤其是陆上文明的交流相对唐朝阻塞了很多，民族成分也相对单一了很多，加之理学的盛行，袍的色彩上相对唐朝简单了很多；宋代是经五代十国的动乱后建立起的王朝，国家政策是以文官治理国家，所以文官阶层的社会地位大大提高，从而其审美情趣等都更加深刻地影响着整个国家，具体到袍服的色彩中就是用色的素净、高雅。

女真族服装喜欢用白色，这和当地的地理环境和生活方式有关，因女真族以游牧为业，有些地方终年积雪，身穿白色服装，可以和周围的冰雪银树融为一色，从而起到保护自己、迷惑猎物的作用，女真族的春装以鹘捕鹅，杂花卉为纹饰，秋装以熊、鹿、山林等动植物为纹饰，也是出于同样的目的。

4. 宋、辽、金时期袍服材料演变的原因分析

宋代时期袍服在材料上的演变主要受经济上的发展而推动。宋代经济大发展，这也就使一大批对袍服有着更高精神和物质追求的阶级有了经济基础，从纺织原料的征集到纺纱、织造、染色都设有专门的组织。宋代京城设有绫锦院、文思院、内染院、裁造院、文绣院等，这些官办场规模巨大，工匠繁多，其丝织手工业的织造及印染技术水平、规模、质量都突破了前代，带动了整个纺织业技术水平的提高及产品种类的增加，不仅袍服所用的材料在种类上有所增加，更重要的是同一种材料在技艺上更加成熟，成品更加精美。宋代缂丝技术的大发展就是在这个背景上发生的。宋代蚕丝业发达的地方主要有三处，即河北和京东诸路为中心的中原地区，成都府路地区和南方诸路，尤其两浙路，由于宋时陆上丝绸之路不畅，海上丝绸之路兴盛，宋代经济较之前的五代十国发展十分迅速昌盛，瓷器和丝绸成为出口的两大主要产品，因为有着极重要的政治、经济利益，反过来又进一步刺激丝织业的发展，所以宋代袍服的材料织造达到了一个新的高度，这也是宋代袍服材料演变的主要原因。

金时期女真族生活在北方地区，因环境寒冷，所以服装大多用兽皮制成，特别是到了冬天，不分贵贱都穿着兽皮服饰，连裤、袜都用皮毛制成，以皮质来分别等级，富人用貂鼠、青鼠、狐貉或羔皮，贫者用獐、麋、牛、马、猪、羊、猫、犬、鱼、蛇之皮。

第六节 元代时期

一、元代袍服的分类

（一）基于形制视角的元代时期袍服分类

元代袍服按形制可以分为宝里、大衣、衬袍、士卒袍和窄袖袍五种。

第一种，宝里，是元代的加襕之袍，蒙古语称襕袍为宝里（图2-63）。《元史·舆服志一》："（百官）夏之服凡十有四等，素纳石失，聚线宝里纳石失一，枣褐浑金间丝蛤珠一，大红宫素带宝里一"。又："（天子）服大红、桃红、紫蓝、绿宝里"。[1]

第二种，大衣，是蒙古族人的袍，可作礼服用。当时的汉人称此种袍为团衫，南方汉族人（南宋时属下的汉族人）称其为大衣。因其形制与用途类乎宋时的团衫和大衣，言其宽大的样式。陶宗仪《南村辍耕录》卷十一："国朝妇人礼服，鞑靼曰袍，汉族人曰团衫，南人曰大衣，无贵贱皆如之。服章但有金素之别耳。惟处子则不得衣焉。今万户有姓者而亦约袍，其母岂鞑靼与？然俗谓男子布衫曰布袍，则凡上盖之服或可概曰袍"。[2]

第三种，衬袍，是元代仪卫服饰名。衬在裲裆甲里面的长衣。《元史·舆服志一》："衬袍，制用绯锦，武士所以裼裲裆"。

第四种，士卒袍，是士卒所穿之袍。

第五种，窄袖袍，是窄袖子的袍（图2-64）。《中国古代服饰史》元代服饰中记载："袍有衬袍、士卒袍、窄袖袍"。[3]

图2-63 | 纳石失辫线袄

图2-64 | 缠枝牡丹绫地妆金鹰兔胸背袍

---

❶ [明] 宋濂：《元史·舆服志一》，中华书局，1976年，第3732页。
❷ [元] 陶宗仪：《南村辍耕录》卷十一，中华书局，2004年，第171页。
❸ 周锡保：《中国古代服饰史》，中央编译出版社，2011年，第363页。

（二）基于材料视角的元代时期袍服分类

元代袍服按材料可以分为绛纱袍、锦袍、缯袍、布袍、罗袍、麻袍六种。

第一种，绛纱袍，是深红色纱袍，一般作朝服用。周锡保《中国古代服饰史》元代服饰记载："朝服，皇帝戴通天冠，着绛纱袍"。

第二种，锦袍，是以彩锦制成的袍服。

第三种，缯袍，是丝帛制成的袍（图2-65）。元陶宗仪《元氏掖庭记》记载："后妃侍从各有定制。后二百八十人，冠步光泥金帽，衣翻鸿兽锦袍。妃二百人，冠悬梁七曜巾，衣云肩绛缯袍"。

图2-65 | 镶边绸夹袍

第四种，布袍，是布做的袍，指平民或隐士之服。元张养浩《普天乐·失题》词："布袍穿，纶巾戴，傍人休做，隐士疑猜"。元贯云石《水仙子·田家》四首，一首写道："布袍草履耐风寒，茅舍疏篱三两间"。

第五种，罗袍，是以罗制成的袍子。

第六种，麻袍，是以麻制成的袍，贫者之服。元无名氏《十棒鼓》词："不贪名利，休争闲气……麻袍宽超，拖一条藜杖，自带椰瓢。沿门儿花得，花得皮袋饱"。

（三）基于色彩视角的元代时期袍服分类

元代袍服按色彩可以分为紫罗袍、绯袍、绿袍、赭黄袍、白袍五种。

第一种，紫罗袍，是紫色罗制成的袍。

第二种，绯袍，是红色的袍。

第三种，绿袍，是绿色的袍。叶子奇在《草木子》中对官服也有相关记载："一品、二品用犀玉带大团花紫罗袍，三品至五品用金带紫罗袍，六品、七品用绯袍，八品、九

品用绿袍，皆以罗流。外受省札，则用檀褐，其幞头皂靴，自上至下皆同也”。❶

第四种，赭黄袍，又称柘袍、柘黄袍、郁金袍，赤黄色袍服。唐贞观年间规定为皇帝常服，后历代沿用。张昱《辇下曲》之二三：“望拜綵楼呼万岁，柘黄袍在半天中”。元张翥《翰林三朝御客戊戌仲冬朔把香前宫》诗：“嘉禧殿前初日高，瑞光先映赭黄袍”。

第五种，白袍，白色袍服。其意有三：军士之服，元张国宾《薛仁贵》第一折：“有一个白袍卒，奋勇前驱，直杀得他无奔处”；庶民之服；孝服。

（四）基于装饰视角的元代时期袍服分类

元代袍服按装饰分有织文袍、虬龙袍、大团花紫罗袍、蟒袍四种。

第一种，织文袍，是织有文字的袍服，所织文字多为吉祥之语，如富贵、长寿等（图2-66、图2-67）。《元史·张升传》：“帝赐金织文袍，以宠其归”。

图2-66 | 印金提花长袍一（元）

图2-67 | 印金提花长袍二（元）

第二种，虬龙袍，是有虬龙纹样的袍。

第三种，大团花紫罗袍，是由大团花纹样的紫色罗制成的袍。元代官袍多以罗为面料，并以花纹大小表示级别。元主有虬龙袍、天鹅织锦袍。一般也着布袍，其领、袖间镶以皮。蒙古族贵妇衣有袍，袍式宽大而长。大袖，而在袖口处较窄。其长拽地，行时须两女奴拽之。可做礼服用。自大德以后，蒙古族、汉族间的士人之服就各从其变。

第四种，蟒袍，是绣有蟒纹的袍服。《元典章》卷五十八记大德元年：“不花帖木耳奏：街上卖的缎子似皇上御穿的一般，用大龙，至少一爪子。四个爪子的卖者有着呵”，这说明四爪大龙缎袍（即蟒袍）在元初就已经在街市出卖，但当时蟒袍的名称还没有出

❶ [明] 叶子奇：《草木子·卷三下》，中华书局，1959年，第85页。

现或流行开来。

二、元代袍服的演变及原因分析

（一）元代时期袍服的演变

1. 元代时期袍服穿着人群的演变

不仅宋代袍服开始出现明显的、更为细致的分类，元代对于不同阶级所穿袍服更是有着明确的规定。《析津志辑佚》记载了元代贵族妇女的礼服样式：袍多是用大红织金缠身云龙，袍间有珠翠云龙者，有浑然纳石失者，有金翠描绣者，有想其于春夏秋冬绣轻重单夹不等，其制极宽阔，袖口窄以紫织金爪，袖口才五寸许，窄即大，其袖两腋摺下，有紫罗带栓合于背，腰上有紫纵系，但行时有女提袍，此袍谓之礼服。正因元贞元年(1295年)又发布禁令：平民百姓不能用柳芳绿、红白闪色、迎霜合、鸡冠紫、栀子红、胭脂红六种颜色，只能穿本色或暗色麻、棉、葛布或粗绢绵绸。因为元代朝廷对服饰有着明文规定，因此同样是作为元代常见服装的袍，普通人穿的是粗布袍，腰系杂彩绦，且大多着暗色，而帝王贵族则着十分珍贵的貂鼠答忽，颜色艳丽，尤其在元代的北方，男女穿的衣服款式近似，都是以袍为主，图2-68为元代穿袍服之人。

图2-68 | 元代人马图

2. 元代时期袍服形制的演变

元代蒙古族服装的款式造型大部分是以上紧下松的袍服款式为主，并腰间系带，这种特征在质孙服、辫线袍中均能见到。服装形制的变化也主要在领、襟、袖等处。交领又称交衽，连于衣襟，穿服时两襟交叉叠压，故而得名，主要流行于先秦时期，多用于男女常服，不分尊卑，后逐渐减少，到宋代开始逐渐增多，元代又开始减少，20世纪中后期基本只在儿童服装、宗教服装和少数民族服装传承。

3. 元代时期袍服装饰纹样和色彩的演变

元代蒙古族服饰的图案花样繁多、丰富多彩。它在继承传统的基础上又博采众家之长，并以自己的审美趣味融入服饰当中，体现出绚丽多姿的总体特征。服饰的色彩在习俗上不但反映了人们在长期的生产生活中逐渐对某些色彩形成了一个约定俗成的观念，而且也体现出对它的寓意和内涵有所认同。元代蒙古族的服饰色彩多用青、白、红、绿等颜色。这些色彩的运用都有它深层的寓意和内涵，饱含了对生命力量的崇敬以及自然对心灵的净化意义，反映出蒙古族对于哺育了自己的草原一贯的感恩之情。

4. 元代时期袍服材料的演变

元代蒙古族服饰的主要面料有皮毛和纺织品。由于蒙古高原地处寒冷，他们在冬季多用大小毛类动物之皮做衣服，从北方地区送来的银狐、玄狐、猎猢、银鼠、紫貂、水獭、香獐、青獭、花猫等珍贵皮毛是他们常用的服饰材料。并且元代时期棉纺技术也得到进一步推广和发展，这时候棉纺织技术大范围传播应用为明朝棉在全国民间的推广和流行打下基础。

（二）元代时期袍服演变的原因分析

1. 元代时期袍服穿着人群演变的原因分析

元代是中国北方的蒙古族建立的王朝，将当时中国北方的金、西夏、西域，南方的宋及西藏、大理统一起来的大一统王朝。元初立国，庶事草创，冠服车舆，并从旧俗。世祖混一天下，近取金、宋，远去汉、唐。至英宗亲祀太庙，复置卤薄。《元史·舆服志》：“今考之当时，上而天子之冕服，皇太子冠服，天子之质孙，以及于士庶人之服色，粲然其有章，秩然其有序。大抵参酌古今，随时损益，兼存国制，用备仪文。于是朝廷之盛，宗庙之美，百官之服，有以成一代之制作矣”。

2. 元代时期袍服形制演变的原因分析

元代袍服款式在宋代的基础上发生了很大的变化，因为元代是游牧民族统治的朝代，所以元代服饰，尤其当时的贵族阶层所穿袍服都以圆领为主，这和北朝、隋唐圆领袍的流行有着类似的原因，但是交领等传统领型的袍服依然存在。元代圆领袍的大范围流行也为圆领、盘领袍在明代的流行打下了一定的基础。

3. 元代时期袍服装饰纹样和色彩演变的原因分析

元代时期袍服装饰纹样和色彩演变也受到了当时文化背景的影响。由于元代社会等级森严，占社会主体的汉族地位低下，所以服饰文明也受到了影响，这时以色彩命名的袍主要有紫罗袍、绯袍、绿袍、赭黄袍、白袍等几种，受经济、政治、文化等因素的影响，袍的色彩相对前朝变得单一，没有大的发展。

4. 元代时期袍服材料演变的原因分析

元代是大一统时代，统治阶级为游牧民族，所以受此影响，圆领袍服继北朝隋唐之后再次在全国流行开来。袍服被广泛应用在朝堂、祭祀、婚庆、丧葬、燕居等场合，穿着也不分男女老幼。元代时期袍服虽然在形制、材料、装饰、色彩上发生着变化，但是平面裁剪、面料染色等元素均是一脉相承的，这体现了袍服的多样统一性。经过长时间的发展演变，农耕文明和游牧文明的服饰得到了进一步的融合发展，外穿盘领、圆领，内穿交领袍服就是一种服饰融合的现象。元代时期袍服是当时文化象征的产物，其本身从形制到色彩装饰处处体现着传统文化，这充分体现了袍服与传统文化的相容性。

第七节　明代时期

明代是继唐代之后又一个由中原农耕文明大一统的朝代，其服饰制度远袭唐代近承宋代，又受到了元代的影响。明代袍服是数百年来民族融合的产物，对这一时期袍服的研究有非常重要的意义。笔者首先将明代袍服按照形制、材料、色彩、装饰进行分类研究，然后又对明代袍服的演变原因进行分析总结，从而客观地反映明代袍服演变的基本情况。

一、明代袍服的分类

（一）基于形制视角的明代袍服分类

以款式为依据可以将明代的袍服归纳为大袍、短褐袍、顺褶、对襟袍、衬褶袍、贴里、直身、道袍、盘领窄袖袍、盘领右衽袍十种。

大袍是宽敞的袍服。明叶子奇《草木子》卷三：“蝉冠朱衣，汉制也。幞头大袍，隋制也。”[1]

短褐袍为粗布制作而成的袍，多为道士算命之人所穿服。《水浒传》第六十一回：“李逵戗几根蓬松黄发，绾两枚浑骨丫髻，穿一领布短褐袍，勒一条杂色短须绦，穿一只蹬山透土靴，担一条过头木拐棒，挑着个纸招儿，上写着‘讲命谈天，卦金一两’。”[2]

顺褶是明代袍服中很特别的袍，袍身分上下两部分，下部折裥。制如贴里，折裥如裙，袍的前胸及后背处可缀以补子。顺褶之制始于明代，多为宦官近侍所穿服。

对襟袍是一种左右衣襟居中而合的长袍，是后世马褂的前身。

衬褶袍又称旋子，如女裙之制（图2-69）。明代刘若愚在《酌中志》卷十九记载：“顺褶，如贴里之制。而褶之上不穿细纹，俗谓‘马牙褶’，如外庭之旋褶也。间有缀本等补。

[1] [元]叶子奇：《明代笔记小说大观·草木子·卷三下》，上海古籍出版社，2005年，第55页。

[2] [明]施耐庵：《水浒传》，人民文学出版社，2005年，第803–804页。

图 2-69｜织金妆花缎衬褶袍

图 2-70｜蓝色暗花纱贴里

世人所穿褷子，如女裙之制者，神庙亦间尚之，曰衬褶袍。像即古人下裳之义也。”

贴里是一种明代宦官所穿的袍服（图2-70）。用纱、罗、纻丝作为面料，其形制为大襟窄袖，袍长过膝。袍身膝下处施加一横襕。贴里使用之色亦有定制，根据不同职司而区分。明朝初期规定，御前近侍穿红色，起胸背处缀有补子；其余宦官服青色，青色贴里之袍不缀补子。明代万历年间，自宦官魏忠贤掌权开始就对服装制度加以改制，其中对贴里的改制尤为突出，其在贴里的襕下部位再加一襕，并织绣图文以饰之，然后将其遍赏于亲信近人。青贴里一改不缀补子之制，亦加缀补子，而且所用颜色全凭其所好，其制日趋繁杂。直至魏氏被诛杀以后，此种贴里才逐渐消失，只在礼节性场合穿服。明刘若愚《酌中志》卷十九：“贴里：其制如外庭之褷褶。司礼监掌印、秉笔、随堂、乾清宫管事牌子、各执事近侍，都许穿红贴里缀本等补，以便侍从御前。凡二十四衙门、山陵等处官长，随内使小火者，俱得穿青贴里。逆贤于蟒贴里膝襕之下，又加一襕，名曰三襕贴里，最贵近者方蒙饮钦赏服之……祖宗以来，青贴里原不缀补，惟红贴里有补。逆贤偶欲贵异其亲信者，遂自印公起，请小轿止，俱以青贴里缀补。”

直身是一种和道袍类似的袍服，其款式为直领、大襟、右衽，袍身的系结方式为系带。直身的袖型为大袖，袖口处收小，袍身左右两侧开衩，袍的大、小襟及后襟两侧还要再分别接一片摆在外（共四片），除此之外，另有一种于双摆里再各添两片衬摆。这种双摆结构是区分道袍和直身的主要标志。定陵出土之龙袍中有34件为交领，均为直身式，唯有有衬摆和无衬摆两类，袍身以云肩通袖膝襕纹、二团龙补、四团龙补、八团龙补等纹样为装饰。此出土袍服之纹样与文献记载常服、吉服的纹样相同。我们从明朝的部分画像中可以发现，带有补子的直身主要是作为常服所穿着的，除此之外在一些政治活动、外出或部分比较正式的礼仪祭祀亦可穿服。《酌中志》记载：“直身，制与道袍相同，惟有摆在外，缀本等补。圣上有大红直身袍。”

道袍又被称为称褶子、海青等，除了直接当作外衣穿服之外还可作为衬袍使用，是明朝中后期男子便服之中最常见的袍服。其基本形制是直领、大襟右衽，小襟处用系带一对、大襟处用系带两对以固定，袖型为大袖，袖口处回收，袍身左右开衩，前襟（大、小襟）两侧各接出一幅内摆，之后还要打褶再在后襟内侧缝制。道袍内摆的主要用途是用来遮蔽开衩的位置，避免使穿在内的衣、裤在走动之时外露，而且保证了服饰的端整、严肃。在道袍的摆上做褶还会形成特定的扩展部分，有了这道褶就避免了穿着者在行动时受影响。《酌中志》记载："道袍，如外廷道袍之制，惟加子领耳。"在明定陵就出土了8件明神宗的道袍，随之而出的墨书标签也有记载，题作"大袖衬道袍"。

盘领窄袖袍，《明史 · 卷六十六 · 志第四十二 · 舆服二》："皇帝常服，洪武三年定，乌纱折角向上巾，盘领窄袖袍，束带间用金、琥珀、透犀。永乐三年更定，冠为乌纱冒之，折角向上，其后名翼善冠。袍黄，盘领，窄袖，前后及两肩各织金盘龙一。"[1]

盘领右衽袍，《明史 · 卷六十七 · 志第四十三 · 舆服三》："文武官公服……其制，盘领右衽袍，用纻丝或纱罗绢，袖宽三尺。"

（二）基于材料视觉的明代袍服分类

按照材料可以将明代袍服归纳为纱袍、纻丝袍、罗袍、绢袍、布袍、棉袍六种。

纱袍是纱制成的袍（图2-71）。《明史 · 卷六十六 · 志第四十二 · 舆服二》："皇太子冠服……朔望朝、降诏、降香、进表、外国朝贡、朝观，则服皮弁。绛纱袍，本色领褾襈裾。绛纱袍就是纱袍中的一种。"

纻丝袍是用纻丝制成的袍（图2-72）。《明史 · 卷六十七 · 志第四十三 · 舆服三》："教坊司冠服……色长，鼓吹冠，红青罗纻丝彩畫百花袍，红肩褡惣。"纻同苎，是麻布的意思。

图2-71 | 蓝色暗花纱贴里

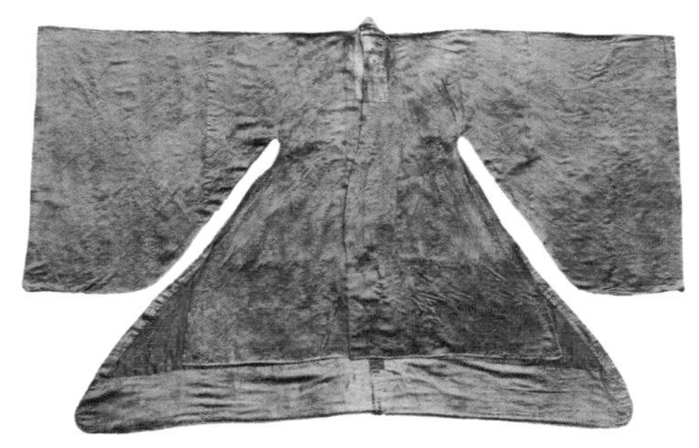

图2-72 | 红色纻丝大袖袍

[1] [清]张廷玉：《明史》，中华书局，1974年，第1620页。

罗袍是罗制成的袍。《明史·舆服》记载盘领窄袖袍、盘领右衽袍、红罗销金大袖罩袍等都是罗制的袍服。红色罗制成的袍服为红罗袍，紫色罗制成的袍服为紫罗袍。明初郊社宗庙活动协律郎服紫罗袍，舞士服红罗袍。《明史·卷六十七·志第四十三·舆服三》："协律郎、乐舞生冠服。明初，郊社宗庙用雅乐，协律郎头幞头，紫罗袍，荔枝带；乐生绯袍，展角幞头；舞士幞头，红罗袍。"

绢袍是一种由绢制作而成的袍服。《明史·卷六十七·志第四十三·舆服三》："文武官公服：洪武二十六年定，每日早晚朝奏事及侍班、谢恩、见辞则服之。在外文武官，每日公座服之。其制，盘领右衽袍，用纻丝或纱罗绢，袖宽三尺。"

布袍是一种布做的袍子，常见的有三种解释。第一种是布制长袍，主要为贫穷者穿服。第二种是特指布衣之意，被平民或隐士所穿服。明李昌旗《剪灯余话·洞天花烛记》："偶出游，至半道，忽有二使，布袍革履，联袂而来。"[1]第三种是居丧之时所穿服之袍。明谈迁《枣林杂俎·智集》："（丧仪）仁圣皇太后之丧，大宗伯范濂衣白入朝，至阕门，忽传各官衣青布袍，急出易衣以进。"[2]

棉袍是外表面料以棉织做或袍内纳有棉的袍子，以纳有棉絮的袍最为常见，是冬季御寒之服。明中后期棉花产量增大，棉纺织技术发展，所以棉被民间普遍使用，棉袍随之普及。

（三）基于色彩视角的明代袍服分类

按照色彩可以将明代的袍服归纳为绯袍、青袍、蓝罗袍、绿袍、绛纱袍、红罗销金大袖罩袍、红生绢大袖袍、黑绿罗大袖襕袍、红袍九种。

绯袍是红色或深红色袍服，明时为官袍。《明史·卷六十七·志第四十三·舆服三》："文武官公服。洪武二十六年定。每日早晚朝奏事及侍班、谢恩、见辞则服之。在外文武官，每日公服座服之。其制，盘领右衽袍……一品至四品，绯袍。"但是这里的绯袍仅限于盘领右衽袍的款式。

青袍是青色袍服，明时为官袍。《明史·卷六十七·志第四十三·舆服三》："文武官公服……五品至七品，青袍。"

蓝罗袍（图2-73），《明史·卷六十七·志第四十三·舆服三》："状元及诸进士冠服。状元冠二梁，绯罗圆领，白绢中单……进士巾如乌纱帽……深蓝罗袍，缘以青罗，袖广而不杀。"

---

[1] [明]李昌旗：《剪灯新话》，上海古籍出版社，1981年。

[2] [明]谈迁：《枣林杂俎·智集》，中华书局，2006年，第53页。

图 2-73 | 蓝罗平金绣蟒袍

绿袍是绿色袍服，明史为官袍。

绛纱袍是深红色的纱制袍服。《明史 · 卷六十六 · 志第四十二 · 舆服二》："皇帝冕服。洪武元年，学士陶安请制五冕。太祖曰：'此礼太繁。祭天地、宗庙，服衮冕。社稷等祀，服通天冠，绛纱袍。余不用。'绛纱袍，深衣制。白纱内单，皂领褾襈裾。绛纱蔽膝，白假带，方心曲领。白袜，赤舄。其革带、佩绶，与衮服同。绛纱袍，本色领褾襈裾。"也就是说在明初之时，皇帝社稷等祭祀都穿绛纱袍。皇太子和诸王行加冠礼、婚礼、醮戒等仪式要服绛纱袍。绛纱袍是古时深衣的制式，以白色纱为内单，黑色领、袖端绲边、缘饰及下摆。深红色纱制蔽膝，白色假带，方曲领。白袜，红鞋。其革带、佩绶与衮服相同。皇太子在朔望朝、降诏、降香、进表、外国朝贡、朝观之时则带皮弁，穿本色领、袖端绲边、缘饰、下摆的绛纱袍。

红罗销金大袖罩袍，由红罗制成的销有金饰的大袖罩袍，为舞者穿着。《明史 · 卷六十七 · 志第四十三 · 舆服三》："武舞，曰平定天下之舞。舞士……红罗销金大袖罩袍。"

红生绢大袖袍，明代永乐年间，奏天命有德之舞时的两位舞者之服。《明史 · 卷六十七 · 志第四十三 · 舆服三》："永乐间，定殿内侑食乐……奏天命有德之舞，引舞二人，青幪纱如意冠，红生绢锦领中单，红生绢大袖袍，各色绢采画直缠，黑角偏带，蓝绢彩云头皂靴，白布袜。"明代永乐年间，奏天命有德之舞时，有两位引舞，这两位舞者头戴青幪纱的如意冠，内穿红生绢制作的锦领中单，外穿红生绢制作的大袖袍服，各种色彩的绢带为装饰，脚上穿蓝色绢制成的彩色云头黑靴子，白色布袜子。

黑绿罗大袖襕袍，是教坊司官员至御前供奉之时所穿的由黑绿色罗制成的大袖的膝盖处施加一道横襕的袍服。《明史 · 卷六十七 · 志第四十三 · 舆服三》："至御前供奉，执粉漆笏，服黑漆幞头，黑绿罗大袖襕袍，黑角偏带，皂靴。"

红袍是大红色的袍服，明初，郊社宗庙活动时文武生所穿服。此处红袍应与状元所穿之袍区分，状元所穿应称绯袍，绯色罗制成，圆领。另皇帝武弁服衣裳鞋袜皆赤色，因武事尚威烈，故色纯用赤。此制与袍殊，不做同举。

（四）基于装饰视角的明代袍服分类

按照装饰明代袍服可以归纳为黑素罗销金葵花胸背大袖女袍、红罗胸背小袖袍、红青罗纻丝彩画百花袍、红罗织金胸背大袖袍、红绢彩画胸背方花小袖单袍、绿绢彩画胸背方花小袖单袍、麟袍、织金麒麟袍、蟒袍共九种袍。

红绢彩画胸背方花小袖单袍，王府乐工所服，在朝贺用大乐宴礼时，七奏乐乐工所穿红色绢制作的在胸背部绘有方花纹的单袍。《明史·卷六十七·志第四十三·舆服三》："王府乐工冠服。洪武十五年定。凡朝贺用大乐宴礼，七奏乐乐工，俱红绢彩画胸背方花小袖单袍。"

绿绢彩画胸背方花小袖单袍，王府乐工所服，普通乐工所服绿色绢制作的在胸背部绘有方花纹的单袍。《明史·卷六十七·志第四十三·舆服三》："其余，乐工用绿绢彩画胸背方花小袖单袍。"

红罗织金胸背大袖袍，教坊司歌工之服，红色罗制成的胸背部有织金纹的大袖袍服。《明史·卷六十七·志第四十三·舆服三》："歌工，弁冠，红罗织金胸背大袖袍，红生绢锦领中单，黑角带，红熟绢锦脚绔，皂皮琴鞋，白棉布夹袜。"

黑素罗销金葵花胸背大袖女袍，是嘉靖年间定乐女生冠服，由黑色素罗制成，胸背部有销金葵花纹样的大袖女袍。《明史·卷六十七·志第四十三·舆服三》："嘉靖九年祀先蠶，定乐女生冠服。"

红罗胸背小袖袍，洪武三年定的教坊司冠服，御前供奉俳伶之首所穿的红色罗制成的小袖袍服。《明史·卷六十七·志第四十三·舆服三》："御前供奉俳长，鼓吹冠，红罗胸背小袖袍，红肩褡㮶。"

红青罗纻丝彩画百花袍，教坊司色长之服，红色青罗苎丝制成的绘有彩色百花纹的袍。

麟袍，赏赐给外国君臣的冠服，永乐年间琉球中山王就是穿的麟袍，等同于当朝二品。《明史·卷六十七·志第四十三·舆服三》："外国君臣冠服……永乐中，赐琉球中山王皮弁，玉圭，麟袍，犀带，视二品秩。"

织金麒麟袍，是织金的麒麟纹袍服。《明史·卷六十七·志第四十三·舆服三》："衍圣公秩正二品，服织金麒麟袍、玉带。"

蟒袍，周身以莽为装饰或补子为莽的袍服被称为蟒袍。蟒与龙近似，唯龙五爪而蟒四爪也（图2-74、图2-75）。

图 2-74 | 明蟒袍

图 2-75 | 妆花纱蟒袍

二、明代袍服的演变及严格的等级制度

（一）明代袍服的演变

明代袍服远承唐制，近袭宋制，又受元代袍服影响，是文化传承与发展，游牧民族与农耕民族进一步融合的产物，除盘领、交领、小袖袍服的流行外，袍在胸背部的图案花纹演变成方形禽、兽补子更是其一大特征。

1. 明代袍服形制的演变

因为丝织品的特性，所以明代除了出土的袍服之外还有相对较多的袍服为传世之袍，笔者对明代袍服的研究以《明史·舆服志》等史料文献、博物馆馆藏出土袍服和传世袍服为基础进行分析研究。表2-16为山东省孔府藏明代袍服的数据表、形制表。

表2-16　山东省孔府藏明代袍服形制测量数据表　　单位：厘米

名称	领型	门襟	袖长	收腰	开衩形式	下摆	身长	腰宽	袖展	袖宽
斗牛补青罗袍	盘领	右衽		无	两侧开衩	圆摆	137	55	243	38
赫红凤补女袍	盘领	右衽	75	无	两侧开衩	直摆	147	41		41
云鹤补红罗袍	盘领	右衽	93	无	两侧开衩	圆摆	132	60		63
素面绿罗袍	盘领	右衽		无	两侧开衩	圆摆	133	58	230	46
素面赤罗袍	盘领	右衽		无	两侧开衩	圆摆	135	65	249	72

由上表可知山东省孔府藏明代袍服均为官服，此五件袍服之中有四件是以罗为面料制作的，共同特征为盘领、右衽、无收腰、两侧开衩。袍服中有四件是圆摆，一件是直摆。明朝初期，太祖有诏：衣冠形制悉如唐代。明洪武十五年定，于朝贺大乐之时，乐工服小袖单袍。永乐三年（1405年）定：翼善冠，盘领窄袖袍，玉带，图2-76、图2-77为明代皇帝像。依照唐太宗初服翼冠之制，明成祖复制之。综合孔府的传世袍服、

明代传世绘画中袍服及明代文献关于袍的记载，这三个证据可以证明袍服是承唐制的。从传世绘画《明宪宗元宵行乐图》中可知画中皇帝穿为柘黄袍，袍身腰部缩小长及膝，如同元代辫线袄子式样。此图所绘内容从一个侧面反映出元代蒙古族的袍服款式还是对明代汉族袍服款式产生了一定的影响。依照明代袍服承袭唐制之说，明代的袍服是同唐代一样，融合了胡服之特征的。

图 2-76｜明成祖像

图 2-77｜明宣宗像

民间袍服有圆领右衽袍、交领大襟袍等，如图2-78~图2-83所示。从形制上看明代袍服最显著的特征是领型以盘领或交领为主、衣襟为大襟右衽、袍身以上下通裁为主、宽身、系结方式为系带、罕有系扣、袍服两侧开衩、下摆为直摆或圆摆；明朝官袍最突出的特征就是官服之袍以盘领为主，士人便服之袍以交领为主，其他领型还有圆领、斜领、直领、合领、立领等。交领又被称为交衽，主要在先秦时期流行，所穿之人不分尊卑，多被男女当作常服穿着，后逐渐减少，明朝得以短暂复兴，但随着明朝的覆灭而迅速减少，后主要在部分少数民族地区及乡村的儿童服装之中传承。交领依据两襟交汇之处的不同可以分为斜领和直领两种，交汇之处较上的称斜领，多被僧侣、隐士所穿服，较下的称直领，多被士庶百姓所服。圆领是合围于脖颈下端贴身的圆形领子，汉魏以前主要被胡人所穿着，自六朝以后大量传入中原，无论男女均可穿服，隋唐后用于官服，由于明代袍服制度承袭唐代，所以圆领袍服在明代依然存在，但明代官袍是以盘领为主的。合领在宋代很流行，而且在明代袍服中得到很好的传承。盘领作为明代官袍所用之

图 2-78 | 明吴伟《歌舞图》

图 2-79 | 明《词云弄雨》

图 2-80 | 明浅驼色暗花缎夹袍

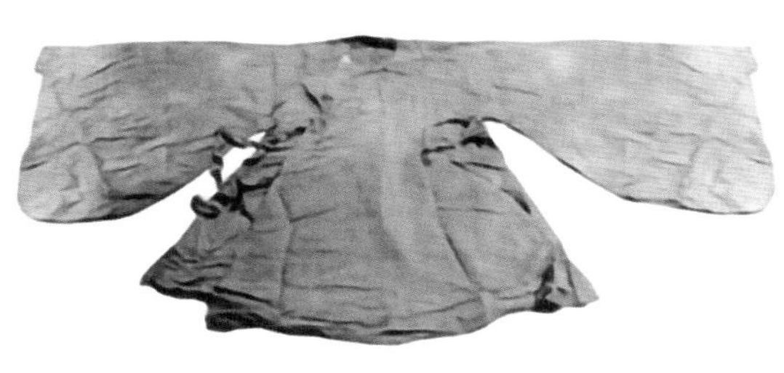

图 2-81 | 明琵琶袖盘领袍

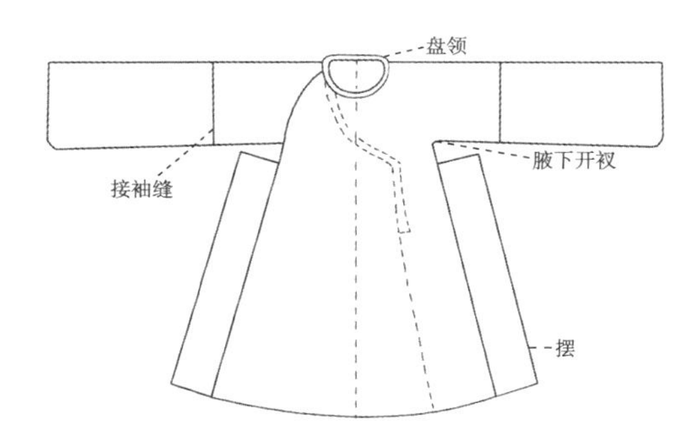

图 2-82 | 明盘领袍服款式图
（图片来源：根据山东省孔府旧藏明代盘领袍服绘制）

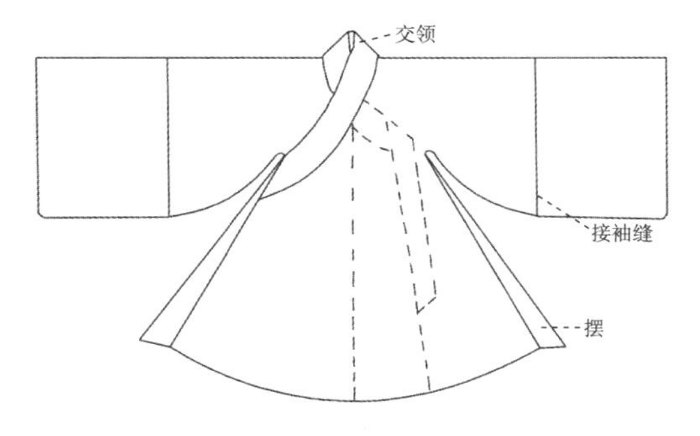

图 2-83 | 明交领袍服款式图
（图片来源：根据山东省孔府旧藏明代交领袍服绘制）

领型在明朝冠服中所用甚广，它是在圆领的基础上加硬衬，其制相较一般圆领要略高一些，盘领的领口之处有纽襻，主要为男子穿服，流行于金、元、明三朝。立领最初是作为衬在圆领之内的领子出现的，之后直接连于袍之上，此种领型立挺、高坚于颈而得名，自明代开始出现。明代袍服以大襟为主，此种款式是汉族男女的主要袍服衣襟形制，明代袍服衣襟的最大特点就是自领至腋下为一道向上的弧线或直线，两点各系一带以固定，明代袍服大襟处多镶缘，尤其儒士、生员、监生等以镶黑色缘为主，但崇祯时有监生服不镶缘的袍。左襟是与大襟相反的衣襟形制，在明代主要是部分少数民族穿服。明代袍服的袖型多种多样，主要款式有广袖、鱼肚袖、大袖、宽袖、窄袖等。袍服袖子的款式主要是根据袍服本身的用途决定的。明代袖型以窄袖为主，即使是宽袖，其弧度也比较小。明代有种鱼肚袖就因整个袖身的造型呈鱼肚状，故而得名。明代袍服下摆以圆摆为主，其他还有直摆、燕摆、后长摆等。直摆以交领袍为例，男女并用，裾平直，底部方正。下摆形如燕尾，称为燕摆，明代有乐工穿服。明代袍服罕有系扣，以系带为主，主要有两种系带方式：一是盘领袍服，为第一处系带在右肩近颈处右耳下，第二纽在右腋前侧；二是交领袍服，为系在右腋下前侧或系在右腋下前侧及右胯骨带前侧。由此可见，系带的位置随着领型的改变而改变着。

图 2-84 | 明命官公服

2. 明代袍服装饰纹样和色彩的演变

明朝官员的公服是盘领袍服，按照袍服的色彩和绣花种类、大小及玉带等来辨别品级（图2-84）。从明代全公思诚像中可知，其为洪武十六年文华殿大学士，穿盘领宽袖紫袍，袍的胸背部缀有补子，袖型为大袖。现陈列于苏州博物馆的王锡爵墓出土的一件男袍就是交领，直缀。袍的领缘、袖口、底边之处有较宽的镶边，腰间有系带，综合以上史料记载、传世绘画及出土实物三个例子可以分析出当时男袍的实际情形，其形制均依宋代袍服样式。所以在明代袍服的制式是既承唐制又袭宋制的。根据《明史》等文献的记载，明代文武官员的官服是按不同的服色和纹饰来区分品级的。袍服缀在胸背部的补子就是区别品级的主要标志。明代官员的袍服开始出现补服（图2-85）。

图 2-85 | 明斗牛补青罗袍

明朝的官袍以素身为主，其最突出的特征就是在袍服的胸前位置添缀一个补子，补子以方补为主，多为精致彩绣，除了绣制的补子之外还有织做的补子。明代袍服的装饰多以素雅为主，即便装饰也是用暗纹居多，但是官服则不同，在胸背部有着鲜明的装饰纹样。明代袍服分为文官补饰和武官补饰，纹为飞禽，示以文明，武为走兽，示以威武。从历史上看不同社会地位之人所穿袍服的色彩有些发生着变化，有些则延续良久，很少变化。其中青袍自唐代至明代所穿者身份越来越高，绿袍自隋代至明代所穿者地位越来越低，而黄袍和白袍所穿人群则相对稳定。黄袍从隋代开始直至清朝结束的一千三百多年间，始终为最尊贵的象征。而白袍在大部分时期都是平民百姓的象征。明代袍服之色彩和前朝相比得到了新的发展，明代袍服以色彩命名的主要种类有绿袍、绯袍、青袍、蓝袍等，其中蓝袍最为特别，在这一时期大量出现。自明代开始蓝色袍服大量出现直至现代社会，蓝色袍服都是袍服当中最主要的色彩之一。总之明代袍服的色彩制度及习俗都是受到当时社会的政治、经济、文化的深刻影响的。

3. 明代袍服材料的演变

明代袍服材料发生着巨大的演变。明朝初期贵族袍服以丝织品为主，以纳有丝绵的袍御寒。百姓贫者则只能以粗麻为衣料，纳乱麻等为絮来御寒。但是随着棉纺织技术的革新及在全国的推广流行，袍的面料及添加之絮发生着极大的变化，这变化是受技术革新深刻影响的。此时棉布逐渐成为民间袍服制作的主要原料，以木棉织成的布作为面料的袍大量出现，与此同时木棉也逐渐取代乱麻作为民间袍服的主要添加物，大大提高了百姓生活的物质水平。贵族所穿的丝绸则朝着精加工的高档面料发展演变。缂丝、云锦在贵族袍服中的大量运用就是在这个背景下产生的。随着纺织中心南移，经过唐宋时期至明代时，以苏州为中心的江南地区已经成了全国的纺织中心，明代官府在此设立官办织造局，皇室贵族及官僚所选用的单色织花或提花的绸、缎、纱等袍料主要来自江南三织造，高档丝织品中又以缂丝和云锦最为名贵。

（二）明代袍服严格的等级制度

明代是由中原农耕文明建立的大一统王朝，服饰制度自黄帝垂衣裳而治天下至明代历经数千年，已经形成了十分完善的服装服饰制度，不同社会阶层的人所穿的服装有着严格的等级制度。本节以《明史》为基础进行研究，对明代袍服的等级制度进行简单分析，服饰制度从明初至明末也多有改制、禁令，如景泰四年、天顺二年、嘉靖九年等定制，禁令明史均有详细记载，所涉甚广，此处不复展开。

1. 皇帝、皇子袍服制度

皇帝冕服。洪武元年，学士陶安请制五冕。太祖曰：“此礼太繁。祭天地、宗庙，服衮冕。社稷等祀，服通天冠，绛纱袍。余不用。”三年，更定正旦、冬至、圣节并服衮冕，祭社稷、先农、册拜，亦如之。

皇帝通天冠服。洪武元年定，郊庙、省牲，皇太子诸王冠婚、醮戒，则服通天冠、绛纱袍。冠加金博山，附蝉十二，首施珠翠，黑介帻，组缨，玉簪导。绛纱袍，深衣制。白纱内单，皂领褾襈裾。绛纱蔽膝，白假带，方心曲领。白袜，赤舄。其革带、佩绶，与衮服同。

皇帝皮弁服。朔望视朝、降诏、降香、进表、四夷朝贡、外官朝觐、策士传胪皆服之。嘉靖以后，祭太山岁川诸神，亦服之。永乐三年定，皮弁如旧制，惟缝及冠武并贯簪系缨处，皆饰以金玉。圭长如冕服之圭，有脊并双植文。绛纱袍，本色领褾襈裾。红裳，但不织章数。中单，红领褾襈裾。余俱如冕服内制。

皇帝常服。洪武三年定，乌纱折角向上巾，盘领窄袖袍，束带间用金、琥珀、透犀。永乐三年更定，冠以乌纱冒之，折角向上，其后名翼善冠。袍黄，盘领，窄袖，前后及两肩各织金盘龙一。

皇太子冠服。朔望朝、降诏、降香、进表、外国朝贡、朝觐，则服皮弁。永乐三年定，皮弁，冒以乌纱，前后各九缝，每缝缀五采玉九，缝及冠武并贯簪系缨处，皆饰以金。金簪朱缨。玉圭，如冕服内制。绛纱袍，本色领褾襈裾。红裳，如冕服内裳制，但不织章数。中单以素纱为之，如深衣制。红领褾襈裾，领织黻文十一。蔽膝随裳色，本色缘，有紃，施于缝中；其上玉钩二，玉佩如冕服内制，但无云龙文；有小绶四采以副之。大带、大绶、袜舄赤色，皆如冕服内制。

皇太子冠服。其常服，洪武元年定，乌纱折上巾。永乐三年定，冠乌纱折角向上巾，（亦名翼善冠，亲王、郡王及世子俱同）袍赤，盘领窄袖，前后及两肩各金织盘龙一。玉带、靴，以皮为之。

2. 群臣袍服制度

群臣冠服。散官与见任之职不同，故服色不能无异，乞定其制。乃诏省部臣定议。礼部復言：“唐制，服色皆以散官为准。元制，散官职事各从其高者，服色因之。国初服色依散官，与唐制同。”乃定服色准散官，不计见职，于是所赐袍带亦并如之。三年，礼部言：“历代异尚。夏黑，商白，周赤，秦黑，汉赤，唐服饰黄，旗帜赤。今国家承元之后，取法周、汉、唐、宋，服色所尚，于赤为宜。”从之。

文武官公服。洪武二十六年定，每日早晚朝奏事及侍班、谢恩、见辞则服之。在外文武官，每日公座服之。其制，盘领右衽袍，用纻丝或纱罗绢，袖宽三尺。一品至四品，绯袍；五品至七品，青袍；八品九品，绿袍；未入流杂职官，袍、笏、带与八品以下同。公服花样，一品，大独科花，径五寸；二品，小独科花，径三寸；三品，散答花，无枝叶，径二寸；四品、五品，小杂花纹，径一寸五分；六品、七品，小杂花，径一寸；八品以下无纹。幞头：漆、纱二等，展角长一尺二寸；杂职官幞头，垂带，后复令展角，不用垂带，与入流官同。笏依朝服为之。腰带：一品玉，或花或素；二品犀；三品、四品，金荔枝；五品以下乌角。袜用青革，仍垂挞尾于下。靴用皂。

文武官常服。其后，常朝止便服，惟朔望具公服朝参。凡武官应直守卫者，别有服色，不拘此制。公、侯、驸马、伯服色花样、腰带，与一品同。文武官花样，如无从织造，则用素。百官入朝，雨雪许服雨衣。奉天、华盖、武英诸殿奏事，必蹑履鞋，违者御史纠之。万历五年令常朝俱衣本等锦绣服色，其朝觐官见辞、谢恩，不论已未入流，公服行礼。

状元及诸进士冠服。状元冠二梁，绯罗圆领，白绢中单，锦绶，蔽膝，纱帽，槐木笏，光银带，药玉佩，朝鞋，毡袜，皆御前颁赐，上表谢恩日服之。进士巾如乌纱帽，顶微平，展角阔寸余，长五寸许，系以垂带，皂纱为之。深蓝罗袍，缘以青罗，袖广而不杀。槐木笏，革带、青鞓，饰以黑角，垂挞尾于后。廷试后颁於国子监，传胪日服之。上表谢恩后，谒先师行释菜礼毕，始易常服，其巾袍仍送国子监藏之。

仪宾朝服、公服、常服：俱视品级，与文武官同，惟笏皆象牙；常服花样视武官。弘治十三年定，郡主仪宾钑花金带，胸背狮子。县主仪宾钑花金带，郡君仪宾光素金带，胸背俱虎豹。县君仪宾钑花银带，乡君仪宾光素银带，胸背俱彪。有僭用者，革去冠带，戴平头巾，於儒学读书、习礼三年。

3. 庶人、舞生、僧道、外国君臣袍服制度

庶人冠服。明初，庶人婚，许假九品服。洪武三年，庶人初戴四带巾，改四方平定巾，杂色盘领衣，不许用黄。又令男女衣服，不得僭用金绣、锦绮、纻丝、绫罗，止许紬、绢、素纱，其靴不得裁制花样、金线装饰。

士庶妻冠服。五年令民间妇人礼服惟紫絁，不用金绣，袍衫止紫、绿、桃红及诸浅淡颜色，不许用大红、鸦青、黄色，带用蓝绢布。

协律郎、乐舞生冠服：明初，郊社宗庙用雅乐，协律郎幞头，紫罗袍，荔枝带；乐生绯袍，展脚幞头；舞士幞头，红罗袍，荔枝带，皂靴；奏《天命有德之舞》，引舞二人，青幪纱如意冠，红生绢锦领中单，红生绢大袖袍，各色绢采画直缠，黑角偏带，蓝绢彩云头皂靴，白布袜。舞人、乐工服色与引舞同。嘉靖九年祀先蚕，定乐女生冠服。黑绉纱描金蝉冠，黑丝缨，黑素罗销金葵花胸背大袖女袍，黑生绢衬衫，锦领，涂金束带，白袜，黑鞋。

教坊司冠服。洪武三年定。教坊司乐艺，青卍字顶巾，系红绿褡。乐妓，明角冠，皂褙子，不许与民妻同。御前供奉俳长，鼓吹冠，红罗胸背小袖袍，红绢褡，皂靴。乐工服色，与歌工同。凡教坊司官常服冠带，与百官同；至御前供奉，执粉漆笏，服黑漆幞头，黑绿罗大袖襕袍，黑角偏带，皂靴。

王府乐工冠服。洪武十五年定。凡朝贺用大乐宴礼，七奏乐乐工，俱红绢彩画胸背方花小袖单袍，有花鼓吹冠，锦臂韝，皂靴，抹额以红罗彩画，束腰以红绢。其余，乐工用绿绢彩画胸背方花小袖单袍，无花鼓吹冠，抹额以红绢彩画，束腰以红绢。

外国君臣冠服：洪武二年，高句丽入朝，请祭服制度，命制给之。二十七年定蕃国朝贡仪，国王来朝，如赏赐朝服者，服之以朝。三十一年赐琉球国王并其臣下冠服。永乐中，赐琉球中山王皮弁、玉圭，麟袍、犀带，视二品秩。

僧道服。洪武十四年定，禅僧，茶褐常服，青绦玉色袈裟。讲僧，玉色常服，绿绦浅红袈裟。教僧，皂常服，黑绦浅红袈裟。僧官如之。惟僧录司官，袈裟，绿文及环皆饰以金。道士，常服青法服，朝衣皆赤，道官亦如之。惟道录司官，法服、朝服，绿文饰金。凡在京道官，红道衣，金襴，木简。在外道官，红道衣，木简，不用金襴。道士，青道服，木简。

明朝是中国历史上最后一个由中原农耕文明建立的大一统王朝，其科技文化达到空前的发展，其车服礼仪制度高度完善，尤其在明朝中后期，棉纺织技术成熟，开始在全国流行开来，长江中下游地区开始出现了拥有数百台织机的工厂，这也是棉袍在明代流行的主要原因。盘领袍和交领袍共同组成了明代袍服的主要款式，明代袍服在朝堂、祭祀、婚庆、丧葬、燕居等场合被广泛地应用，而且当时的袍服是无论男女老幼均可穿着的。明朝的袍服在形制上既受农耕文明影响又受游牧民族影响；材料上贵族丝织品更加精细，百姓袍服大量使用棉；装饰、色彩上正式出现了等级森严的补服制度，蓝袍开始流行。但是其平面裁剪的制作工艺、矿物和植物的面料染色、吉祥图案纹样等元素在袍服中的运用均是一脉相承，这突出了袍服的多样统一性。通过长时间的战争、贸易、通婚等发展演变，农耕文明和游牧文明的服饰在明代得到进一步的发展与融合，其中盘领窄袖袍作为官袍的大量出现就是一种典型的服饰融合现象。明朝袍服是当时服饰文化象征的产物，是当时中华文化的重要组成部分，其本身无论在形制上还是在色彩装饰上都处处透露着中国的传统文化及哲学思想，这充分显示了袍服与传统文化的相融性。

第八节　清代时期

清代是继元代之后又一个由游牧文明大一统的朝代，其服饰制度远袭元、金，近承后金，又受到了明代的影响。清代袍服是数百年来民族融合的产物，是典型的农耕文明与游牧文明融合的产物，清代距今时间较近，各个阶层的传世袍服众多，对这一时期袍服的研究有非常重要的意义。本文首先依据形制、材料、色彩、装饰对清代袍服进行分类研究，其次对清代袍服的演变进行分析，以客观地表征这一时期服饰的变迁。

一、清代袍服的分类

（一）基于形制视角的清代袍服分类

清代袍服按款式功能可以分为朝袍、吉服袍、常服袍、行袍、四衩袍、开衩袍、缺襟袍、对襟袍、领袖袍、长袍、旗袍十一种。

朝袍主要指清代皇后、妃嫔及命妇所穿的朝衣。如图2-86、图2-87所示，具体形制略有差异，服时各按等级。通常分为二式，冬夏不一。但也有皇帝朝服以袍命名。《清史稿·舆服志二》："（皇后）朝袍之制有三，皆明黄色：一，披领及袖皆石青，片金缘，冬加貂缘，肩上下袭朝褂处亦加缘。绣文金龙九。间以五色云。中有襞积。下幅八宝平水。披领行龙二，袖端正龙各一，袖相接处行龙各二。一，披领及袖皆石青，夏用片金缘，冬用片云加海龙缘，肩上下袭朝褂处亦加缘。绣文前后正龙各一，两肩行龙各一，腰帷行龙四。中有襞积。下幅行龙八。一，领袖片金加海龙缘，夏片金缘。中无襞积。裾后开。余俱如貂缘朝袍之制。领后垂明黄绦，饰珠宝惟宜。"[1]嫔妃朝袍与此类似，唯颜色有所分别：妃用金黄，嫔用香色。妃嫔以下形制不一。《大清会典》卷五十："朝袍。固伦公主、和硕公主、亲王福晋、郡王福晋、君主、县主：用香色，披领及袖俱石青。冬片金加海龙缘，夏片金缘。肩上下袭朝褂处亦加缘。绣文：前后正龙各一；两肩行龙各一；襟行龙四，披领行龙二。袖端正龙各一，袖相接处行龙各二。裾后开。领后垂金黄绦。杂饰惟宜。贝勒夫人、贝子夫人、镇国公夫人、辅国公夫人、郡君、县君、乡君、民公夫人至三品命妇、奉国将军淑人：冬朝袍，夏朝袍，蓝及石青诸色随所用。绣蟒四爪，领后垂石青绦。"

图 2-86 | 清康熙男黄缎绣彩云金龙纹皮朝服袍

图 2-87 | 清嘉庆女酱色缎织彩云金蟒海龙纹边夹朝袍

[1] [清] 赵尔巽：《清史稿·舆服志二》，中华书局，1976 年，第 3039 页。

吉服袍为圆领、大襟、马蹄袖、四开裾长袍，绣九龙十二章（清早期吉服袍没有十二章纹）（图2-88、图2-89）。龙纹分布为前后身各三，两肩各一，里襟一。领圈前后正龙各一，左右行龙各一，左右行龙各一，袖端正龙各一，下幅八宝丽水。吉服也称采服，其等级略次于礼服，用于劳师、受俘、赐宴等一般典礼。因袍面多以龙为图案，也被称为龙袍。

常服袍省称常袍（图2-90、图2-91），清代皇帝燕居及百官日常所穿的一种长袍。圆领、大襟、右衽、箭袖，下摆左右各开一衩（或前后亦开衩）。衩高及膝。所用质料视季节而定，颜色不拘。《清朝通志》卷五十八："皇帝常服袍，色及花文随所御，裾左右开，棉、袷、纱、裘惟其时。"❶

图 2-88 | 清早期男黄纱织彩云金龙纹夹龙袍

图 2-89 | 清乾隆女明黄纱织彩云金龙纹夹龙袍

图 2-90 | 清中期男浅驼色团太狮少狮暗花纹绸常服袍

图 2-91 | 清乾隆女古铜缎织金百蝶纹绵常服袍

❶ [清] 乾隆官修：《清朝通志·卷五十八》，商务印书馆，1935 年，第 7093 页。

行袍是清代皇帝及文武官员出行时所穿的一种长袍，其制为圆领、大襟、右襟下部被截下一块，平时用纽扣绾结，骑马时则解下，以便活动。《大清会典》卷四十八：“行袍，制如常服袍，长减十之一，右裾短一尺。色随所用。绵、袷、纱、裘惟时。自亲王以下至文武官皆同。”[1]

四褉袍又称四衩袍，清代皇帝、宗室所穿的长袍、腰部以下开有四衩：前后各一，长两尺余；左右各一，长一尺余。因以为名。清福格《听雨丛谈》卷一：“（四褉袍）满汉士庶常袍，皆前后开两衩，便于乘骑也。御用袍、宗室袍，俱用四开褉，前后褉开两尺余，左右则一尺余。”虽非宗室，但受到特赏，也可穿着。刘廷玑《在园杂志》卷一：“红绒结顶之帽，四面开衩之袍，俱不得自制，近见五爪龙，四衩袍穿者颇多，人少为注目，即曰某王所赐，无从稽考，听之而已。”[2]

开褉袍亦作开衩袍、开气袍。清代礼服。于袍服近膝处开衩，以便乘骑。所开之衩制有二式：皇室所用者前后左右各开一衩，前后衩两尺余，两侧衩长一尺余，俗谓四褉袍；普通官吏所用者仅前后开，两侧则无衩。丧服之袍，惟皇上可用四衩，宗室士庶皆用两衩。虽非宗室，但受到皇族宗室的特赏，也可穿着四褉之袍。清吴振棫《养吉斋丛录》卷二十二：“阿文成以平金川功，赐四团龙补、金黄带、四开褉袍、紫缰、红宝石顶、皆殊礼也。又嘉庆初，尝以高宗遗服四团龙补褂、四开衩之袍、赐朱文正珪。”李宝嘉《官场现形记》第三十六回：“此时六月天气，正是免褂时候，师四老爷下得车来，身上穿一件米色的亮纱开气袍，竹青衬衫；头上围帽。”[3]范寅《越谚》卷中：“开衩袍，缝左右四衸而衩其前后。”

缺襟袍是清代文武官员出行时所着的一种长袍（图2-92）。右襟下部被截下一块，平时用纽扣绾结，骑马时则解下，以便活动。清赵翼《陔余丛考》卷三十三：“凡扈从及出使，皆服短褂、缺襟袍及战裙。”[4]袁枚《随园随笔》卷二十：“今之武官多缺襟袍子。”福格《听雨丛谈》卷一：“若缺襟袍，惟御用四开褉，

图2-92｜清中期男蓝色梅兰松竹暗花纹纱绵行服缺襟袍

---

[1] [清]昆冈：《钦定大清会典·冠服》，吉林出版社，2005年，第685页。

[2] [清]刘廷玑：《在园杂志·卷一》，中华书局，2005年，第2130页。

[3] [清]李伯元：《官场现形记·第三十六回》，吉林大学出版社，2011年，第251页。

[4] [清]赵翼：《陔余丛考·卷三十三》，上海古籍出版社，2011年，第703页。

宗室亦用两褉。”❶范寅《越谚》卷中：“大襟下截缺块接续者。”

对襟袍是马褂的前身，对襟的长袍。❷

领袖袍是清代妇女礼服。近人崇彝《道咸以来朝野杂记》：“妇女制服，最隆重者为组绣丽水袍褂。袍则大红色，褂则红青。妇女袍褂皆一律为长款，不似男服之长袍短褂。有时穿袍不套褂，谓之领袖袍，亦得挂朝珠。”

长袍解释有二。一是下长过膝的袍服。甘肃居延汉墓出土第206-28号简文，有“缣长袍一领，直两千”之文。二是清代礼服。包括帝后龙袍、职官蟒袍及朝袍等，以其长度及至膝下而得名。后多指男子的常服，以各色绸缎为之，制为双层，或纳以棉絮，圆领，窄袖，大襟，下长过膝，多用于秋冬及初春之季。清夏仁虎《旧京琐记》卷一：“士夫长袍多用乐亭所织之细布，亦曰对儿布，坚致细密，一袭可衣数岁。”❸李宝嘉《官场现形记》第四回：“戴红缨大帽，身穿元青外套；其余的也有马褂的，也有只穿一件长袍的，一齐朝上磕头。”❹

图2-93 清乾隆故宫六品佛楼藏绿缎绣吉庆有余纹象牙璎珞袍

旗袍是一种长袍，原指旗人所穿之袍，包括官吏的朝袍、蟒袍及常服袍等。后专指妇女之袍。名称始见于清。按清代礼俗，皇帝、百官参加祭祀、大典或朝会，均穿长袍。命服礼服，各依其夫，亦以袍服为尚。唯有在日常家居时可着襦裙。至于八旗妇女，即便在家居时，亦着长袍。久而久之，凡八旗妇女所穿长袍，通称旗袍，而用作礼服的朝袍、蟒袍等则不属旗袍范畴。

此外还有便服、驾衣、璎珞袍（图2-93、图2-94）等。

便服穿用于燕居闲暇之时（图2-95）。此袍是乾隆时期后妃的便服，其式为圆领，右衽大襟，平袖端，不开裾。月白色妆花缎面，黄色缠枝暗花绫里。

驾衣为校尉之服（图2-96、图2-97）。校尉穿红绸驾衣系绿绸带，戴羽翎管缨帽。此衣为江宁织造织

❶［清］袁枚：《随园随笔·卷二十》，江苏广陵古籍刻印社，1991年，第371页。

❷［清］福格：《听雨丛谈·卷一》，中华书局，1997年，第12页。

❸［明］史玄等，［清］夏仁虎，［清］阙名：《旧京遗事》《旧京琐记》《燕京杂记·旧京琐记》，北京古籍出版社，1986年，第39页。

❹［清］李伯元：《官场现形记·第四回》长春：吉林大学出版社，2011年，第20页。

办，织成后送交銮仪卫，于皇帝起驾出行或遇重大典礼时使用。

图 2-94 | 清绛色织金云龙纹缎喇嘛袍

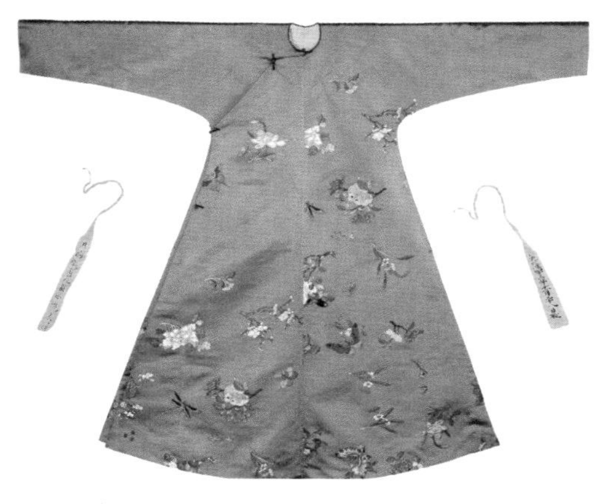

图 2-95 | 清乾隆女月白缎织彩百花飞蝶纹便服袍

图 2-96 | 清銮仪卫舆士校尉大红绸画花纹夹驾衣袍

图 2-97 | 清乐生、校尉大红色绫缀葵花纹夹驾衣袍

（二）基于材料视角的清代袍服分类

清代袍服按材料分为碧纱袍、纱袍、绵袍、棉袍、皮袍五种。

第一，碧纱袍是绿色纱袍。多用于贵族。清张英《渊鉴类函》卷三七一引虞谭《笔记》："泰宁二年，诏赠大夫碧纱袍。"[1]

第二，纱袍解释有二。一是以纱罗制成的公服，又称纱公服。有圆领大襟及斜领大襟数种。一般用于夏季，常朝礼见皆可穿着，着之以图凉爽。宋时已有，清代规定为正式礼服，从入伏用至处暑。清富察敦崇《燕京岁时记·换葛纱》："每至六月，自暑伏日起至处暑日止，百官皆服万丝帽、黄葛纱袍。"[2]二是士庶常服。《清代北京竹枝词·草珠一串》："纱袍颜色米汤娇，褂面洋毡胜紫貂。"

[1] [清] 张英：《渊鉴类函·十五册·卷三七一》，北京市中国书店，1985 年，第 327 页。
[2] [清] 富察敦崇、[清] 潘荣陛：《帝京岁时纪胜·燕京岁时记》，北京古籍出版社，1958 年，第 72 页。

第三，绵袍是纳有绵絮之袍。多为窄袖、大襟、内絮丝绵。《清代北京竹枝词·都门杂咏》："军机蓝袄制来工，立领绵袍腰自松。"

第四，棉袍是纳有棉的袍。清韩邦庆《海上花列传》第一回："身穿银灰杭线棉袍，外罩宝蓝宁绸马褂。"❶

第五，皮袍是以皮为衬里的袍。也有不用布帛为面，直接用皮制成者。专用于御寒。清魏子安《花月痕》第二回："岂知痴珠在都日久，资斧告罄，生平耿介，不肯丐人……自与秃头带副铺盖，一领皮袍，自京到峡，二十六站，与车服约定兼程前进。"周寿昌《思益堂日札》："嘉庆六年二月初六日，臣永瑆五十生辰，上赐……石青缎银鼠皮褂一件，蓝二则段银鼠皮袍一件。"

（三）基于色彩视角的清代袍服分类

清代袍服按色彩分为蓝袍和白袍两种。

第一，蓝袍是蓝色袍服，解释有二。一是士人所着礼服。二是清代帝王、百官所着礼服。《清史稿·礼志十一》："又定御用服色……百日外珠顶冠、蓝袍、金龙褂。"❷近人徐珂《清稗类钞·服饰》："臣工召对、引见，皆服天青褂、蓝袍，杂色袍悉在禁止之列。"

第二，白袍是白色袍服。解释有三。一是军士之服。二是庶民之服。以白绢为之。三是孝服，以白麻为之。近人徐珂《清稗类钞·时令》："年前有新丧者，孝子白袍墨套，冠无纬空梁冠。"❸

（四）基于装饰视角的清代袍服分类

清代袍服按装饰可以分为龙袍、蟒袍、丽水袍三种。

龙袍解释有三。一是织绣有龙纹的袍服。二是清代帝后庆典时所穿之袍。因袍上绣纹以龙为主，故名。《清史稿·舆服志二》："（皇帝）龙袍，色用明黄。领、袖俱石青，片金缘。绣文金龙九。列十二章，间以五色云。领前后正龙各一，左、右及交襟处行龙各一，袖端正龙各一。下幅八宝立水，襟左右开，棉、袷、纱、裘各惟其时。"又："（皇后）龙袍之制三，皆明黄色，领袖皆石青：一，绣文金龙九，间以五色云，福寿文采惟宜。下幅八宝立水，领前后正龙各一，左右及交襟处行龙各一。袖如朝袍，裾左右开。一，绣文五爪金龙八团，两肩前后正龙各一，襟行龙四。下幅八宝立水。一，下幅不施章采。"❹除帝、后外，其他官员不得穿着，若得皇帝亲赐，须在穿前挑去一爪，以示区别。经过改制后的龙袍则称蟒袍。三是太平天国高级将领所穿礼服。黄

---

❶［清］韩邦庆：《海上花列传·第一回》，上海古籍出版社，1995年，第5页。
❷［清］赵尔巽：《清史稿·礼志十一》，中华书局，1976年，第2702页。
❸［清］徐珂：《清稗类钞·时令》，中华书局，1984年，第17页。
❹［清］赵尔巽：《清史稿·舆服志二》，中华书局，1976年，第3035页。

缎质地，下不开衩，袖口紧窄，不用箭袖，示与清朝龙袍有本质区别。上自天王，下至丞相，凡遇朝会，均着此。所绣龙纹亦有定制，视爵职而定。清张德坚《贼情汇纂》略称：“仅黄龙袍、红袍，黄红马褂而已。其袍式如无袖盖窄袖一裹圆袍。”

蟒袍是绣蟒之袍。解释有二。一是明代官职常服，以红色绫罗为之，大襟宽袖，下长至足。二是清代职官及命妇所穿的一种礼服。又称花衣。清夏仁虎《旧京琐记·仪制》：“遇万寿或年节皆蟒袍，谓之花衣期。”[1]圆领箭袖，长至足跗。下裾前后各开一衩（皇族宗室所用者左右两侧亦开衩，共为四衩）。上至皇子、宗室，下至百官、命妇。喜庆宴会皆可穿着，通常衬在大褂之内。所用颜色及绣蟒之数略有区别。《大清会典》卷四十七：“蟒袍，蓝及石青诸色随所用，片金缘。亲王、郡王通绣九蟒；贝勒以下至文武三品官、郡君额驸、奉国将军、一等侍卫，皆九蟒四爪；文武四五六品、奉思将军、县君额驸、二等侍卫以下，八蟒四爪。裾：宗室亲王以下皆四开，文武官前后开。”又：“固伦公主、和硕公主、亲王福晋、郡王福晋、郡主、县主，用香色，通绣九蟒；民公夫人至三品命妇、奉国将军淑人通绣九蟒四爪；奉恩将军恭人、四、五、六品命妇蟒袍，蓝及石青诸色随所用，通绣八蟒；七品命妇五蟒。”

丽水袍是织绣有立水纹样的袍服。近人崇彝《道咸以来朝野杂记》：“丽水袍与衬衣皆夹衣，虽隆冬穿大毛之期，亦如是。”

二、清代袍服的演变及原因分析

（一）清代袍服的演变

清代袍服远承金、元，近袭后金，又受明代袍服影响，是文化传承与发展，游牧民族与农耕民族进一步融合的产物，除圆领袍、箭袖袍的流行外，袍在胸背部的图案花纹演变成团纹及方形禽、兽补子更是其一大特征。本文所研究的清代的袍服以《清代宫廷服饰》《京华竹之词》等信史和故宫博物院藏清代宫廷袍服、东华大学纺织服饰博物馆藏袍服进行研究。

1.清代袍服形制的演变

清朝袍服除了已出土的之外，还有相对数量众多的传世之袍，对清代袍服的研究以史书和传世袍服为基础综合进行研究。从表2-17、表2-18中得知，清代袍服为大襟，圆领或立领，窄袖或箭袖，前后左右四开裾或两开裾或无开裾，宽身或直身，系结方式以扣为主、带为辅，扣子通常为5对，也有4对、6对、9对等其他数量。

---

[1] [清]夏仁虎：《旧京琐记》，北京古籍出版社，1986年，第69页。

表2-17 东华大学纺织服饰博物馆藏晚清男袍形制表 单位：厘米

名称	领襟形制	身袖形制	开裾形制	衣长	胸宽	下摆宽	衩长	通袖长	箭袖长	接袖长	备注
玉色双狮戏球大团花暗花绸缺襟箭袖袍	圆领大襟	宽身箭袖	前后开裾	126	71	107	53.5	215	13.5	17.5	鎏金铜扣9个
灰蓝绸箭袖袍	圆领大襟	宽身箭袖	前后开裾	124	66	110	56	180		52	鎏金铜扣5个，纽襻1个
褐色团龙暗花绸箭袖袍	圆领大襟	箭袖直身	前后开裾	134	63	106	60	210		42	鎏金铜扣5个
灰蓝素绸箭袖袍	圆领大襟	箭袖直身	前后开裾	131.5	66	87	53	243.5	13.5	32	鎏金铜扣5个，纽襻1个
宝蓝色吉祥纹暗花绸箭袖袍	圆领大襟	箭袖直身	前后开裾	132	55.5	86	60	194.5	13	46.5	纽襻5个
蓝色纳纱箭袖袍	圆领大襟	箭袖宽身	四开裾	130	72	120	54	200	45	7	鎏金铜扣6个
秋香色大团花暗花纱箭袖袍	圆领大襟	箭袖直身	前后开裾	138	58	86	66.5	226	13.5	22	镂空鎏金铜扣5个
杏红暗花缎藏龙袍	交领大襟	直袖宽身	两侧开裾	118	78	105	38.5	200		63	领高9，藏区人民所服
杏黄暗花缎藏龙袍	交领大襟	长袖宽身		149	72	120		190		28	
月白团花暗花绫长袍	立领大襟	直身	两侧开裾	127	53	76	57.5	152			领高4.5，纽襻5个
蓝色团龙纹亮地纱长袍	立领大襟	直身	两侧开裾	136	51	70	50	168		12	领高6，纽襻6个
宝蓝色双龙戏珠暗花绫长袍	立领大襟	长袖宽身	两侧开裾	126	56	73	52.5	171.5		10	纽襻6个
藏蓝色暗花纱长袍	立领大襟		两侧开裾	128	55	88	60	142		18.5	纽襻5个
宝蓝色暗花纱长袍	立领大襟		两侧开裾	125	53	76	54	152			领高4.5，纽襻6个

表2-18 东华大学纺织服饰博物馆藏清女袍形制表 单位：厘米

名称	年代	领襟形制	身袖形制	开裾形制	衣长	胸宽	下摆宽	衩长	通袖长	纽扣	备注
红缎地五彩绣大襟女龙袍	19世纪后期	圆领大襟	宽身大袖	两侧开裾	102	74	97	42	185	长脚纽1个、大襟系带	圆下摆、接袖36

续表

名称	年代	领襟形制	身袖形制	开裾形制	衣长	胸宽	下摆宽	衩长	通袖长	纽扣	备注
大红缎地五彩绣八团鹤大襟女袍	19世纪后期	圆领大襟	宽身箭袖	两侧开裾	138	71	105	73	188		圆下摆
大红妆花缎五福捧寿团纹大襟女袍	19世纪后期	立领大襟	直袖宽身	两侧开裾	117	63	90	50	175	乳白色玻璃纽3个	圆下摆
石青缎地三蓝绣蝴蝶花卉纹大襟女袍	19世纪后期	圆领对襟	直袖宽身	两侧开裾	110	70	103	30	165	鎏金铜扣5个	圆下摆
实地纱三蓝绣蝴蝶花卉纹女袍	19世纪后期	立领左衽	直袖宽身	两侧开裾	108	67	91	43	150		圆下摆、领高4
石青缎地彩绣花卉蝴蝶纹大襟女袍	19世纪后期	立领大襟	直袖宽身	两侧开裾	105	67	87	32	136	长脚纽5个	圆下摆、领高4
石青缎地彩绣花卉盘金绣蝴蝶纹对襟女袍	19世纪后期	立领对襟	直袖宽身	两侧开裾	109	68	100	52	148	鎏金铜扣4个	圆下摆、领高4
大红暗花绸大襟女袍	19世纪后期	立领大襟	窄袖直身	两侧开裾	98	55	71	44	138	鎏金铜扣4个	圆下摆、领高7
蓝瓜瓞绵绵纹暗花缎女绵袍	19世纪后期	立领大襟	直袖直身	两侧开裾	126	58	83	70	138	平金纽5个	圆下摆、挽袖27
大红缎心葡萄松鼠纹大襟女夹袍	19世纪后期	圆领大襟	窄袖直身	无开裾	130	60	67		137	鎏金铜扣4个	直下摆、挽袖22
紫色暗八仙云纹暗花绸女袍	19世纪后期	圆领大襟	宽身直袖	无开裾	132	76	100		169	鎏金铜扣5个	圆下摆
蓝蝴蝶花卉纹暗花绸大襟女夹袍	1900~1910年	立领大襟	窄袖直身	两侧开裾	104	55	69		156	蓝色盘香纽6个	圆下摆、领高7

清初袍尚长，顺治末减短于膝，后又加长至踝上。同治年间比较宽大袖子有至一尺有余，光绪亦如此。《京华竹枝词》有“新式衣裳胯有根，极长极窄太难论，洋人着服图灵便，几见缠躬不可蹲。”至甲午、庚子后，变成极短极紧之腰身和窄袖。窄几缠身，长可覆足，袖仅容臂，形不掩臀。此是清末男子袍衫的时尚趋向。清朝入关妇女所着均为交领长袍，但不左衽，后逐渐变交领为大襟，衣领为圆领或立领。入关初期，旗袍的

上身较瘦，下摆则很宽大，袍袖于肩部略宽，至袖口处渐窄，立领较低或为圆领，大襟右衽。后来下摆渐宽，衣袖加宽，立领加高，领缘，衣缘及袖口喜镶宽大花边，多刺精致刺绣。若是两侧开衩，则在前后衣片的镶边上加饰云头。这些都是满汉袍服相互融合的结果。

袍服款式上的变化主要表现在领、襟、袖及衣裾上。袍的领款式丰富多样，仅从造型上分就有交领、圆领、斜领、合领、立领。衣服的开启交合处领襟相连，颈部为领，领下为襟，清代袍服襟的样式也很多，主要有对襟、大襟、左襟、缺襟等。对襟为两襟合于身体前方正中，两襟对开，直通上下，故而得名，主要流行于宋代，如合领袍，这种袍服在清代得以沿袭。大襟即右襟，古人以右为大，故称右襟为大襟，汉族男女的主要袍服衣襟形制。左襟是相对于大襟的衣襟形制，以部分少数民族穿服为主，先秦已出现，以后沿用下来。缺襟是顾名思义，就是在大襟的基础上，在右襟下部裁去一部分，转角处呈方形。主要表现为清代的缺襟袍，为的是出行骑马方便。袍服的袖子款式基本由袍服本身的用途决定，清代无论男女，重要的礼仪场合均要穿箭袖袍服，一般的箭袖为袖口处略窄于箭袖袖口，但清道光年间流行过一种袖口宽大、袖口与箭袖等宽的袍服。清代从贵族到劳动人民一般均穿窄袖袍。箭袖形似马蹄，因此又称马蹄袖，清时箭袖起初就是为了狩猎时保护手和冬季保暖，满族入关后箭袖逐渐从实用性演变为象征性的符号元素。舞者出于表演需要，有时袖长达普通者数倍。袍裾就是袍的下摆，原本专指衣背下部，后泛指整个下摆。清代袍服开裾非常讲究，大清会典就记载常服袍唯皇帝及宗室可穿四开裾袍服。官员可穿两开裾袍服，骑马出行为前后开裾或缺襟袍，其他为左右开裾。无身份地位之百姓只能穿没有开裾的裹身袍。

自清代开始，系带逐渐退出了历史，扣子开始盛行。由于系结方式的改变，系结位置也随之改变，将第一纽扣移至下颌即喉际，第二个扣子在右肩窝处，第三扣在腋下。

2. 清代袍服装饰纹样和色彩的演变

自从袍服从内衣转变为外衣开始，袍服就开始有了装饰。清代袍服中朝服袍和吉服袍多周身彩织或彩绣装饰，男子袍服多以团纹装饰为主，女子袍服从清初的素雅到清末的镶、绲、绣等，装饰手法繁复华丽。常服袍多用暗纹作为装饰。公服袍外罩褂，袍或褂的胸背部位置加一个补子，补子有方有圆，施以精致彩绣或彩织，清代袍服出现扣子，有镂空有錾花，材料有鎏金、镀银、铜、琉璃、宝石、珍珠等。皇袍中的朝服、吉服多用织锦或缂丝等工艺施以满工，官服胸前有补子，文官绣禽武馆绣兽。

袍服的装饰部位起初以领袖为主，后至隋唐时期开始增加胸背部的装饰，时至晚清，装饰花纹遍及全身。袍用图案时至清朝已经发展得十分成熟，作为君主专制制度发展的鼎盛时期，清代的服装文化礼仪、典章制度也更加繁缛。宫廷袍服图案一般以吉祥、富贵、福寿等团纹为主题，由敬事房和造办处等专门官员绘制呈览，图案多用动物、瑞兽、植物花卉、吉祥物、自然风景、文字纹等来表达吉祥美好的寓意（表2-19）。

清朝，政府恢复并大力发展建设了以江南三织造为主的官营纺织机构，虽然以色彩命名的袍服只有蓝袍和白袍等几种，但是袍的色彩及装饰都发展到前所未有的丰富程度，常见的袍的色彩就有石青、明黄、蓝、绛红、褐、紫、玉、灰蓝、宝蓝、秋香、杏红、杏黄。月白藏蓝、大红等十余种色彩，主要的红、黄、蓝等色系也出现了大量的细分，加之彩绣的色彩，袍的色彩相比前朝而言富丽、繁复、华贵了很多。

表2-19　故宫博物院藏清代袍服织绣团花图案统计表

 名称	紫缎地彩绣玉堂富贵
直径	直径21厘米
年代	公元1756年以前制
团数	八团之一
袍名	紫色绣八团花广领袖女锦袍
黄纸签原题	乾隆二十四年正月二十九日收，王常贵呈览
 名称	黄金实地纱地缀贴莲云万蝠
直径	直径21.1厘米
年代	19世纪初期制
团数	八团之一
袍名	道光金黄纱贴花卉缂丝夹袍
黄纸签原题	
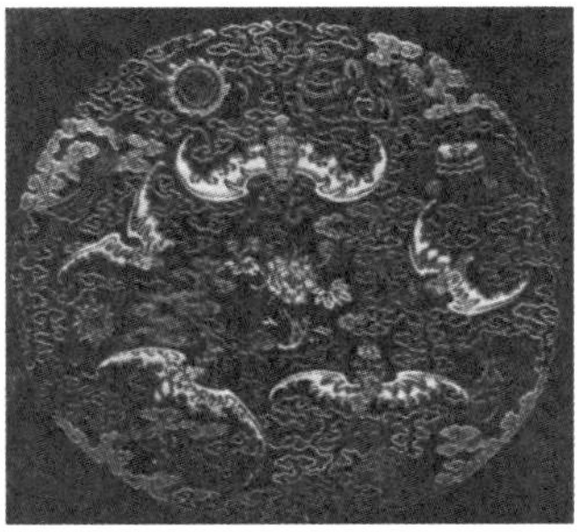 名称	官绿缎地织金彩云蝠吉祥
直径	直径26厘米
年代	18世纪末期制
团数	八团之一
袍名	葱绿地缂丝八团福寿吉祥袍
黄纸签原题	

续表

	名称	缂丝葱绿地福寿吉祥
	直径	直径21.7厘米
	年代	18世纪末期制
	团数	八团之一
	袍名	葱绿地缂丝八团福寿吉祥袍
	黄纸签原题	
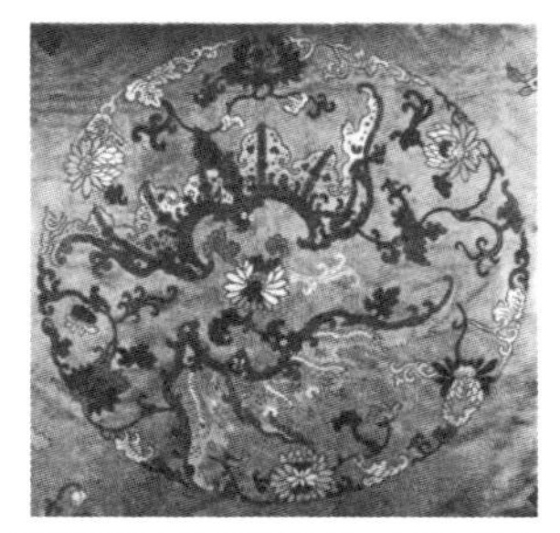	名称	秋香缎地织金彩喜相逢
	直径	直径28.6厘米
	年代	18世纪初期制
	团数	八团之一
	袍名	秋香色缎织金彩八团喜相逢锦袍
	黄纸签原题	

（二）清代袍服演变的原因分析

1. 清代袍服形制演变的原因分析

清代袍服形制演变主要受当时政治背景的影响。公元1644年，原居我国东北的满族进入关内，占领北京，建立了清王朝。在清王朝统治的二百余年中，政治、经济发生了前所未有的急剧变化，复杂多变的社会环境，也给服饰带来冲击和影响。从服饰发展的历史看，清代对传统服饰的变革最大，服饰的形制也最为庞杂繁缛。清顺治二年（1645年）下剃发令，军民人等限旬日尽行剃发，并俱依满族服饰，不许用汉制衣冠，以此作为归顺与否的标志。从此，男子一改束发为削发垂辫，礼服以箭衣小袖、深鞋紧袜，取代了明代的宽衣大袖与统袜浅鞋，明代男士袍服礼服形制基本消失。清代袍服有着严格的等级制度，清代的长袍以开衩来区分贵贱，皇帝及宗室袍服四开衩。官吏士人袍服两开衩，礼服左右开衩，骑马行袍前后开衩。一般市民穿不开衩的裹身袍。礼服之袍的袖口装有箭袖，平时翻起，行礼时放下，因其形似马蹄，又称马蹄袖。满族入关前因游牧打猎时用弓需箭袖护手，加之箭袖有保暖的作用，所以长袍以箭袖为主，此时这一性质是以功能性为主的。入关后随着袍服作用的演变，箭袖形制得以在全国推广，但是此时其象征意义远大于其功能性了。徐轲的《清稗类钞》记载清初民间传说明朝大学士金之浚和摄政王约定“十从十不从”，作为归顺条件，摄政王应允实行，虽然此说法出于野史笔记，但从实践中看记载不虚。此“十从十不从”也深刻地影响了清代的袍服形制。其中“男从女不从”：男子剃头梳辫子穿满服，女子仍旧梳原来的发髻，穿汉服。这就使男子袍服从明代形制演变为清代形制，礼服的领型、袖口、开衩变化尤为明显。女子服装明显分为满族女子的长袍，此长袍相对当时汉族女子长袍要略紧窄。“生从死不从”：生前要穿满族衣装，死后则可穿汉族服饰。“官从隶不从”：当官的须顶戴花翎、身穿朝珠补褂马蹄袖的清代官服，但隶役依旧是明朝的服饰。“老从少不从”：孩子年少，不必禁忌，但一旦成年，则须按满人的规矩办，所以童装的交领款式直到近代在农村地区还大量存在。“儒从而释道不从”：即在家人降，出家人不降。在家人必须改穿旗人的服装，并剃发留辫。出家人不变，仍可穿明朝汉式服装。“娼从而优伶不从”：娼妓穿着清廷要求穿着的衣服，演员扮演古人时则不受服饰限制，所以直至现代，戏装的主要款式还是以明代服装款式为主的。“仕宦从婚姻不从”：官吏管理按清朝典制，婚姻礼仪保持汉人旧制。

2. 清代袍服纹样与色彩演变的原因分析

清代袍服纹样与色彩的演变主要受其政治制度的影响。清朝政治制度的突出特点有四。

一是集权制。清代内务府作为一个服务于皇室宫禁事务的机构，无疑是中国封建制度和封建集权的产物，它与中国历朝封建制度下的内府制度的本质是一致的。但是，在内务府产生过程中，满族早期社会中包衣及其组织包衣牛录的存在和发展，无疑是导致内务府产生的最直接的根源。内务府下设广储、养心殿造办处、三织造处等七司三院四十余个下属机构，职官三千余人，比事务最繁的户部人数多十倍以上，可以说是清朝规模最大的机关。设广储、养心殿造办处、三织造处等都是负责服装服饰织造及存储的部门，其中广储司，设总办郎中、郎中、主事、委署主事、笔帖式、书吏，掌内府库藏，领银、皮、瓷、缎、衣、茶六库，六库中有皮、缎、衣三库与服饰相关。由此可见统治阶级对服饰制度的建立是何等的重视，袍服的纹样和色彩的要求自然比前朝严格得多了。

二是文化融合。军政合一的八旗制度就借鉴了契丹的“八部大人”，金朝的“猛安谋克”制，以及明代卫所的总旗、小旗等；部分机构名称又吸纳朝鲜称谓，如崇德时期设立内三院，即内国史院、内秘书院、内弘文院，它们的名称及其职掌均参酌了朝鲜王朝承文院、承政院、弘文院等制度。就连六部早期正副长官的名称承政、参政都参用朝鲜部院职官之名。文化上彼此相互借鉴，这也是东北地区少数民族王朝在政权建设上的一个共有特征。所以其服装纹样色彩既大量吸取了名称的服饰制度，又融合本民族特点制定出新的更严格的服饰纹样、色彩制度。

三是彰显满族贵族与官员的地位。在“首崇满族”的清代社会，官员虽设“满蒙汉”复职，但制度本身凸显满族的地位。满族官员与汉族官员、满族百姓与汉族百姓在社会中是有着严格的区别的，这一区别在专制社会就一定要在服饰制度中体现出来，彰显身份，辨明登记。所以清代袍服的纹样和色彩一定是在明代的基础上吸收了满族的文化而制定的新的更加严格的服饰等级制度。

四是“仿古效今”，承袭明制。后金初创，制度未全，多仿明制。皇太极指出：“凡事都照《大明会典》行，极为得策。”清定都燕京，多尔衮摄政期间也一如明制。也就是说清前期基本上是继承明朝的一整套政治制度，定内外文武官制。例如，清代从中央的内阁、六部、翰林院、六科给事中、都察院等，到地方的行省、道、府、县衙门的建置，与明朝大同小异。在服饰制度上的创新与改制也同样是以明代服饰制度为蓝本的，清代主要负责服饰织造的江南三织造也是在明代三织造的基础上复建的，所以无论清代的袍服纹样和色彩如何演变，其蓝本都是以明代袍服的纹样和色彩为基础的。

清代袍服是当时文化象征的产物，其本身从形制到色彩装饰处处体现着传统文化，无论清代袍服的材料还是色彩纹样都是以明代的材料和纹样色彩为基础的，这充分体现了袍服与传统文化的相容性。

第九节　民国时期

发展到民国时期迎来了袍服的鼎盛时期，又随着民国结果而走向历史低谷。民国时期我国从政治、经济到文化都发生着深刻的变革，长袍、中山装、旗袍成为这一时期特定的服装。

一、民国时期袍服的基本情况

本文所研究的民国时期的袍服以《近代汉族民间服饰全集》等文献和江南大学民间服饰传习馆藏近代袍服、中国服装博物馆馆藏近代袍服等进行研究（表2-20、表2-21）。

表2-20　江南大学民间服饰传习馆藏近代民间长袍数量、形制表

地区	山东	山西	中原	苏北	江南	皖南	闽南	云南
数量	3	3	7	5	4	9	1	2
领型	立领	立领	立领	立领或高立领	立领	立领	立领	立领
门襟形式	右衽	右衽	右衽	右衽	右衽	右衽	右衽	右衽
袖结构	接袖	接袖	接袖	接袖	接袖	接袖	接袖	接袖
收腰情况	无	无	无	无	无或有	无或有	无	无

续表

地区	山东	山西	中原	苏北	江南	皖南	闽南	云南
开衩形式	两侧开衩	两侧开衩	两侧开衩	两侧开衩	两侧开衩	两侧开衩	两侧开衩	两侧开衩
下摆造型	圆摆	圆摆	圆摆	圆摆	圆摆	圆或直摆	直摆	圆摆

表2-21　江南大学民间服饰传习馆藏近代民间旗袍数量、形制表

地区	山东	山西	陕西	江南	皖南	闽南	云南
数量	6	12	1	9	5	1	10
领型	小立领或立领	立领	立领	立领	立领	小立领	立领
门襟形式	右衽	右衽或双襟	右衽	右衽	右衽	右衽	右衽
袖结构	接袖	接袖	接袖	接袖	接袖	接袖	接袖
收腰情况	无收腰	无收腰或收腰	收腰	收腰	无收腰或收腰	收腰	收腰
开衩形式	两侧开衩	两侧开衩	两侧开衩	两侧开衩	两侧开衩	两侧开衩	两侧开衩
下摆造型	圆摆	圆摆	直摆	圆摆	直摆	直摆	圆摆

民国时期的袍服按所着者性别可以分为长袍和旗袍两种。长袍解释有二：一是清代礼服，二是下长过膝的袍服。长袍在民国时期被用作男子礼服，制为齐领，窄袖，前襟右掩，下长至踝，左右下端各开一衩，质用丝、麻、棉、毛，襟上施纽扣六。旗袍是一种长袍。原指旗人所穿之袍，包括官吏的朝袍、蟒袍、常服袍；后专指妇女之袍，名称始见于清。辛亥革命后，汉族妇女亦以穿着旗袍为尚，并在原来的基础上加以改进，成为近代一种独特的女式服装。

民国时期传统男子长袍，初看变化很小，形态稳定后来逐渐发生了极大地变化。长袍成了长衣的统称，清代关于袍的种种繁复规定和差异，被大大简化了。而长袍衣身及袖的长短肥瘦、开衩之高低都没有太大差异和变化。与晚清相比差别有三：一是晚清袍服常用之五彩织绣面料到民国时期基本消失，被暗花或全素取代；二是晚清袍服常见的圆领形制基本被立领取代；三是晚清袍服常见的箭袖及袖部种种装饰之法，民国时期基本不再使用。

民国时期旗袍的演变过程资料比较翔实，《良友画报》就以旗袍的旋律为题进行过专页。民国十三四年，袍服忽然渐渐流行，世俗不明古礼，仍然统称女袍为旗袍，以为是清代旗人妇女之袍的再起；民国十六七年，妇女袍服开始盛行，部分单、夹、棉、裘统

称旗袍，款式为袍长在膝与跗之间，袖长在手腕之上，继而国民政府于民国十八年八月十六日颁布服制条例，规定妇女礼服有甲、乙两式，甲式为袍，据规定："（袍）齐领，前襟右掩，长在膝与踝之中点，与裤下端齐。袖长在手脉之中点，用丝、麻、棉、毛织品。色蓝，纽扣六。"民国政府此等制定实乃参照当时社会一般习俗而定，属于因俗制礼，容易在民间通行；民国二十年左右，社会相对安定繁荣，服饰开始日趋华靡。政府推行新生活运动，与当时的国民经济建设运动一起，倡导国民朴素之风。于是各方景从，风气大转。这时的女袍袍长稍短，袖长随季节而长短，但是腰身仍然较宽松。袖口市尺四五寸左右，最短的袖仍在肩下十厘米以上。这一时期，盛行阴丹士林牌不退色细蓝布，作为旗袍的面料，无分贵贱老幼，几乎人各有之。中上女校师生，多以此为制服。上海素来以繁华时尚冠于全国，民国二十年至民国三十四年，上海的女袍袍身日长，直至足背，如果不穿高跟鞋袍摆曳地。开衩一般在腿弯以下，以及后时髦大胆的妇女，尤其影、舞、歌星，喜欢高开衩，常在腿弯以上，立领也随之升高，并用硬式，服之则身感舒服。民国二十二三年后，流行领袖下摆绲边，绲式或单或双，各依所好，上海如此，各地亦仿之，成为一时风气，但一般朴素人家、边城小镇则较为保守，其变化演进则较慢。由于战争影响，妇女生活艰苦，呈简朴之风，战争胜利后后方朴素之风及都市时尚之风相互影响，此时女袍下摆向上回缩至踝膝之间，立领也随之降低。中华人民共和国成立后，旗袍受政治、经济、文化尤其西方时装的影响，逐渐衰落。

二、民国时期旗袍的分类

（一）基于形制视角的民国旗袍分类

民国时期旗袍款式主要体现在领、襟、袖、袍长及工艺几个方面。

第一，旗袍的领型多样，有高领、低领或无领，且出现了不同的领型设计，如元宝领、水滴领、企鹅领、竹叶领、马蹄领等。高领的领边触及耳垂，视觉上仿若拉长了脖子，凸显女性上身的挺拔与高雅；低领则在颈项中下位置，搭配盘扣锁住左右两半衣领，自然、舒适，尽显落落大方之态；无领从视觉上更为自然随意，穿着更为方便。从领型的变化，领长与领型的设计方可看出不同身份地位的女性的或典雅或自然的社会心理因素。

第二，旗袍的襟指的是除去袖子，前面的那一片。不同的襟型所呈现出的审美效果也不尽相同。民国旗袍常见的襟型有如意襟、圆襟、直襟、方襟、琵琶襟、斜襟、双襟、大襟、左襟、对襟。如意襟就是通过镶绲的工艺把"如意"纹装饰在旗袍肩头或顺着衣襟装饰，也可以将如意云头镶绲在袍摆开衩位置；圆襟是旗袍较为常见的一种开襟方式，线条圆顺流畅；直襟的特色之处即一排具有很强的装饰性的盘扣，使着装者身材显得修长；方襟方中带圆，含蓄内敛，富于变化；琵琶襟（缺襟）大襟只掩至胸前，衣襟中间多，上下少，呈琵琶状；斜襟是中国传统服装常用的一种样式设计，打破了服装轮廓几何样式予以变化，给人以柔和、典雅的审美感受，斜襟处常以净色、象征吉祥福瑞的花卉图案或是代表文人气质的纹样点缀，使用盘扣连接衣领，使得衣装于人富有艺术气息；双襟则体现出均衡、对称的美感，端庄稳重大方。

第三，旗袍的袖型适应潮流的变化，时而流行长过手腕的长袖，时而流行短至露肘的短袖。常见的有从腋下至袖口成一条直线的小袖和从腋下至衣袂处成一条直线自近袖口出呈弧形的小飞鱼袖，小袖的袖口大多有开衩，多用两对子母扣固定；有袖口略大于小袖的窄袖，窄袖又根据腋下至袖口形状的不同分为小鱼肚袖、直袖等几种；有袖口宽度近似晚清旗袍袖口的宽袖，有袖长过肘而远不及腕的七分袖，还有袖子过肩而不及肘的短袖和无袖等几种。

第四，传统的袍为一种衣长过膝的服饰，大多长至脚踝，但是在民国时期由于受到西方文化的影响，旗袍出现了过膝或至小腿中部或至脚踝等多种长度。随着旗袍腰身的收拢，两边的开衩也随之或大或小。旗袍的袍摆更是出现了宽摆、直摆、圆摆、礼服摆、鱼尾摆等多种形式。

第五，旗袍工艺繁复细致且富有特色，除剪裁、归拔、收省等特色工艺，镶边、绲边、牵条、荡条、盘扣、刺绣等工艺环环相配，使旗袍整体上更加精致美观。为了使平面裁剪的旗袍能够达到立体裁剪的效果，从而恰到好处地凸显出女性的曲线美，早期旗袍制作多用归拔工艺来处理细节。“归”是用熨斗将衣片上需要归拢的部位向内侧反复缓慢推进，使衣片归拢部位的边长变短，归拢部位形成隆起的形状。“拔”是用熨斗将衣片所需拔开部位向外侧反复拉开，使衣片拔烫部位的边长增长，用来适应曲线变化大的部位。与此同时运用收省道的方式而达到修身效果的处理方式也逐渐流行开来，并由于其工艺简单，便于批量生产，所以逐渐取代了归拔工艺的位置。镶边即在袍服的衣襟、领口、袖口、开衩、底部等部位的边缘，缝合拼接不同颜色的布料且布料多带有各色的绣花。满族妇女穿的旗袍领口、袖头、衣襟都镶有几道花纹或彩牙儿，俗称“画道儿”或“狗牙儿”。北京等地曾盛行“十八镶”的做法，即层层镶十八道衣边为美。亦有一种女式旗袍叫“大挽袖”，把花纹绣在袖里，“挽”出来更显得美观。清刘鹗《老残游记》第二回：“帘子里面出来一个姑娘，约有十六七岁，长长鸭蛋脸儿，梳了一个髻，戴了一副银耳环，穿了一件蓝布外褂儿，一条蓝布裤子，都是黑布镶绲的，此种旗袍在民国初年尚能见到，后来便逐渐消失了。”[1]绲边即用与旗袍底色或旗袍上图案颜色相近的布料来

[1] ［清］刘鹗：《老残游记》，人民文学出版社，1957年，第11页。

包裹旗袍的开衩、领口、袖口、底边等开口部位。常与镶边工艺相配合使用。牵条即在两块衣片的边缝之间缝制一条约1厘米宽的布条。用以增强旗袍的立体感，保证其侧缝曲线的稳定性。荡条工艺则是将一种与旗袍面料不同的装饰缝在旗袍领口、袖口、腰身、底部等部位的条状装饰。盘扣，又称“盘纽”，其制作工艺及款式造型是旗袍制作的又一经典部分，成为我国传统服装的标志之一。盘扣缝制于旗袍的领口、衣襟、开衩等部位，既实用又美观，造型繁多，动物造型的有丹凤朝阳扣、双燕闹春扣、蝶恋花扣等，植物造型的有梅花扣、菊花扣等，还有中国结造型的吉祥结扣、如意结扣等。除一些布扣以外还有金、银、铜、翡翠、琉璃、碧玺扣等，讲究的盘扣要用45°斜丝的面料裁成条，然后上浆，在长条中部添加棉线或铜丝，再折反复叠缝好成条，再以此为基础盘制而成。旗袍早期的装饰以刺绣为主，满工居多，后刺绣逐渐减少，印花逐渐增多。

（二）基于材料视角的民国旗袍分类

民国旗袍注重质感，用料考究，不同质地蕴含不同的风格与韵味。清朝旗袍的面料多为厚重织锦或其他提花织物，装饰较为烦琐；而清末民初时期，受到“西学东渐”的影响。国内纷纷引进西洋的纺织与印染技术。《清稗类钞》记载：“吾邑妇女多借纺织以谋食，自用洋布，而土布无向矣，其余纽扣、线袜向之著名专利者，亦冷落无趣，势将坐食，吾粤如是，余者可知矣。”[1]民国旗袍面料的使用更是不拘一格，大致分为丝织品、棉麻织品、化纤制品、绒皮制品四大类。

第一，丝织物中绸、锦、缎、绒、纱等较为常见，绸是一种轻薄但不透亮的丝织物；锦是一种传统的以彩丝织出图纹的提花厚重丝织物，质地紧密，表面光亮细腻；缎是一种厚重的丝织物；绒有丝绒、漳绒等多种类型，是割绒成纹的丝织物，质地顺滑、厚重，表面有细腻平滑的绒毛，垂感较好；纱是一种轻薄透亮的丝织物，乔其纱就是民国时期绞的一种纱，质地柔软且轻薄透明，富有弹性，表面绉缩成不规则花纹。《现代家庭·衣服的材料》：“妇女的旗袍，着镂空玄色累丝纱，夏季很风凉，但太浪费，乔其纱质料太轻薄，不是时常穿着的衣料。”

第二，棉麻面料中多以阴丹士林布和蓝印花布制作旗袍。阴丹士林布以士林蓝染成，故名。民国徐传文《染色术》：“阴丹士林染料，是近十年来行销最广的染料，专用在染棉，市上所售之士林布，尤其风行一时，差不多男女老幼，至少每人都有一件衣服是用士林布缝的，所以我国每年进口的士林布和士林蓝染料，统计不下几千万”。蓝印花布即以靛蓝为染料通过扎染、蜡染等方式印染而成的蓝白相间的花布，图案朴素大方，色彩清新明快。

---

[1] [清]徐珂：《清稗类钞》，中华书局，1984年。

第三，化纤制品的面料是典型的舶来品，以化纤为原料制作而成，常见的有破花绒、涤纶、蕾丝等几种，破花绒的面料有丝和化纤之分，涤纶制品在化纤面料中最为常见，蕾丝面料主要作为辅料使用，但也有将其整块装饰在外的，更有甚者用蕾丝当作面料，关键部位加以薄衬，非常时尚妩媚。

第四，绒皮制品中羊绒或羊毛制作的呢子都是可以当成面料使用的，狐狸皮、豹皮、银鼠皮、山猫皮、羊皮（羔羊皮、山羊皮、绵羊皮、滩羊皮）等都主要是当成里子来使用，尤其银鼠皮和狐狸皮的旗袍最为讲究，多是选其身上最好的一块方形为料，需数十张皮毛规则地缝制成一张里子，再续面从而制作完成，此种旗袍、长袍传世较多。

（三）基于色彩与装饰视角的民国旗袍分类

旗袍手工制作精细，巧夺天工的刺绣图案以及五光十色的饰物更成为旗袍重要的组成部分。民国旗袍的纹样以植物最为常见，以植物、动物、动植物组合、文字等组成的吉祥纹样较多，且有程式化现象。例如，民国长袍的装饰主要是以面料的暗纹为主，色彩以蓝黑最多。旗袍的装饰起初是以刺绣为主，饰满周身，动物纹样有象征忠贞爱情的孔雀，有象征吉祥的双燕等。植物纹样就更多了，有象征富贵的牡丹，象征高洁的竹子等。动植物结合的也较为常见，有蝴蝶和花组成的蝶恋花纹，有公鸡和鸡冠花组成的冠上加冠纹，有凤凰和牡丹组成的凤戏牡丹纹等。这一时期少女旗袍多用浅色，以妃红见多，长者旗袍多用酱紫、灰等低彩度的颜色。民国时期袍服受到西方印染技术的影响，大量的化学印染的面料进入中国市场，随之而来的还有西方流行的几何纹样，这种色彩及装饰在民国中后期大量用于旗袍制作。旗袍纹样或上缀串珠亮片，加以彩绣及锦绣花边，或朴素简单，用色单一。几何纹有较多应用，条格纹样逐渐成为基本纹样之一。各类印花面料除部分采用机械化辊筒印花外，多数仍采用手工平网印花，直接印花使用较多，拔染和防染印花鲜有出现。

三、民国时期袍服的演变及原因分析

（一）民国时期袍服的演变

1. 民国时期袍服形制的演变

民国袍服的形成除极大受西方文化的影响之外，其根本还是前朝袍服的传承。民国时期男子袍服免去了清代袍服繁复的命名，概统称为长袍。圆领、盘领均改成立领，箭袖一概免去，袍身形制亦是从上窄下宽变得越发的平直，衣襟的装饰只简单到留下一至两条细绲边。民国女子袍服在当时也免去了清代诸多称呼，一概统称为旗袍。因袍服是清朝满族女子最主要的服装种类，而当时的汉族女子又是将上衣下裳的穿着形式当成主要的礼服，因而到了民国乃至当今人们大多误认为旗袍就是旗人之袍了，殊不知中原农耕民族女子自先秦便开始穿着袍服，数千年来未曾中断，民国初时逐渐流行开来的所谓改良旗袍又都是汉族女性所参与推动的，所以旗袍的产生断然不只是旗人之袍如此简单，其出现是顺应当时潮流的，是深受汉族袍服文化、满族袍服文化和西方服饰文化综合影响而形成的，更是民族融合、文明交流的典型产物，是时代的代表。中华民族的文化从不是简单的血统的传承，而是思想文化的认同与传承，所以中国才会有了盛唐这种多民族文化融合的中国文化的代表。同理，旗袍亦是同盛唐的圆领袍服一样，是中华民族的文化瑰宝。旗袍在其发展初期为适应重骑射的生活方式，“瘦长紧窄，袖口亦小，装饰简单”。清朝建立以后，由于生活安定，旗女之袍变得宽肥，装饰繁复。民国成立以来，旗袍备受汉族妇女青睐，逐渐发展为全国妇女的服饰。旗袍的形成吸收了历代袍服的形制特征，有琵琶襟、如意襟、斜襟、绲边或镶边等。20世纪20年代初流行的旗袍与满族旗袍形制上并无太大差别，旗袍样式宽大、较清代袍服袍形上下更为平直、下长盖脚，以窄袖为多，绲边不如从前宽阔，装饰大为减少。20世纪20年代后，经改进，腰身宽松，袖口宽大，长度适中，便于行走。自改良之后才成为中国妇女较通行的服装。20世纪20年代末至30年代初，旗袍开衩成为一种时尚的象征，甚至不少新潮女性将袍衩开放至臀下。与此同时旗袍的领形也变化无常。时而高耸及耳，即使在盛夏，薄如蝉翼的旗袍也要配上高领；时而流行低领，乃至最后发展到无领。20世纪30年代初受西方短裙影响，长度缩短，几近膝盖，袖口缩小。袖子的长短变化不定，忽而流行长袖，长逾手腕；忽而流行短袖，短仅及肘。30年代中旗袍下摆又加长，两边开高衩，突出了妇女体形的曲线美。40年代缩短，出现短袖或无袖旗袍，领子亦多用低式，外为流线型。继后，衣片前后分离，有肩缝和装袖式旗袍等。

2. 民国时期袍服装饰纹样和色彩的演变

纹饰自古以来便是中国服饰文化不可或缺的要素，是服饰文化传承的符号。服饰纹样不仅造型精致美观，巧夺天工，且每一个都寓意颇深，具有吉祥美好的象征。从清代到民国袍服的纹样和色彩也同那个时代一般发生着翻天覆地的变化。民国长袍的色彩一改清代严格的等级制度，突然将五颜六色的男子袍服变得单剩下蓝、黑两种颜色，真是应了那句“一片蓝黑济济，尽显汉官威仪”，除了色彩应用的大量减少外，装饰纹样的运用也同样大量减少，原本清代重点装饰的领、襟、袖部都变得极致简约，只在领襟处留了一两条细的单色绲边，清朝袍面的缂丝、云锦等昂贵精致的织花装饰更是没有，就连刺绣也从此在男士的长袍中消失了，留下的只有些许暗纹，但这暗纹还是像清代的团纹一样规规矩矩，一看便知是中国的传统纹样。满族旗袍纹样有动物、植物、山水三大类，图案主要有双燕闹春图、蝶恋花图、龙飞凤舞图、冠上加冠图、彩云金龙图、海水江崖纹等。清末时期受西方印染技术等影响，纱质、印花棉布等材质逐渐取代传统锦缎、织绣等提花织物市场，被大量应用于旗袍制作。民国初期旗袍纹样多色彩单一，纹样朴素简单，多以单枝花朵或簇拥散花为主或有条格纹样、几何纹样等。20世纪初，几何纹样、条格织物备受青睐，穿插喜上眉梢、花卉等图案纹样，别致且通透。20世纪三四十年代，旗袍色彩由朴素淡雅转向艳丽，底色多为明黄、水红、水绿等鲜明且张扬，图案纹样多衬以硕大花朵或含苞待放之花朵，亦有条形、几何图案。总之，民国时期的长袍装饰变得极少，但团纹等传统元素还是得以很好地流传，色彩只以庄重的蓝黑为主。旗袍装饰从满工的刺绣到织银的锦缎再到印花、裘皮一应俱全，手法种类反倒比清代还多。旗袍的色彩更是五颜六色、百花齐放。

（二）民国时期袍服演变的原因分析

民国袍服演变主要受当时社会背景的影响。正如华梅教授说“社会时局决定服饰趋向”。人们摆脱了君主专制的束缚，思想意识日益开放，在服饰上大可不必向清朝时期那般单调划一、等级森严，而是根据自己的审美观念选择着装。经济上，那时的中国得到空前的发展，服装工厂开始为民间服务，同时大量的新面料、新纹样、新装饰等急速涌入中国，这都大力地推动了袍服尤其旗袍的演变。思想文化上，中国思想文化极大地受到了西方文化的冲击，从而服饰的审美尤其女性服饰的审美发生了颠覆式的变化，从以遮蔽形体为美直接变成以突显身材曲线为美，这也是改良旗袍最大的变革，为了达到这样的审美，归拔和收省才被大量运用到旗袍的设计制作当中。心理上，张爱玲说：“全国妇女突然一致采用旗袍，倒不是为了效忠清国，提倡复辟运动，而是因为女子蓄意要模仿男子……”此时，旗袍备受汉族妇女所青睐。

第三章

袍服的结构设计与工艺

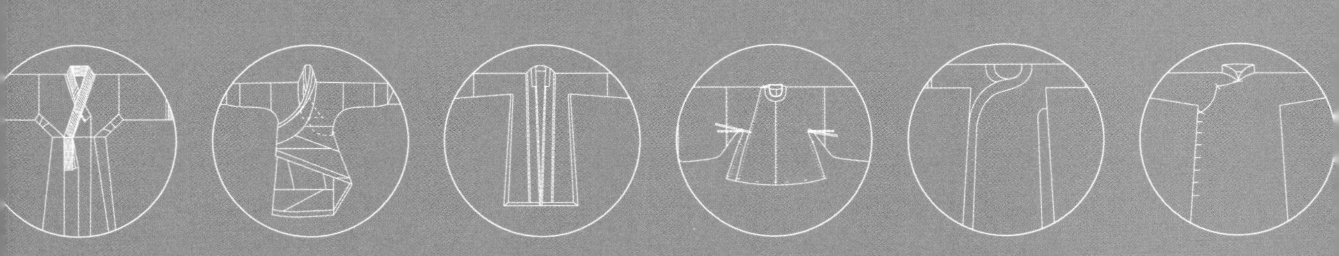

第一节 袍服的结构

一、袍服十字剪裁结构

中国传统汉族服饰是平面直线剪裁，即以通袖线（水平）和前后中心线（竖直）为轴线的“十”字型平面结构。这种结构经历了五千年漫长历史直到清末民初都没有发生过根本改变。汉族袍服总地来说有两种基本结构，即上下分裁结构和整体通裁结构。

中原汉民族宽大的服装注重的是道德礼仪功能，表现出物产丰富的农耕文化特征。从裁剪的结构工艺来看可以概括为三个时期：先秦到西晋的礼服袍有着严格的礼仪制度，尊崇黄帝垂衣裳而治天下的理念，上下分裁且分片较多，受礼制影响较大；十六国至唐贞观年间受游牧文明冲击，礼制崩坏，礼服袍一度流行上下通裁；唐贞观至清从袍下加襕开始逐渐恢复礼制，将礼服袍上下分裁，尤其明清两朝尤为明显。

（一）上下分裁

袍服上下分裁是汉族袍服最初的结构形态，而且没有随着上下通裁的出现、流行而消失。从先秦到清代，上下分裁的袍服一直是礼服袍的重要表现形式之一，上衣下裳分裁再缝制在一起的这种形制，在唐朝之后其礼仪的象征意义则大于其他意义。从结构工艺来讲，各个时期虽然都有上下分裁之袍，但是又各自有其时代特征。袍类裁法有正裁和斜裁两种：正裁即利用布幅幅宽，按照布幅经纬线方向剪裁；而斜裁是在面料的45°方向裁剪衣片，这样裁剪经纬纱的作用力小，面料易于变形，合体之处会很自然地附在人体上。先秦时期上下分裁从结构工艺上主要分为两种：一种是上衣下裳均为先正裁再缝合；另一种是上衣斜裁、下裳正裁再缝合。而且部分正裁袍服为了增大手臂活动范围设置了“小腰”的特殊结构。西汉时期曲裾袍的裁剪也有其独特之处，受其结构款式等因素的影响其为上下分裁、上衣正裁下裳斜裁。东汉直裾袍的出现使其正式成为礼服，上衣下裳均以分裁正裁再缝合为主。十六国到隋朝时期上下分裁再缝合的礼服袍逐渐退出了历史舞台的中央。唐贞观年间襕袍的出现是恢复礼制的一个重大信号，其上下分裁再缝合是和其他朝代以腰线为主有所区别的，襕袍分裁缝合是以膝盖处为分割线的。宋代出土袍服上下分裁的实例较少。元代袍服有上下分裁再缝合，特点是腰有积襞（衣服上的褶子）。但是结合元朝政治经济文化背景分析，此分裁应和中原农耕民族的传统礼制无关。明代有多种袍服为上下分裁结构，其多种袍服具有下裳有褶裥的特点。清代袍服中的朝服袍以上下分裁再缝合为特定的结构，其下裳部分有大面积褶裥，缝合位置以膝盖处为主，也有在腰线附近进行缝合的实例。

（二）整体通裁

深衣式的袍服从整体社会着装来看，在西晋之后，慢慢被上下通裁的袍服所取代。这种上下通裁的袍服在继西晋之后的北朝和隋唐宋元时期都很多见，并且一直延续到民国时期。由于没有了上衣与下裳的拼接，“十”字型平面结构变得更加简约、规整，对面料的利用更加充分。连体通裁如果从袍身结构工艺来讲可以分为两类。第一类是袍身后片有破缝，整个袍服的袍身是以中心线为界限，左右各一个门幅的布料裁剪再缝合而成，容易满足整体袍身较宽尤其下摆较宽的袍服，此类袍服由于袍身和上臂的袖子相连，袖子的接袖一般较短。此种结构袍服的里襟大多情况下是和衣身后片为一个整体的，袍服前身的大襟是另外裁剪再缝合上的。此种制袍方法相对耗时耗料，多用于男袍。第二类是袍身后片无破缝，但由于受门幅宽度限制，几乎整个袖子的长度都是由裁片拼接而成，有些袍服为了满足步距及自由行动，还要分别在下摆两侧分别接上一块三角形面料用以加宽下摆，此类袍服的裁剪会遇到一个问题，那就是系带或系扣的重叠处里襟缝合拼接的部位容易露出，这在中国传统文化里是不允许的，所以在大襟的边缘会有镶绲等工艺来将边缘放大，这样就起到了遮挡里襟缝合处的作用，此类袍服多适用于女袍，男袍的边缘有繁复的装饰是不多见的。也正是因为由此区别，再加上古时男尊女卑等社会经济文化等因素的影响，这两种结构工艺的袍服虽然没有明文规定性别，但是在实际使用上还是有明显的区别。造成这种分类既受到礼仪制度、男尊女卑、审美等社会文化因素的影响，又受到用料多少、门幅宽度等经济和技术的影响。

二、袍襟结构

袍襟的结构工艺和整个袍身的廓型、工艺制作、审美都有着非常紧密的联系。从廓型来说，大襟的结构尤其是大襟边缘的装饰，都会令大襟更加硬挺，直接影响整个袍服的轮廓及穿着效果。大襟结构与镶绲工艺的结合很好地解决了边缘脱丝以及大襟和里襟重叠处缺量的问题。袍襟的不同结构工艺还和不同的审美、活动需要及保暖作用息息相关。

（一）多片裁剪袍身的大襟结构

多片裁剪的袍身主要出现在十六国时期之前，以交领袍服为主，湖北荆州战国墓和湖南长沙马王堆汉墓都出土过大量的此类袍服，归纳起来此类袍服的袍襟结构工艺有三个特点。首先是大襟和里襟的重叠量大，这是受当时礼仪制度影响的，主要起到遮蔽身体及内衣的作用。其次是大襟止点的位置设计，大襟止点的位置高则领口紧，位置低则领口松，水平线离领口越宽则大襟和里襟的重叠量就越大，反之则越少。最后是大襟处的裁剪方式分为正裁和斜裁，大襟采用正裁腋下加小腰或是斜裁，都是为了使袍服的活动功能及礼仪功能和保暖功能发挥得更好。

（二）通裁有中缝袍身的大襟结构

通裁有中缝袍身的大襟结构工艺多见于北朝到民国时期的圆领袍服、盘领袍服和立领袍服之中。归纳起来，此类袍服的大襟结构工艺有三个特点。一是领口至腋下处大襟的边缘线形状变化多，有一条斜直线的、有一条凸弧线的、有先横线再凹弧线的等，都是功能和审美相结合作用下的结果。二是此类袍服里襟结构特殊，大多为宽至前中心线，但长度要短于袍身很多，此类结构设计便于行动，是以功能性的考虑为主。三是缺襟的特殊大襟结构，此类袍服最为特殊，主要集中出现在清代的缺襟袍中，是行服袍的一种，其在结构工艺上为了便于骑射采用了两种设计，一种是在袍的大襟下端减掉大襟的一部分，缝制完成后用系扣的形式固定在袍襟之上，骑行时摘下，做常服袍时系结，此大襟的结构是专为活动方便的功能性而设计的，另一种是将领口到腋下的大襟边缘设计成“厂”字型，先平直绕过胸高点处再凹弧线向下至腋下，这样就起到了贴身保暖和方便骑射的作用。

（三）通裁无中缝袍身的大襟结构

通裁无中缝袍身的大襟结构工艺主要出现在清代、民国时期，尤其集中体现在女袍当中。归纳起来，此类袍服的大襟工艺结构有两个特点。一是大襟和袍前片是连属的一个整体，里襟和大襟重叠部分是后缝制上去的，此类设计充分利用了大襟边缘装饰的女性特殊审美，既避免了袍身的破缝，又将大襟和里襟重叠处的不足变缺陷为至宝，成为女袍中最为亮丽的一部分，且节约了布料，降低了成本。二是民国时期改良旗袍出现后又带出了一些新工艺，很多改良旗袍的大襟运用了收省、前后片分裁、归拔等工艺。此类结构设计工艺的运用是东西方文化交流的产物，是整个社会审美大变化的结果，主要满足更好地突出身材这一审美而设计。

三、袍服现有结构分析

对于袍服结构的研究，通过对现有资料的分析与探讨，进一步思考。小腰是先秦时期袍服上出现的一种结构，它位于袍服的腋下位置。其功能性是很多学者都比较好奇的，而在他们的观点中，对小腰功能性的解释不太统一，为了真正了解小腰的功能性，笔者也在下文中做了大量的实验和验证。另外，袍服的下摆插片也是一个值得深究的结构，作为明代袍服广泛应用的一个结构，其功能性也是非常重要的。

（一）小腰

沈从文先生认为，将小腰嵌缝在上衣、下裳、袖腋三交界的缝际间，由于它和四周的接缝关系处理得十分巧妙，缝合后两短边做反向扭转，嵌片横置腋下，遂把上衣两胸襟的下部各向中轴线推进十余厘米，从而加大胸围尺寸。

刘瑞璞教授认为，宽大的直裾袍服衣身上根本反映不出确切的胸围位置，小腰增加的也不是胸部的围度，袍服小腰的作用是为了补充上衣和下裳长度的差值，从而增大门襟掩量。

贾玺增教授在《江陵马山一号楚墓出土上下连属袍服研究》一文中提出，袍服的小腰是为表现人体腋窝的厚度，增加运动量，正裁、正拼的上衣在腋部增加了一块四边形裆片，这是非常合乎人体特征和运动规律的“设计”。

为进一步求证袍服内小腰结构的功能性，将小菱形纹锦面绵袍的小腰部分进行复原，结合大量参考文献提出新的思考。如图3-1、图3-2所示，第一，绵袍主人为身高160厘米左右的女性，小腰的位置既不在胸围处，也不在腰围处，而在人体的腰部和臀部之间，因此小腰的插入并不影响胸围以及腰围的尺寸；第二，小腰增加的围度并非均匀分布在臀部位置上，而是主要堆积在两侧的袖窿腋下，对胸前与后背位置的围度则无明显的增减变动，因此对增大袍服掩襟量的效果并不显著；第三，小菱形纹锦面绵袍衣长200厘米，两袖通长345厘米，对于身高160厘米的女性来说已足够宽大，并不会对人体产生束缚感，所以袖窿是否加入小腰结构对于手臂抬升的活动量并没有太大影响。因此，笔者认为小腰的功能性一方面在于将二维的平面袍服结构转变为三维的立体结构，符合人体部位的围度需求，另一方面，没有小腰的袍服在穿着行走的过程中，腋下和门襟会出现相互拉扯的现象，而加入小腰后，腋下有一定的活动量，防止门襟偏移，内衣外露，因此得出小腰的作用是平衡腋下和门襟的关系（图3-1、图3-2）。

图3-1 | 小菱形纹锦面绵袍与人体的关系

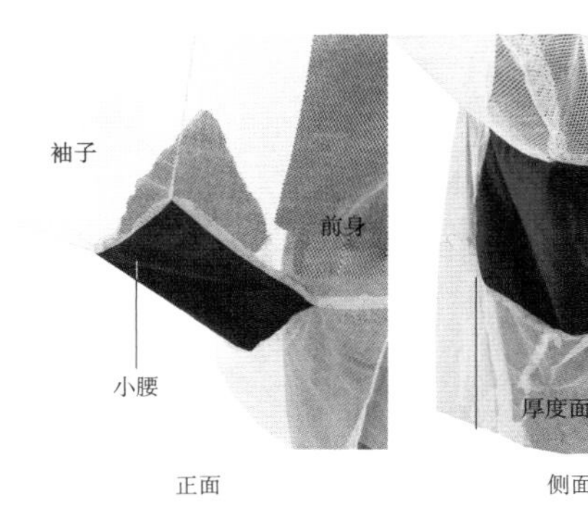

图3-2 | 小腰厚度面展示

（二）下摆插片

袍服下摆插片集中于明代袍服结构中，其名称是不统一的，有学者称其为“摆”“侧摆”“内摆”，黄能馥先生称其为“增角”。例如，道袍的下摆插片结构，在袍服两侧开衩接摆固定在后身内侧；又如，明代官袍中下摆插片结构，在袍服前后下摆的两侧左右各拼接一个四边形插片，袍服通过下摆插片的形式扩大袍服下摆的活动空间。下摆插片的形状又可以分为三角形插片、四边形插片和褶摆插片三种。

江南大学宋春会认为袍服的下摆接三角插片或方形插片的作用，其一在于使下摆空间扩大，达到方便活动的同时不使内部衬裤外露；其二由于明代时期的男子喜欢腰部系上发裙之后，下身膨胀自然而然使得与之搭配的袍服能撑起蓬大的下摆，便在袍服左右开衩和增加下摆插片以适应求新求异的社会风尚。

北京服装学院刘畅认为下摆插片结构作为明官崇礼的标志，却并非礼仪从礼制所生，结构上增加腿部空间避免侧开裾暴露内衣的功用。通过对獬豸补云纹暗花缯角圆领袍的复原发现，不加下摆插片结构圆领袍的下摆宽116厘米，左右增加27厘米宽度的方形下摆插片下摆宽度可达到170厘米，显然袍服增加下摆插片结构可以包覆贴里。

笔者认为由于受明代布幅宽度的影响，明朝的幅宽大致在60厘米，以通裁圆领袍服为例，袍服的下摆一般用四幅布，因此袍服的下摆围度在240厘米左右，考虑到身高170厘米男子步距为身高乘以0.415即70厘米，从袍服的侧面观察袍服两侧的重叠量为下摆围度的一半减去步距除以2也就是（120－70）/2，经过计算可知下摆的重叠量约为25厘米，重叠量较小；在大步行走时，人体步距进一步增大将达到100厘米，此时前后两侧片的重叠量将进一步缩减到10厘米，此时袍服下摆很大程度上会裸露内衣；在登高运动的时候，男子单腿抬高45厘米的两膝围度在140厘米左右，在不加下摆插片的时候，由于袍服下摆两侧开衩，袍服的两膝围度不够，因此不能实现完全的遮掩作用，会裸露内衣。如图3-3所示，增加下摆插片后，袍服可以完全掩盖双腿和内衣。裸露内衣在相对保守的明朝人们心中有失风度，因此下摆插片的存在就变得很有意义。

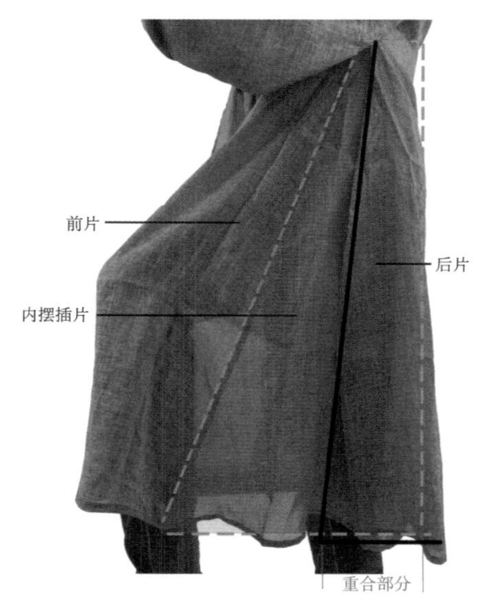

图3-3｜步距和下摆的关系

第二节　汉族袍服的缝制

一、战国素纱绵袍

（一）战国素纱绵袍结构图绘制

参照江陵马山一号楚墓出土的素纱绵袍，此件素纱绵袍的领型为交领、右衽，袖口较窄，领口和袖口有领缘和袖缘。背部领口呈符合人体颈部特征的下凹结构，衣袖从腋下到袖口逐渐收缩变小。上衣的正身和双袖左右对称且为正裁，共8片，自袖口至前中裁片宽度分别为23厘米、26厘米、26厘米和17厘米。领缘和袖缘为斜裁。下裳部分正裁，共8片，宽度不等，其中侧身两片进行削幅处理。款式如图3-4所示。

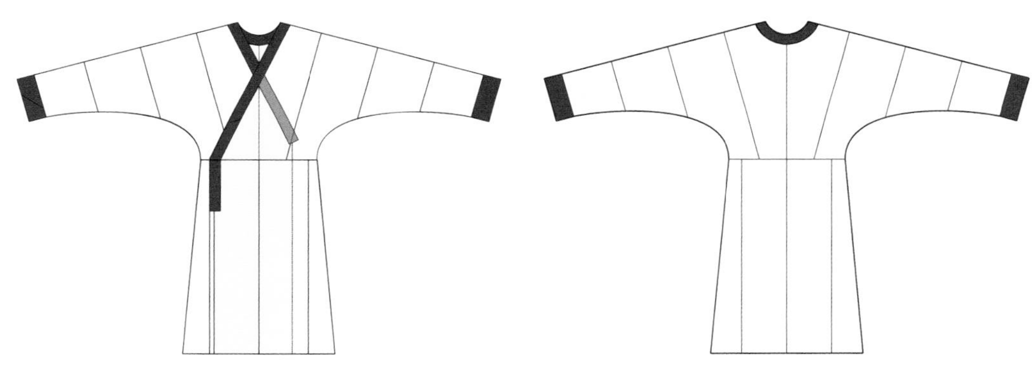

图3-4丨战国素纱绵袍款式图

据江陵马山一号楚墓出土的战国素纱绵袍的有关尺寸信息，知该素纱绵袍衣长148厘米、通袖长216厘米、袖宽35厘米、腰宽52厘米、下摆宽68厘米、袖口宽21厘米、领缘宽4.5厘米、袖缘宽8厘米。通过实际绘制结构测量得出后领深10厘米、领宽18厘米。制衣详细尺寸见表3-1。

表3-1 战国素纱绵袍尺寸表　　单位：厘米

部位	衣长	袖长	袖宽	腰宽	下摆宽	袖口宽
尺寸	148	216	35	52	68	21

根据素纱绵袍的尺寸数据绘制结构图，素纱绵袍的上衣采取正裁斜拼的技法，即将上衣部分旋转15°与下裳拼接。经实验分析：该15°的斜拼角能使作为内袍穿着的素纱绵袍形成15°肩斜，减少腋下面料的堆量，使服装在自然状态下最大限度与人体贴合。此外，素纱绵袍的袖缘为双层螺旋式。制作时先将半幅面料斜卷缝制成筒状（周长为袖

口宽 ×2)，再截取所需长度经对折后与衣身缝合，这种处理方法可以使袖口处无接缝且为斜纱，方便古人拱手。从结构图上拆解分析可知，袖缘片为平行四边形，如图3-5所示。

领缘片斜裁，且受面料幅宽的限制，笔者猜测领缘片不会是整条裁剪，而是先斜裁好布条再进行拼接，因而出土报告中素纱绵袍的领缘片出现横向接缝。素纱绵袍的结构图如图3-6~图3-8所示。

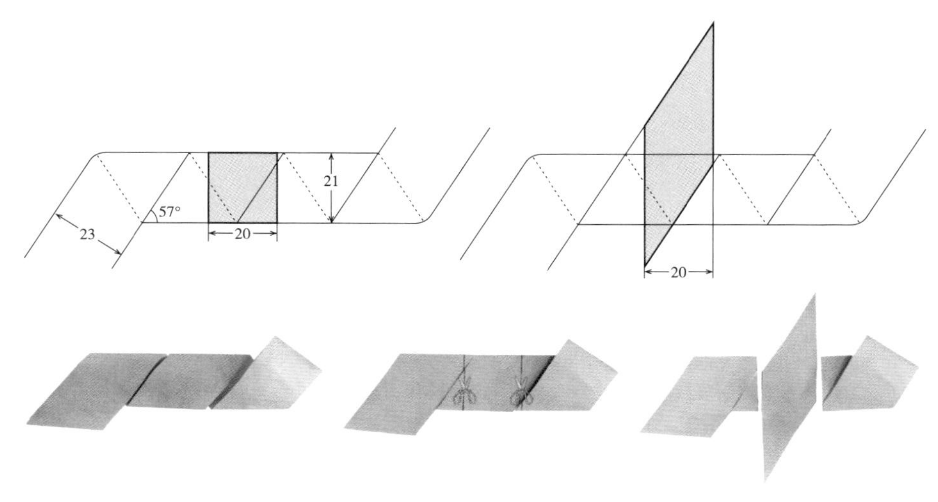

图3-5 | 战国素纱绵袍袖缘制作原理示意图

（二）战国素纱绵袍的样板制作

战国素纱绵袍的样板分为净样板和毛样板两部分，制作好净样板，根据缝份加放原则可以做出毛样板。

1. 战国素纱绵袍净样板制作

战国素纱绵袍的上衣部分共8片，其中6片为对称结构，上衣裁片四和上衣裁片五稍有不同。下裳片共8片，除裁片七和裁片八外均为对称结构，下裳裁片三和下裳裁片六经削幅处理，拼接后需修正腰线和底摆弧度，袖缘片可由另外一幅布单独裁剪，领缘片为斜裁长条，其净样板如图3-9所示。

2. 战国素纱绵袍缝份加放遵循平行加放原则

战国素纱绵袍的缝份均加放2厘米，其样板制作如图3-10所示。

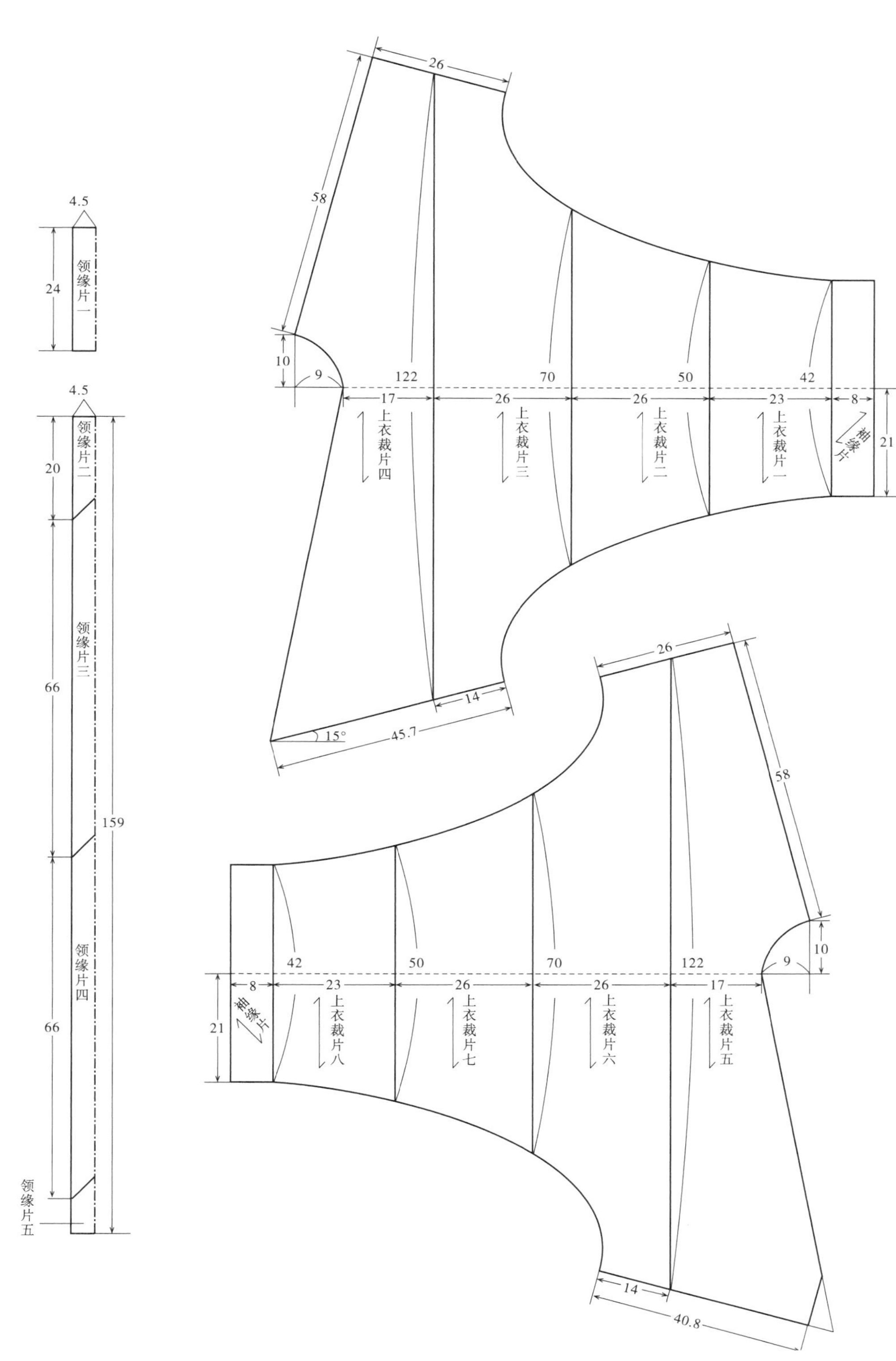

图 3-6 | 战国素纱绵袍上衣片及领缘片结构图

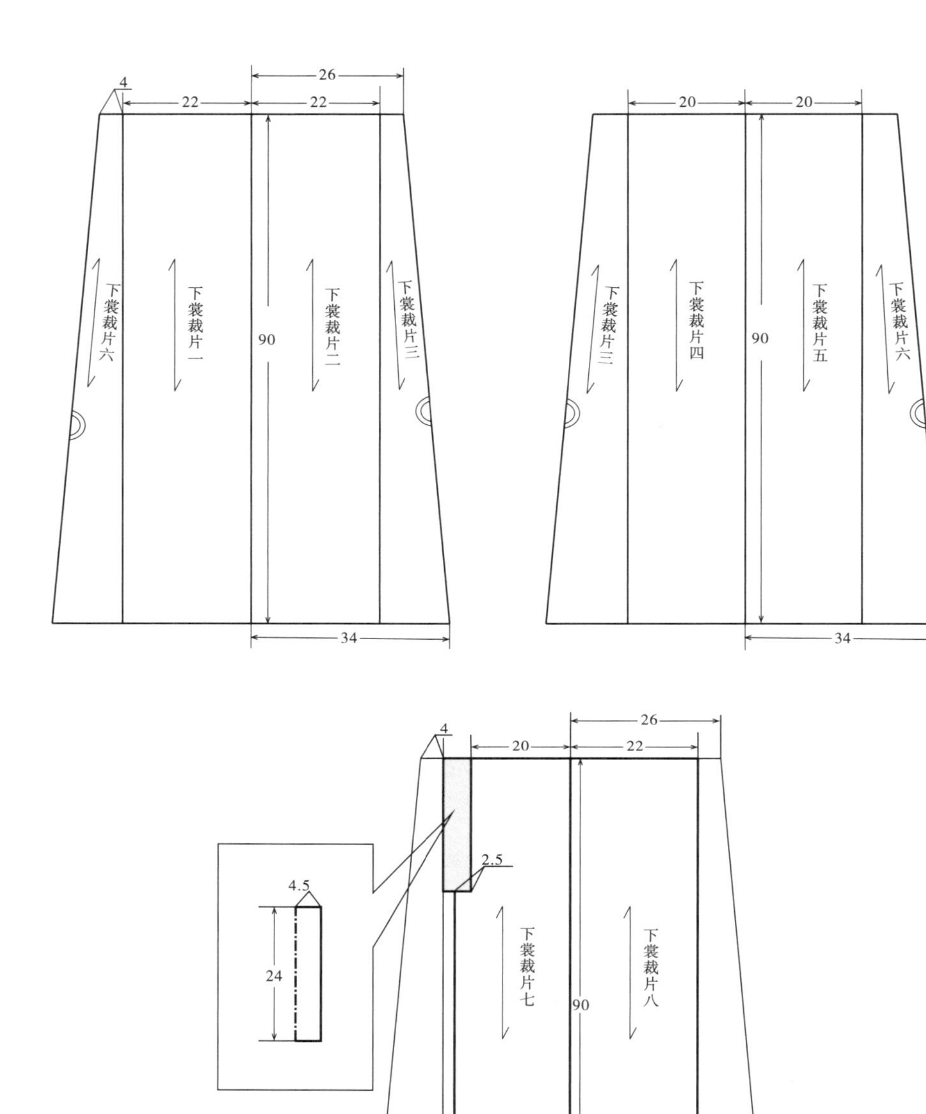

图 3-7 | 战国素纱绵袍下裳裁片结构图

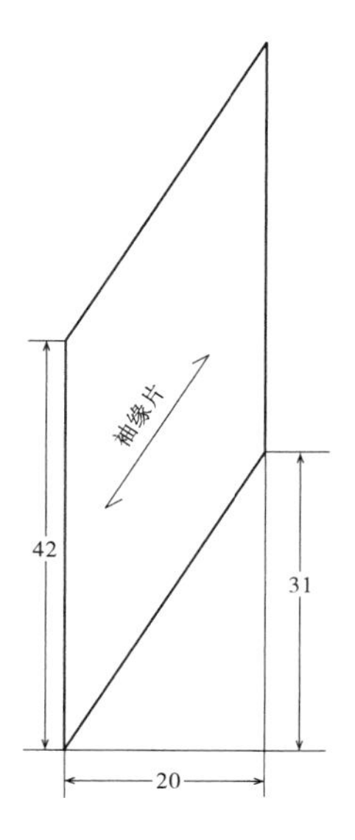

图 3-8 | 战国素纱绵袍袖缘片结构图

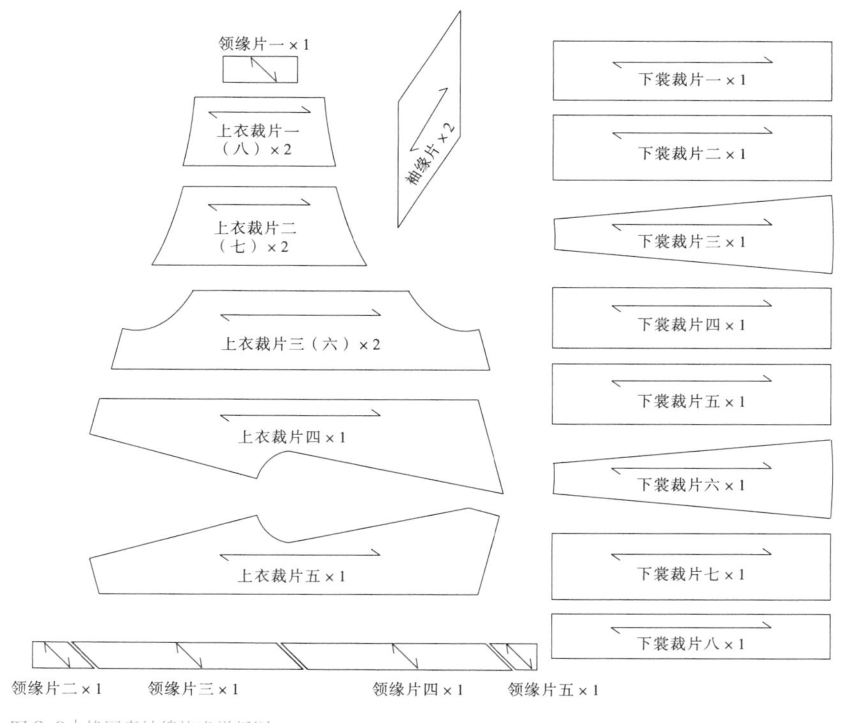

图 3-9 | 战国素纱绵袍净样板图

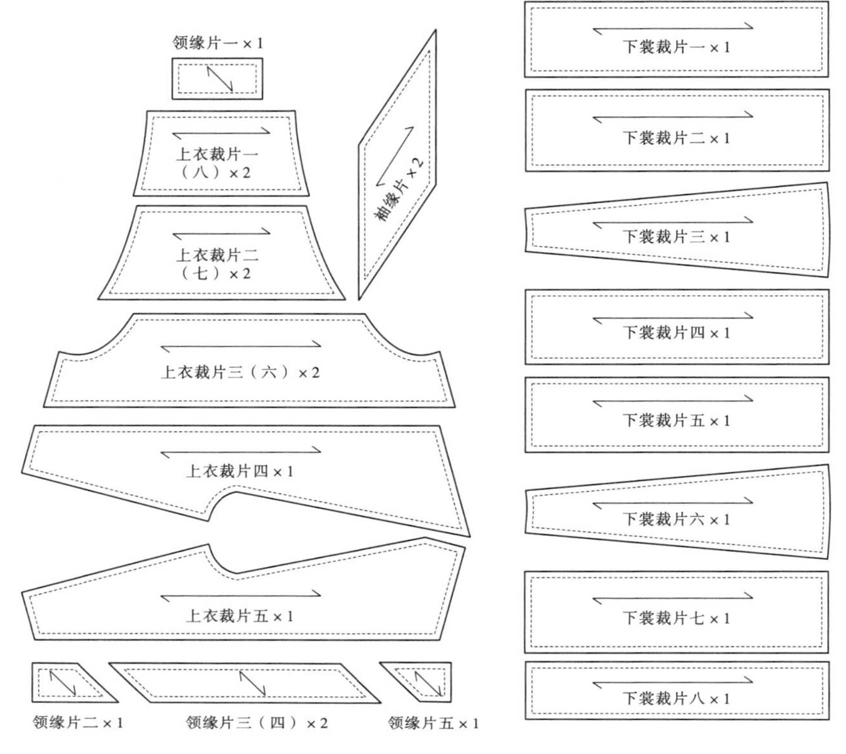

图 3-10 | 战国素纱绵袍缝份加放图

3. 战国素纱绵袍排料图

本款战国素纱绵袍的裁剪样板示意图，面料采用幅宽33厘米的素纱面料，里料采用幅宽50厘米的绢，袖缘和领缘面料采用幅宽50厘米的绢。如图3-11~图3-13所示。

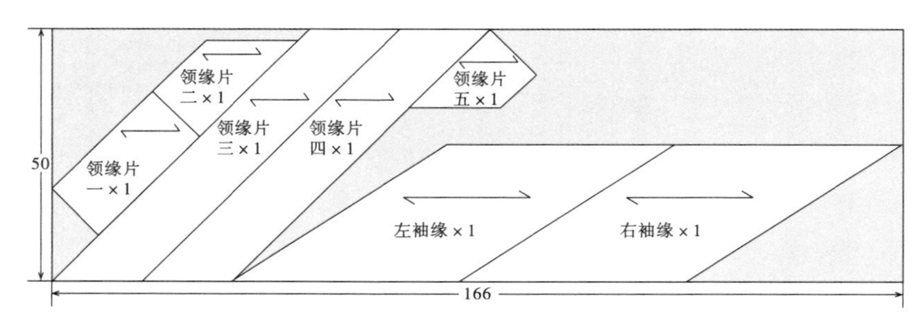

图 3-11 | 战国素纱绵袍领缘片、袖缘片面料排料图

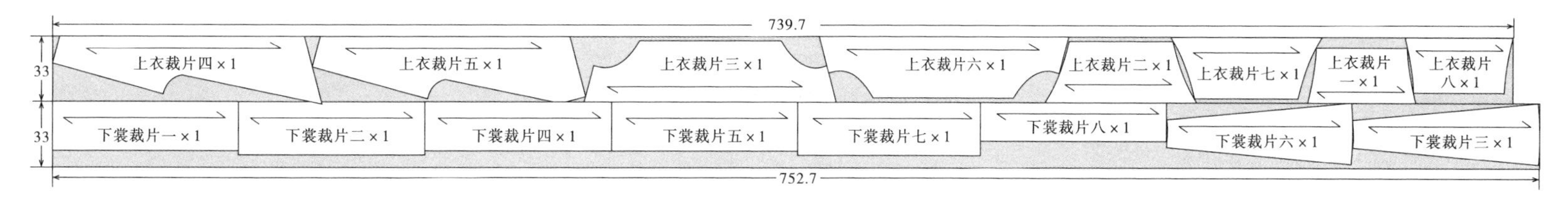

图 3-12 | 战国素纱绵袍面料排料图

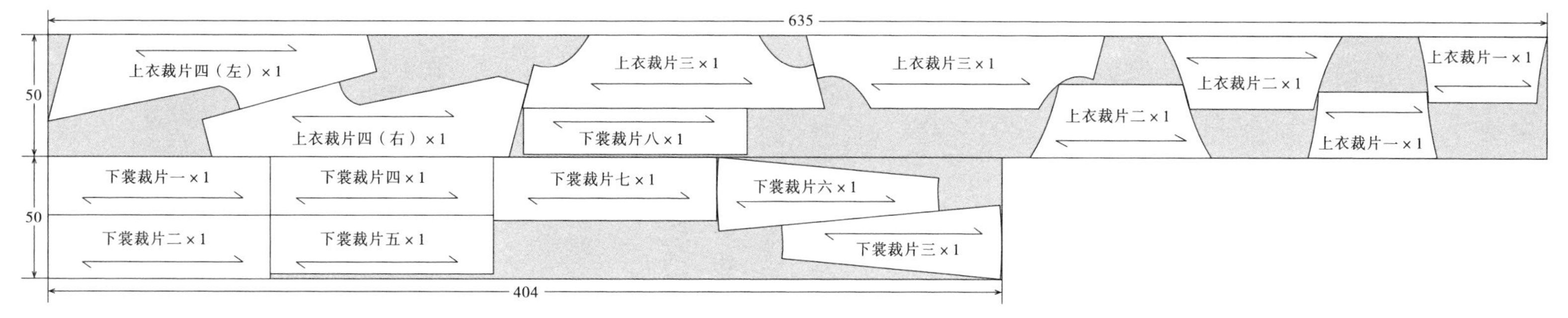

图 3-13 | 战国素纱绵袍里料排料图

（三）战国素纱绵袍制作工艺流程

按照排料图用划粉将战国素纱绵袍的毛样板图（缝份加放图）画在布样上，经裁剪可以得到各个衣片，接下来可进入缝制过程。将素纱绵袍上衣裁片和下裳裁片分别进行缝合，先缝合腰线，再制作两个袖片缘，接着将袖缘片缝到袖子上，再将领缘片绱到衣身上，最后缝合门襟止口以及下摆，完成战国素纱绵袍的缝纫过程（图3-14）。

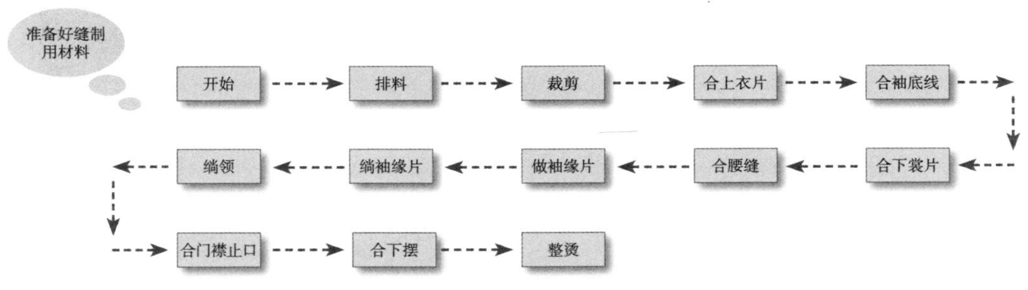

图3-14｜战国素纱绵袍工艺流程图

（四）战国素纱绵袍缝制步骤

1. 排料

将面料铺展平整，若有褶皱，用熨斗将褶皱熨平整，分清面料的经向和纬向，反面和正面，将面料反面朝上，把毛样板按照排料图排在面料上，注意板片的布丝方向要和面料的布丝方向保持一致。可借助直尺测量毛样板布丝与布边之间的距离来确定各板片的位置，至此排料工作完成。

2. 画板

用划粉把纸样轮廓线画在面料的反面，并点出缝份的位置。

3. 裁剪

按照画好的线迹将8片上衣片、8片下裳片、2片袖缘片、5片领缘片裁剪下来，并剪出对位点。部分裁剪图如图3-15所示。

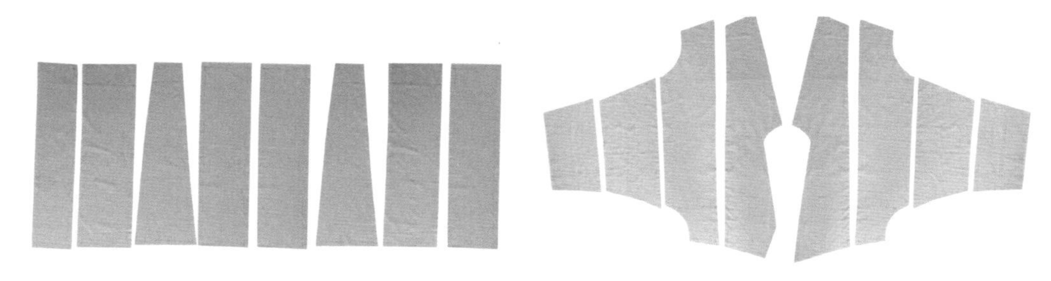

图3-15｜战国素纱绵袍部分裁剪图

4. 缝合上衣片

将面料与里料的上衣裁片正面与正面相对进行缝合处理，如图3-16所示。用同样的方法将所有的上衣片进行缝合。

5. 合上衣片后中线和袖底线

分别将面料与里料的上衣片的后中线缝合，再将各自的袖底线缝合，如图4-17所示。

6. 缝合下裳片

分别将面料与里料的下裳片正面对正面进行缝合，如图3-18所示。

7. 合腰缝

分别将面料和里料的腰缝正面相对进行缝合，如图3-19所示。

8. 做袖缘

将半幅袖缘面料斜卷成筒状进行缝合，从中裁取两片宽度为20厘米做袖缘。将袖缘与面料和里料缝合，如图3-20所示。

9. 绱领

将斜裁的领条与上衣裁片四的相应位置缝合。

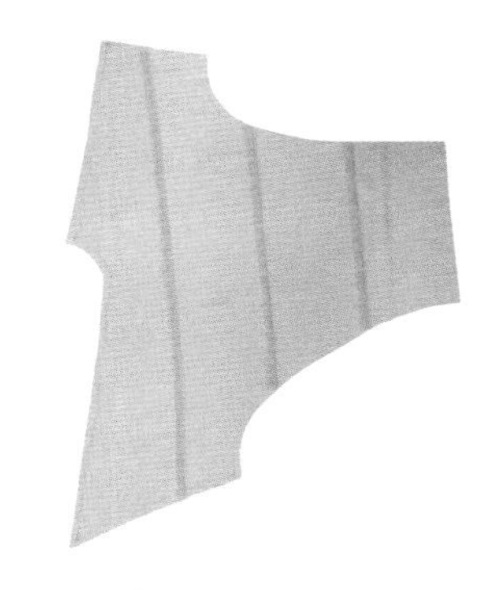

图3-16 | 战国素纱绵袍上衣片（面料）缝合图

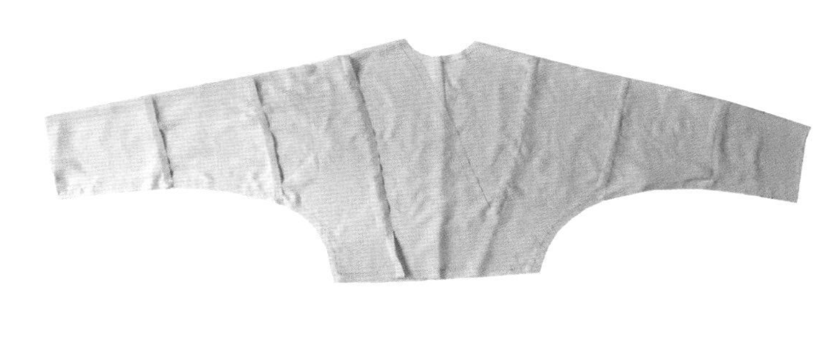

图3-17 | 战国素纱绵袍上衣片（面料）缝合完成图

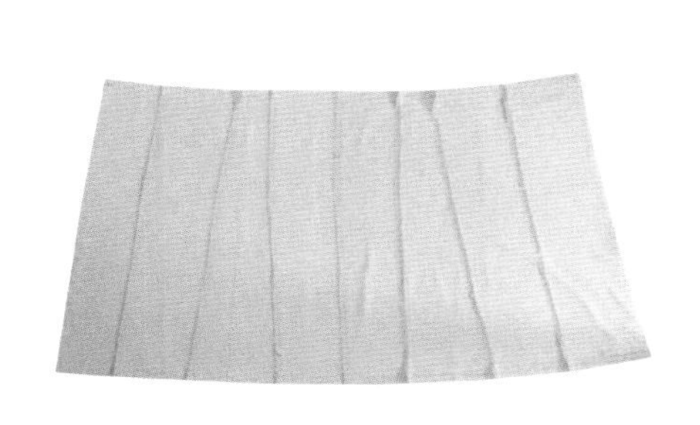

图3-18 | 战国素纱绵袍下裳片（面料）缝合完成图

图3-19 | 战国素纱绵袍腰缝缝合完成图

10. 缝合下摆与前门襟止口

将面料和里料的下裳片正面相对，用大头针固定后缝合，过程中预留20厘米左右不缝，用来将面料翻到正面（图3-21）。

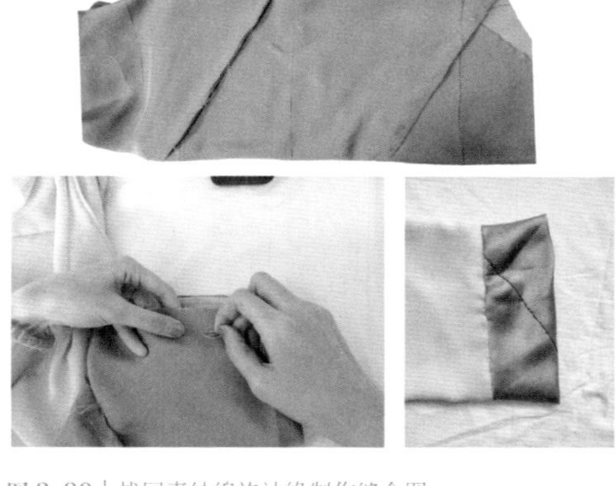

图 3-20 | 战国素纱绵袍袖缘制作缝合图

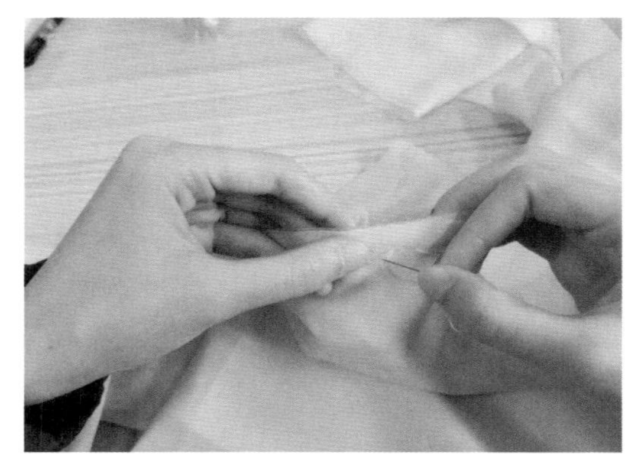

图 3-21 | 战国素纱绵袍下摆缝合过程图

11. 系带

在出土报告及其他文献中没有发现对此素纱绵袍的系带说明，结合出土报告、古人穿衣方式及先秦其他楚服的结构，若不对门襟进行固定，则穿着时衣片会产生偏移造成下摆不齐。因而设想两种推测：一是本款素纱绵袍的系带腐烂或丢失；二是素纱绵袍作为内袍，在穿着时可由外衣的包覆而实现紧裹的效果。

12. 整烫

将做好的战国素纱绵袍放在烫台上摆平，重新将各衣片、领子及袖窿处熨烫平整，成品展示如图3-22~图3-25所示。

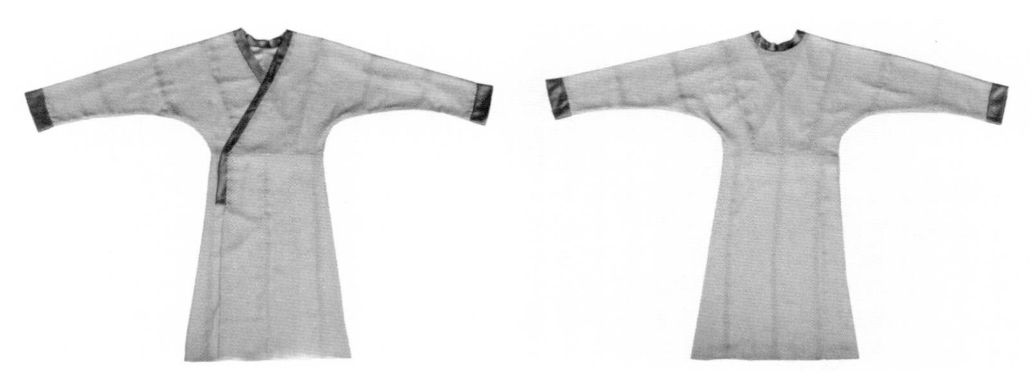

图 3-22 | 战国素纱绵袍成品展示图

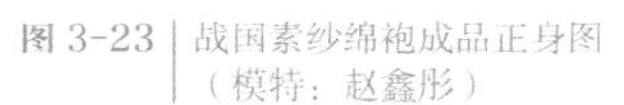

图 3-23 | 战国素纱绵袍成品正身图（模特：赵鑫彤）

图 3-24 | 战国素纱绵袍成品侧身图

图 3-25 | 战国素纱绵袍背身图

二、西汉素纱禅衣

（一）西汉素纱禅衣结构图绘制

西汉直裾素纱禅衣是世界上现存年代最早、保存最完整、制作工艺最精细、最轻薄的一件衣服，在中国古代丝织史、服饰史和科技发展史上有着极为重要的地位。参照湖南长沙马王堆一号汉墓出土的素纱禅衣，此件素纱禅衣的领型为交领、右衽，袖口较宽，领口和袖口有绛色的锦边，锦边上装饰几何纹，其领缘由面和里两种不同的面料拼合而成，服装的大襟为直裾，素纱禅衣的左前片和右前片的腰部有斜向的分割线，其倾斜角度不同，将服装分为上衣和下裳，衣身与衣袖有竖向分割线，素纱禅衣后片的腰部则为横向分割线，后中有条竖向分割线，其款式如图3-26所示。

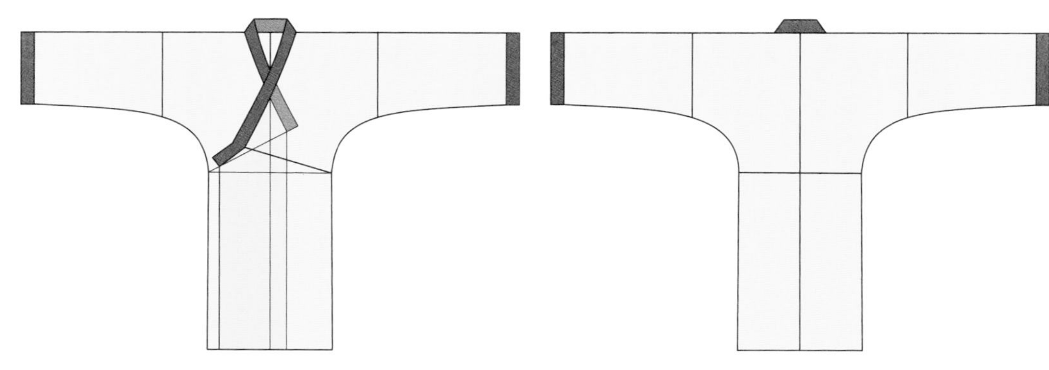

图 3-26 | 西汉素纱禅衣款式图

经湖南省博物馆测量，其衣长为128厘米，通袖长195厘米，袖口宽29厘米，腰宽48厘米，下摆宽49厘米。通过已知数据核算其他细部尺寸，经核算，领缘宽、袖缘宽均为5厘米，袖长50厘米，领宽24厘米，领深32厘米，领缘长121厘米，下裳高88厘米，腰高68厘米。制衣详细尺寸见表3-2。

表3-2　西汉素纱禅衣尺寸表　　单位：厘米

部位	衣长	袖通长	袖口宽	腰宽	下摆大	领缘长
尺寸	128	195	29	48	49	121

根据素纱禅衣的细部尺寸绘制结构图，其上衣和下裳均为正裁，领缘和袖缘均为斜裁，素纱禅衣的上衣与下裳采取斜拼的技法，如图3-27~图3-29所示。袖缘、衣袖均为对称结构，图中用点划线标明。

（二）西汉素纱禅衣的样板制作

西汉素纱禅衣的样板分为净样板和毛样板两部分，制作好净样板根据缝份的加放原则可以轻易地做出毛样板。

1. 西汉素纱禅衣净样板制作

西汉素纱禅衣的左前衣片和右前衣片均为1片，袖片、袖缘片因为是上下对称结构，左右袖片、袖缘片净样板图相同，后下裳片为2片、前下裳片为1片。素纱禅衣的衣身片为衣身的前、后片连载，其净样板如图3-30所示。

2. 西汉素纱禅衣缝份加放遵循平行加放原则

（1）领缘片、袖缘片缝份加放为1厘米。

（2）与领缘片和袖缘片相接的衣身领口处和衣袖袖口处缝份加放为1厘米。

（3）其他衣片缝份加放2厘米（图3-31）。

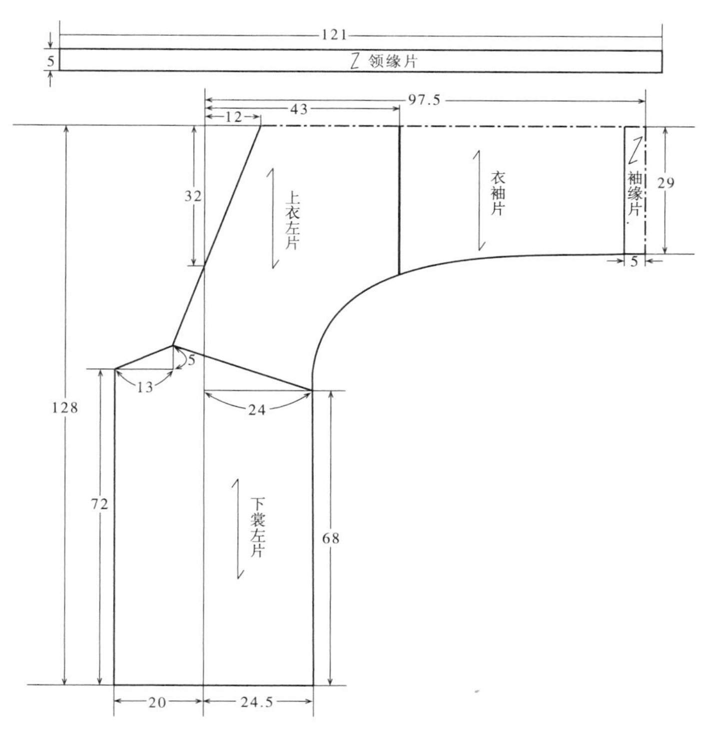

图 3-27 | 西汉素纱襌衣衣身左片和领缘片结构图

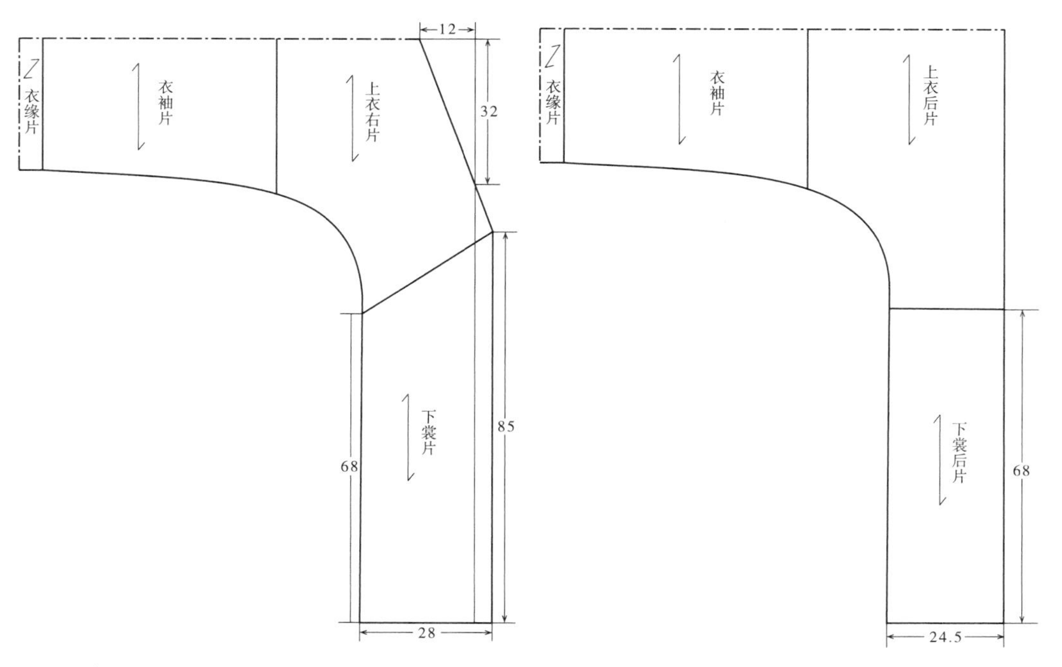

图 3-28 | 西汉素纱襌衣衣身右片结构图

图 3-29 | 西汉素纱襌衣衣身后片结构图

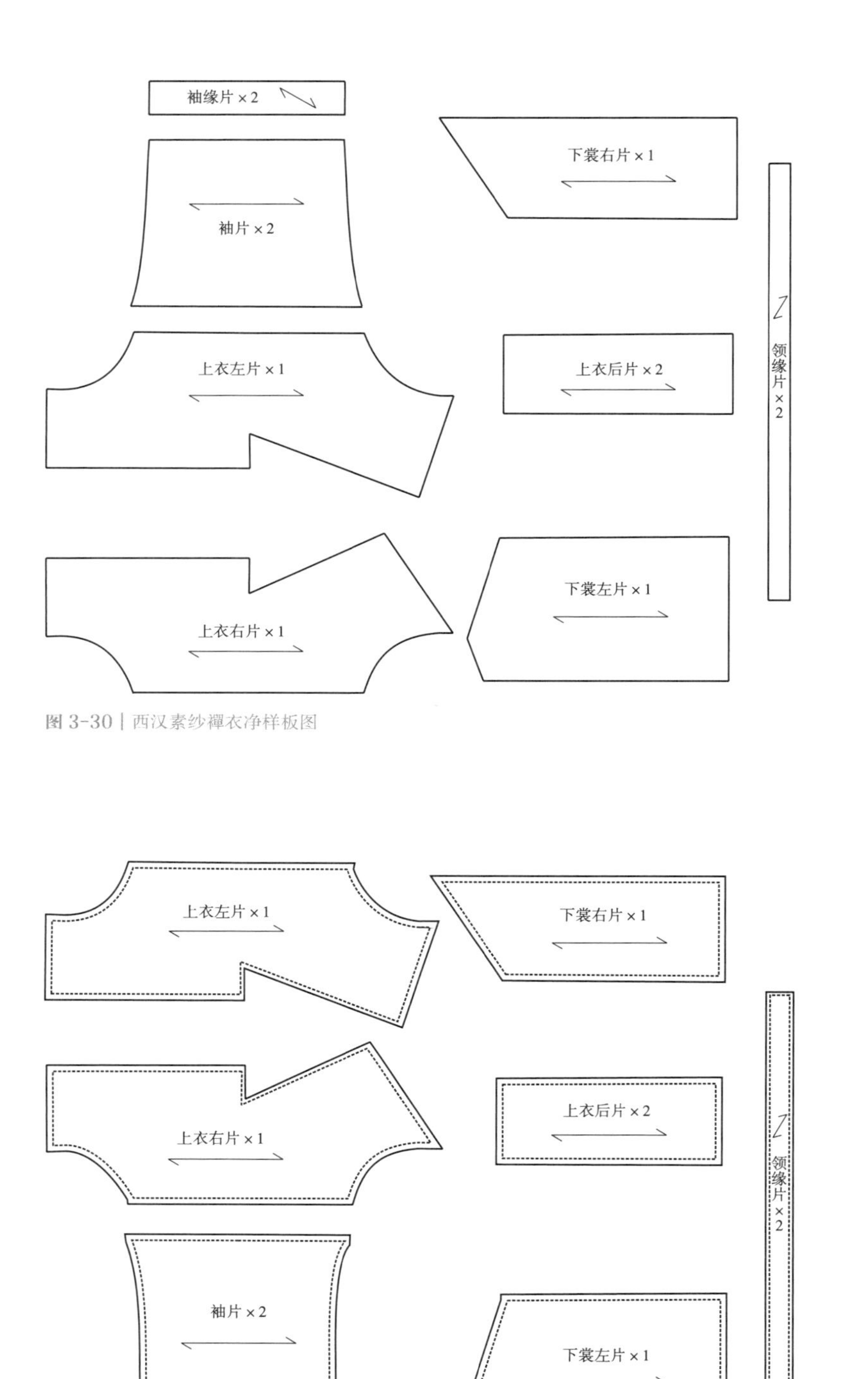

图 3-30｜西汉素纱襌衣净样板图

图 3-31｜西汉素纱襌衣缝份加放图

图 3-32｜西汉素纱襌衣排料图

3. 西汉素纱禅衣排料图

本款西汉素纱禅衣的排料图，采用幅宽52厘米、段长634厘米的布匹，素纱禅衣的上衣正裁4片，宽各1幅，下裳4片，前下裳片宽各大半幅，后下裳片因为后中线分割的缘故，幅宽较小，两片排列在一起占门幅的大半幅，如图3-32所示。

（三）西汉素纱禅衣制作工艺流程

按照排料图用画粉将西汉素纱禅衣的毛样板图画在布样上，经裁剪可以得到各个衣片，接下来可进入缝制作业。其流程图如图3-33所示。

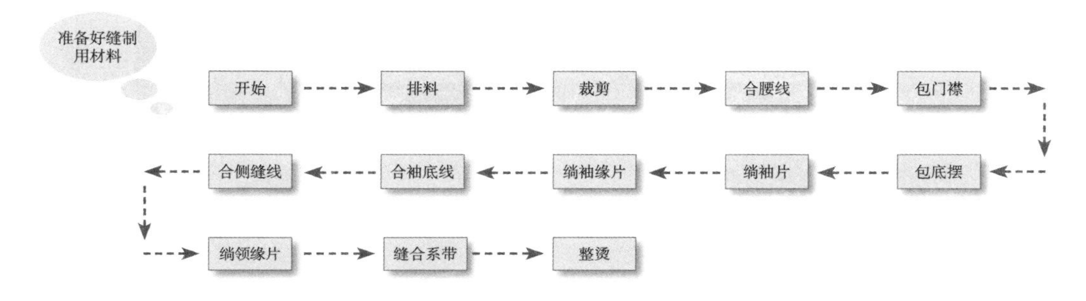

图3-33 | 西汉素纱禅衣工艺流程图

（四）西汉素纱禅衣缝制步骤

1. 排料

将面料铺展平整，若有褶皱，用熨斗把褶皱熨烫平整，分清面料的经向和纬向，反面和正面，将面料反面朝上，把毛样板纸样按照排料图排列在面料上，注意板片的布丝方向要和面料的布丝方向保持一致。可借助直尺测量毛样板布丝与布边之间的距离来确定板片的位置，至此排料工作完成。

2. 画板

用画粉将纸样轮廓画在面料的反面，并点出缝份的位置。

3. 裁剪

按面料上画好的线迹将2片前衣片、4片下裳片、2片袖片、1片领缘片、2片袖缘片裁剪下来，并剪出对位点。裁剪完成图如图3-34所示。

4. 缝合腰线

将上衣片与下裳片正面相对，在面料的背面相错1厘米，在距离内侧布边1厘米处平缝，使多出来的缝份包住毛边，并倒向缝份少的一面，按照另外一条净线进行包缝。缝制过程如图3-35所示。

图 3-34 | 西汉素纱禅衣裁剪完成图

5. 包门襟

把门襟正面向反面翻折 1 厘米，再翻折 1 厘米，盖住毛边，用包缝法将门襟进行包缝处理。缝制过程如图 3-36 所示。

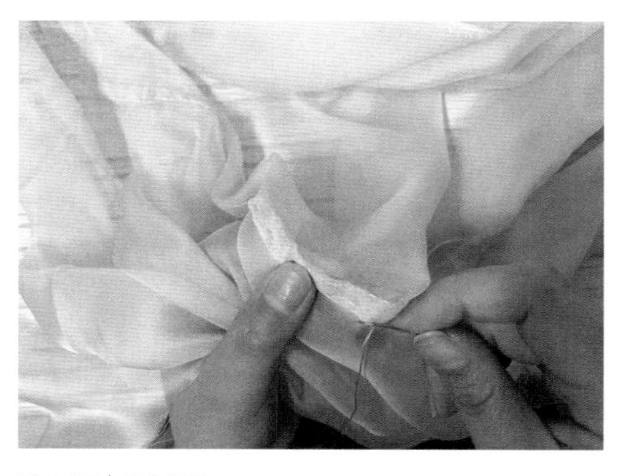

图 3-35 | 缝合腰线

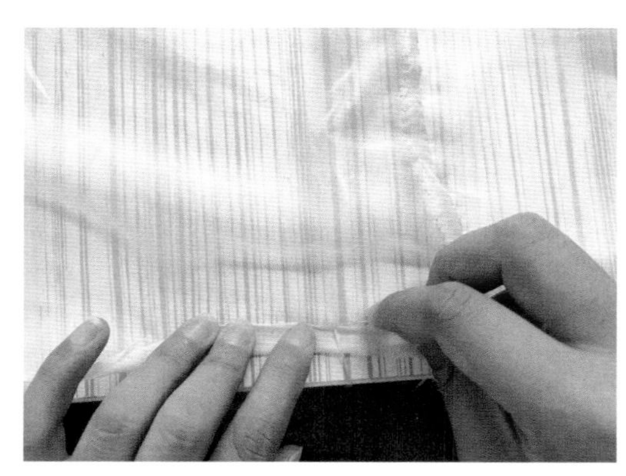

图 3-36 | 包门襟

6. 包底摆

底摆的处理方法和门襟的处理方法相同，同样采取包缝法进行缝制。

7. 绱袖子

缝制方法和腰线缝合方法一致，将两片袖子缝合到衣身上。

8. 绱袖缘片

将袖缘片的正面和袖片的正面相对，沿着袖缘片反面净线用平针法缝合，将袖缘片沿对折线对折，缝份向反面翻折，用隐针缝合法将袖缘片和袖片进行缝合。完成袖缘片的缝制。缝制过程如图3-37所示。

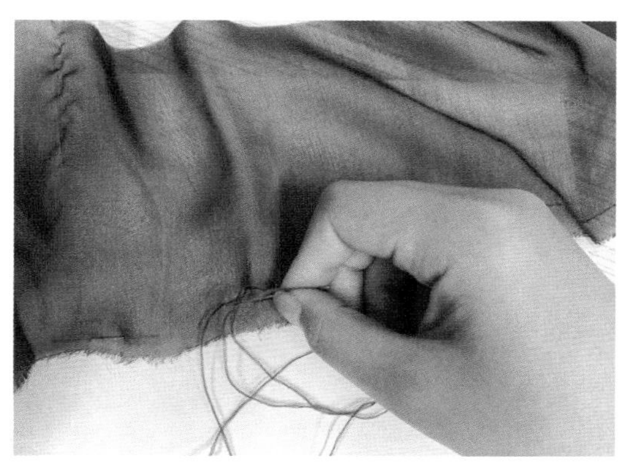

图3-37 | 绱袖缘

9. 缝合袖底线及侧缝线

缝合方法和腰线缝合方法一致，将袖底线连同侧缝线进行缝制。缝合后如图3-38所示。

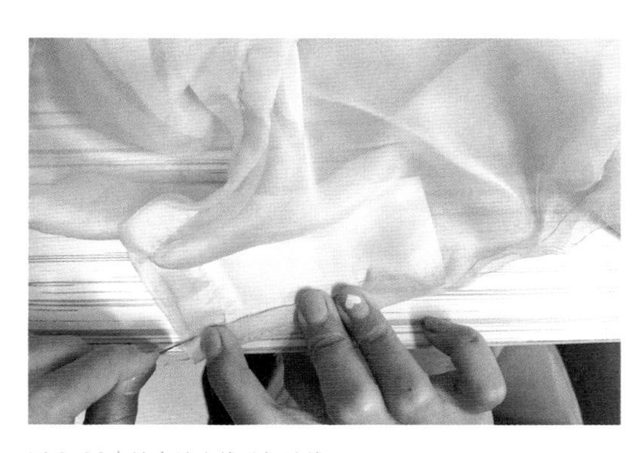

图3-38 | 缝合袖底线及侧缝线

10. 绱领缘片

将领缘片长的一边沿净线向反面对折，熨烫平整，再将领缘片沿中心对折线对折，将两侧缝份用平针法缝合。将领缘片翻到正面，先用大头针将领缘片和衣身片固定，再和衣身的领口线进行缝合，最后用隐针缝合法将领缘片和衣身片正面进行缝制。其缝制过程如图3-39所示。

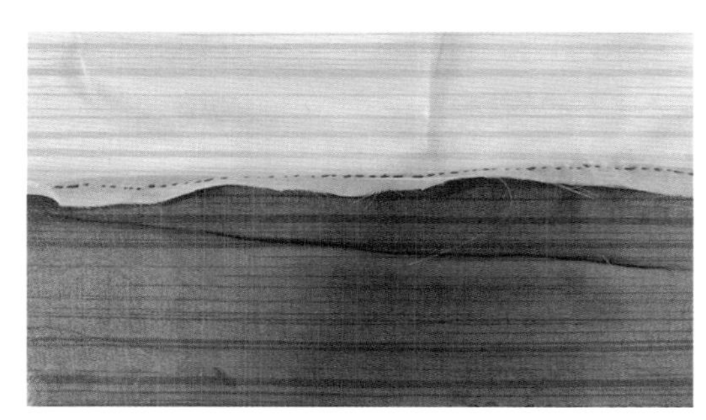

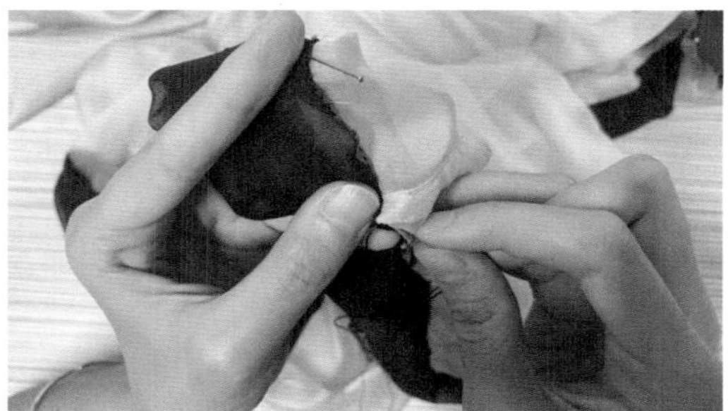

图 3-39 | 绱领缘片

11. 缝合系带

将裁片对折平缝，缝份为1厘米。缝合系带时，先缝合一端，顺着系带的长边缝至距离尾端3厘米左右的位置后，用工具将系带翻过来，再将没有缝合的那端向内扣折1厘米，用隐针缝合法迁缝。

12. 整烫

把做好的素纱禅衣在烫台上摆平，将服装的各衣片、领子及袖窿处熨烫平整，如图3-40~图3-42所示。

图 3-40 | 西汉素纱禅衣成品正身图（模特：赵鑫彤）

图 3-41 | 西汉素纱禅衣斜身图

图 3-42 | 西汉素纱禅衣侧身图

三、唐代圆领袍

（一）唐代圆领袍结构图绘制

初唐时期，袍修身袖窄，下摆到小腿，不露中衣圆领。圆领袍的“衽”宽度较窄。唐圆领领部系扣可以解开穿着，类似现代大衣的大翻领，通常左右开衩、无摆，可以看到裤子，当然唐代也有不开衩的圆领袍，这一类圆领袍下加一横襕，就是唐代的襕衫。以日本正仓院收藏的“东大寺杂乐袍”为例，其款式如图3-43所示。唐代圆领袍的基准测量部位以及参考尺寸见表3-3。

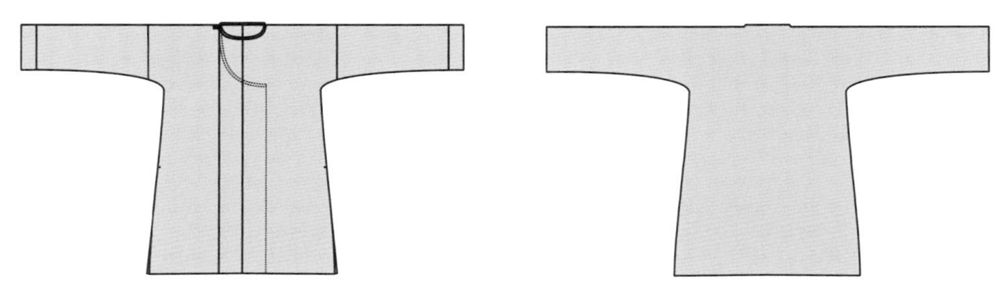

图3-43｜唐代圆领袍款式图

表3-3　唐代圆领袍尺寸表　　单位：厘米

部位	衣长	两袖通长	胸围	袖口	下摆大
尺寸	122	209	152	22	176

绘制结构图，如图3-44所示。

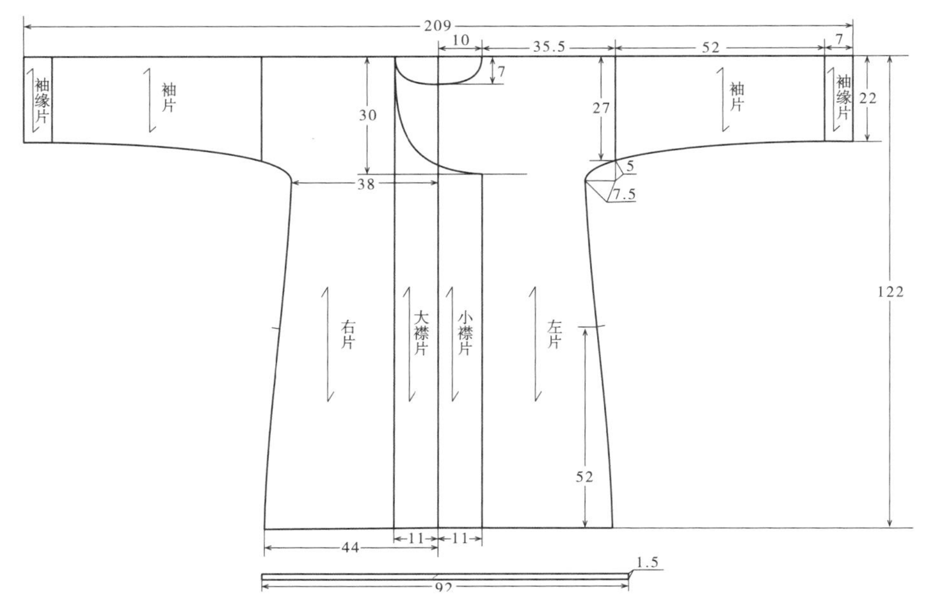

图3-44｜唐代圆领袍结构图

（二）唐代圆领袍的样板制作

1. 唐代圆领袍净样板制作

首先，根据结构图绘制出基本纸样，通常是以平面作图法和平面裁剪法，或者平面作图与平面裁剪结合的方法而制成，用该纸样裁剪和缝合后，再重新确认袍服效果，如图3-45所示。

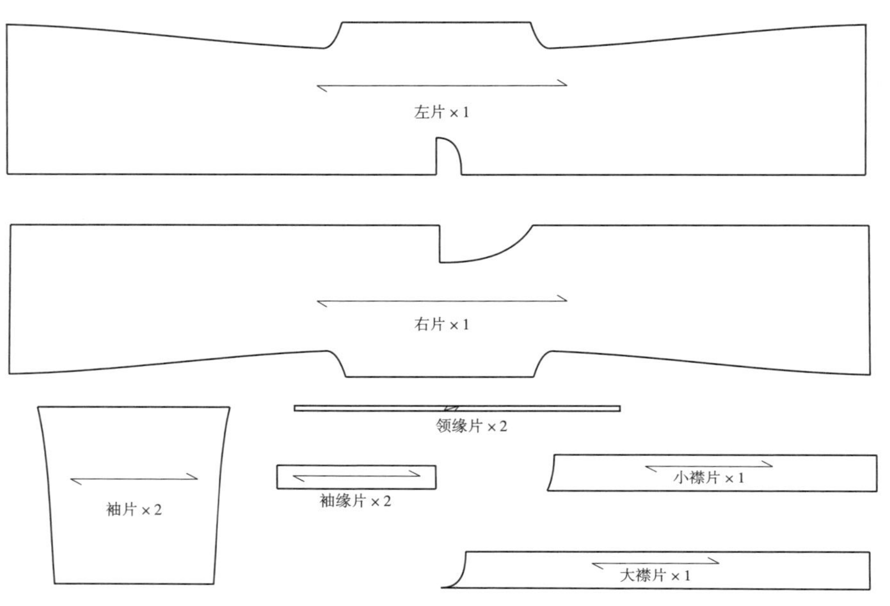

图3-45丨唐代圆领袍净样板图

完成基础纸样制图是缝制的第一步。然后配备的样板需要符合缝制的细节要求，这样比较方便缝制。

样板通常包括面板、里板、衬板、净板四部分，但是由于此唐代圆领袍没有里和衬，所以只有面板和净板。净板是指不加缝份的净尺寸样板，净板可采用厚纸板。

2. 唐代圆领袍样板缝份加放遵循平行加放原则

（1）在侧缝处等近似直线的轮廓线缝份加放2厘米。

（2）在袖窿处等曲度较大的轮廓线缝份加放1.8～2厘米。

（3）衣身领口和领缘片加放1厘米（图3-46）。

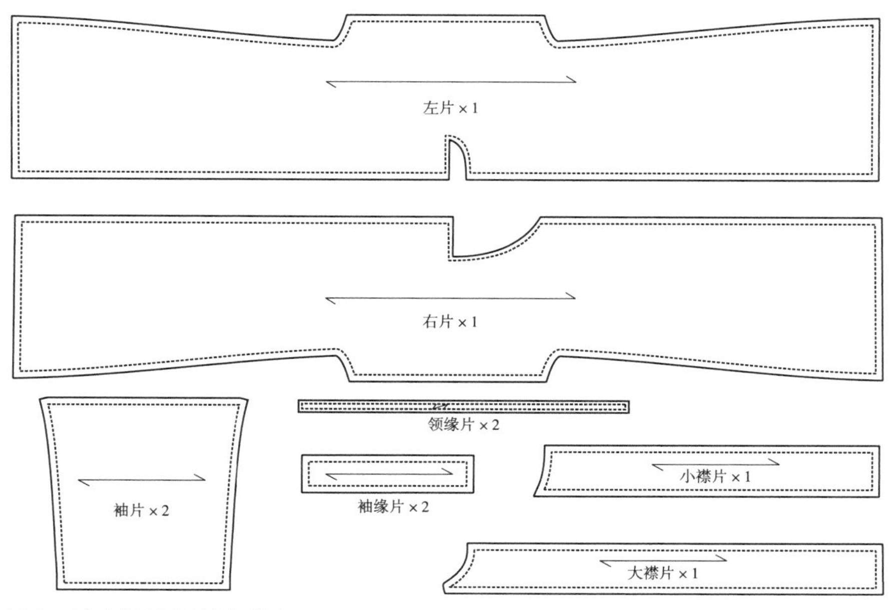

图3-46 | 唐代圆领袍缝份加放图

（三）唐代圆领袍制作工艺流程

唐代圆领袍缝制工艺流程如图3-47所示。

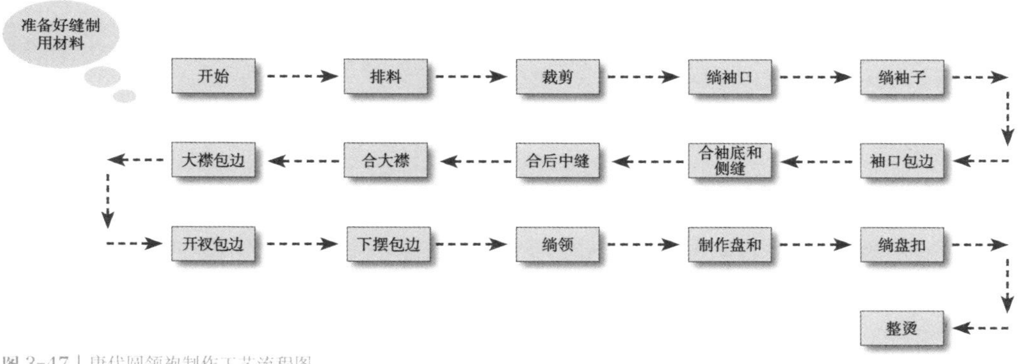

图3-47 | 唐代圆领袍制作工艺流程图

（四）唐代圆领袍缝制步骤

1.排料

画好样板图以后，在选好的面料上排板，如图3-48所示。

首先要把面料铺好。制作袍服时，面料单层铺平。布料若有折皱不平的地方，应用熨斗烫平后再用纸样画样，否则衣片变形，会给以后的缝纫工作带来很多麻烦，影响服装成品的质量。如果面料较薄，或者较滑，可以选用大头针或夹子固定。

在满足工艺要求的前提下，要尽可能地节约用料。可以采用先大后小、缺口对接等方式排料，尽量减少面料剩余。本款唐代圆领袍幅宽56厘米，段长741厘米。

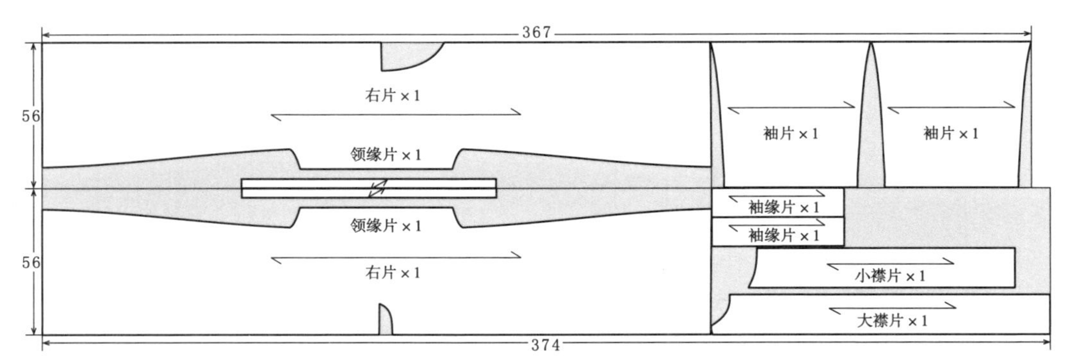

图3-48 | 唐代圆领袍排料图

2.裁剪

排好料后用划粉画线，按线迹裁剪，并剪出开衩对位点。需要注意的是：袍服没有肩线，前后衣片和前后袖片都是连裁；圆领袍的领缘片为45°斜裁的长条状裁片；共有左右衣身2片，左右袖片2片，左右袖口片2片，大襟、小襟各1片，领缘1片，系带4片，准备就绪后就可以开始缝制。

3.绱袖口

先将袖缘片与袖片缝合起来，缝合方式采用手缝针进行缝制，先将两片面料正面相对，错开约1厘米的距离，采用平缝的方式将两片面料缝合。再用长的一边包裹住短的一边后进行翻折，使得毛边被包在里面而不露出，然后采用隐针缝的方式缝合，如图3-49所示。

4.绱袖子

将袖片与衣片缝合，缝合方式采用先平缝再包缝，平缝的时候衣片比袖片多留1厘米，如图3-50所示。

5.袖口包边

唐代圆领袍修身袖窄，袖口处采用滚边的工艺将毛边作净,如图3-51所示。

6.合袖底和侧缝

将袖口开始通过腋下至开衩止点的这条线缝合，缝合方式采用先平缝再包缝，平缝时要使一边比另一边多留1厘米，在处理腋下位置的时候，为保证弧线圆顺，应打剪口，然后将剪口的每一部分都包缝上，如图3-52所示。

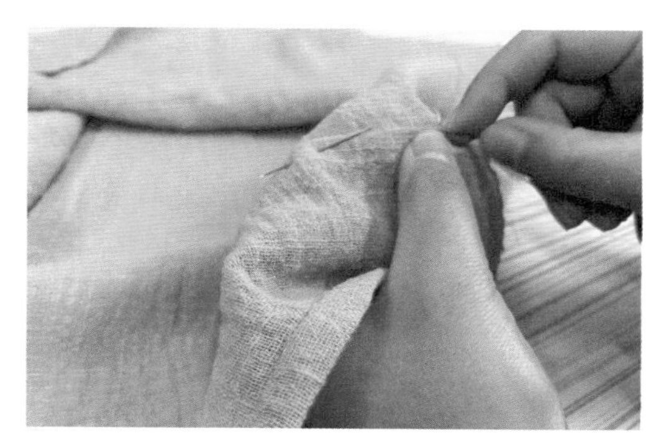

图3-49 | 绱袖口

图3-50 | 绱袖子

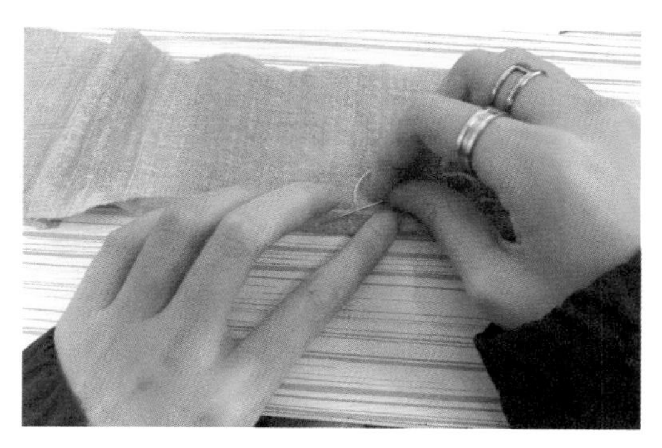

图3-51 | 袖口包边

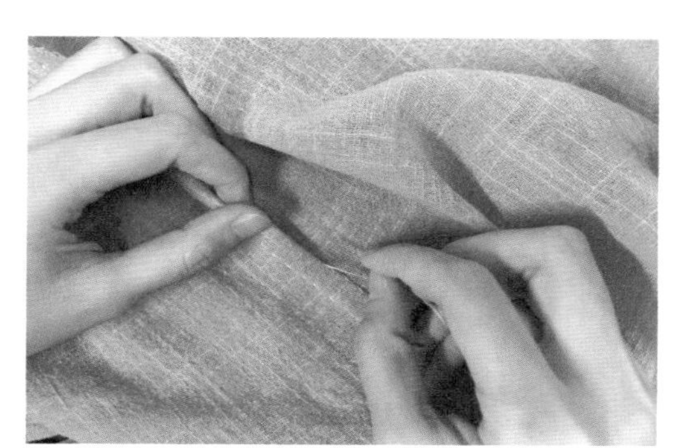

图3-52 | 合袖底和侧缝

7. 合后中缝

将左后片与右后片缝合，缝合方式采用先平缝再包缝，平缝时左后片比右后片多留1厘米，如图3-53所示。

8. 合大襟、小襟

共有2片门襟，大襟1片与左前片缝合，小襟1片与右前片缝合。缝合方式也是采用先平缝再包缝，平缝的时候左前片和右前片分别比大襟多留1厘米，保证能够把毛边作净，如图3-54所示。

9. 大襟包边

唐代圆领袍修身袖窄，袖口处采用包边的工艺将毛边作净，如图3-55所示。

10. 开衩包边

在开衩止点处打剪口，然后采用滚边的缝制工艺将两毛边作净，如图3-56所示。

图 3-53 | 合后中缝

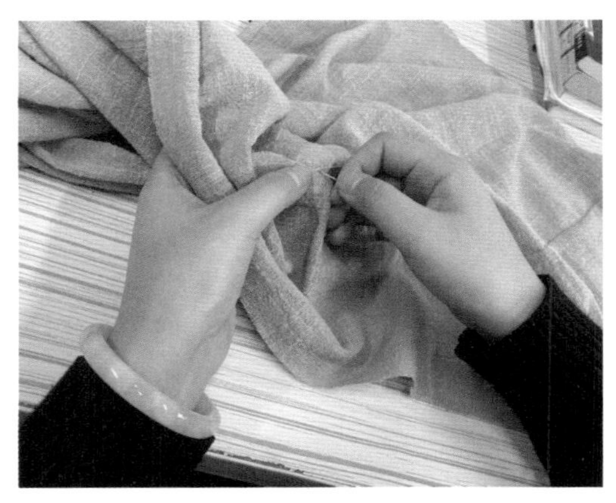

图 3-54 | 合大襟

图 3-55 | 袖口包边

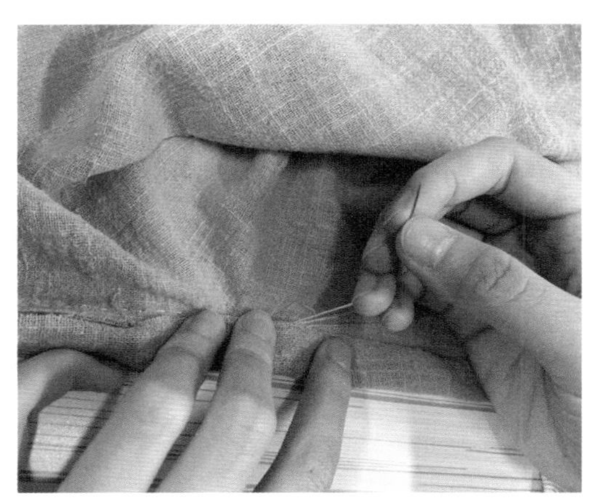

图 3-56 | 开衩包边

11. 下摆包边

下摆同样也采用滚边的缝制工艺，包边宽度为1厘米，如图3-57所示。

12. 绱领子

将45°斜裁的领缘片一端与衣身缝合，采用平缝针法缝合，此时无须再把一边留出1厘米，对齐平缝即可。为保证圆领弧线圆顺，平缝完需要在弧线处打剪口，之后再将领条另一边向内扣折1厘米用隐针的方式与衣身缝合，如图3-58所示。

图 3-57 | 下摆包边

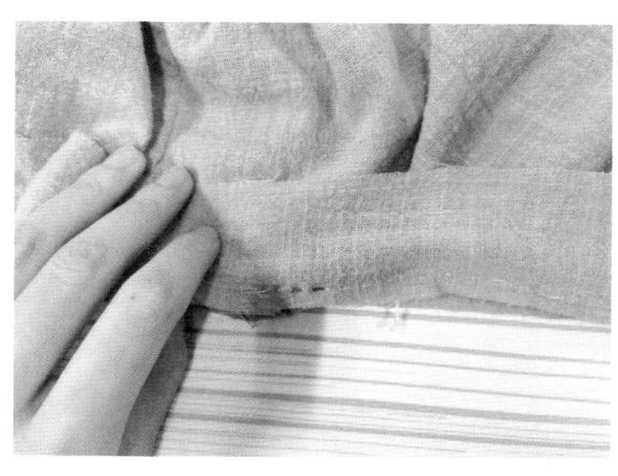
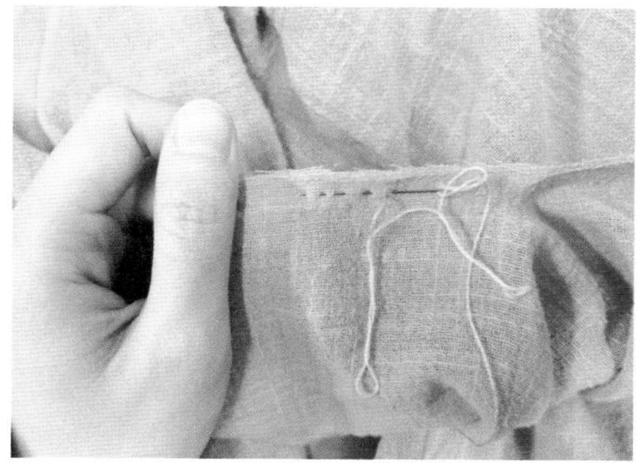

图 3-58 | 绱领

13. 制作盘扣

先裁剪一个宽1.5厘米的长条，将其对折，两边分别向内扣折0.5厘米，用隐针缝合法缝合，盘扣长条就做成了。之后如图3-59所示，即可做出盘扣。将制作好的两对盘扣分别用隐针的方式迁在两侧。

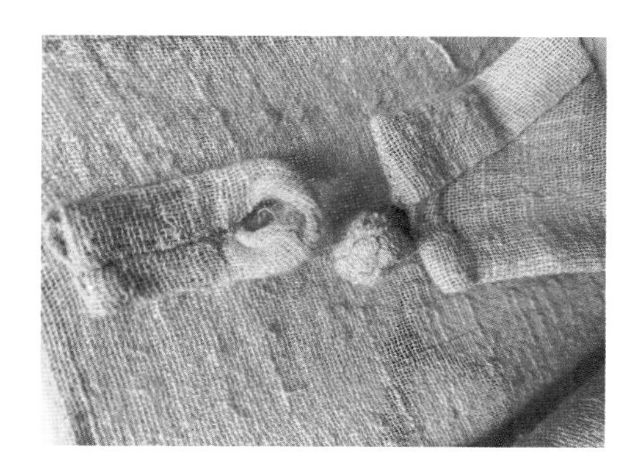

图 3-59 | 制作盘扣

14. 整烫

将做好的圆领袍在烫台上摆平，将各衣片、领子及袖窿处熨烫平整，如图3-60~图3-62所示。

图3-60｜唐代圆领袍成品正身图（模特：朱扬）

图3-61｜唐代圆领袍成品侧身图

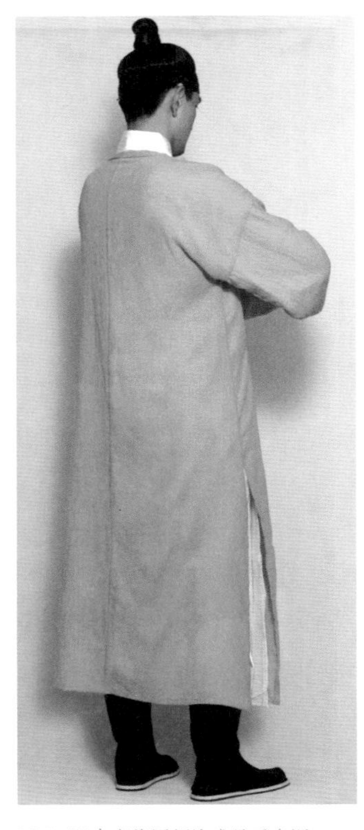

图3-62｜唐代圆领袍成品后身图

四、南宋素纱圆领单衫

（一）南宋素纱圆领单衫结构图绘制

南宋时期的男子服饰，整个服装以六幅素纱拼制而成，纱孔稀疏，似为夏季服装，这个时期服装的要求是宽松但要遮住全身。此件南宋时期素纱圆领单衫是以褐色素纱为之，单层、圆领、大襟、右衽、宽袖；两腋下各有一条用同色素纱缝缀的阔带。衣襟部分的结构较有特色：掀开表面一层衣襟，里面还有一层衣襟，两道衣襟一左一右，两侧均用纽扣系在领边，款式如图3-63所示。测量数据见表3-4。

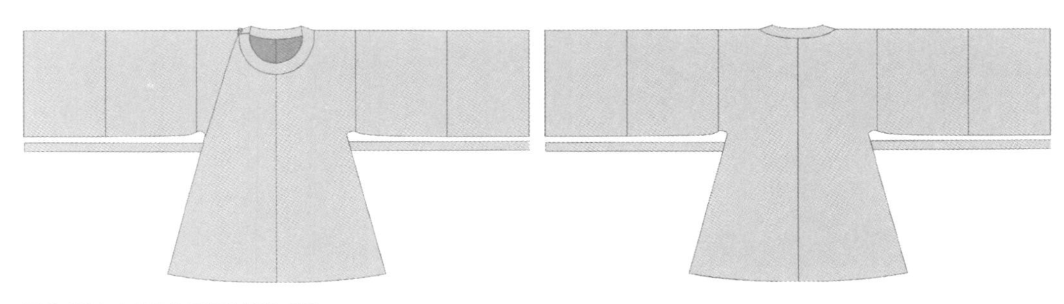

图3-63｜南宋素纱圆领单衫款式图

表3-4　南宋素纱圆领单衫尺寸表　　单位：厘米

部位	衣长	袖通长	腰宽	下摆宽	袖口宽	领长	领宽
尺寸	131	246	70	98	62	84	6

根据测量数据绘制结构图，如图3-64所示。

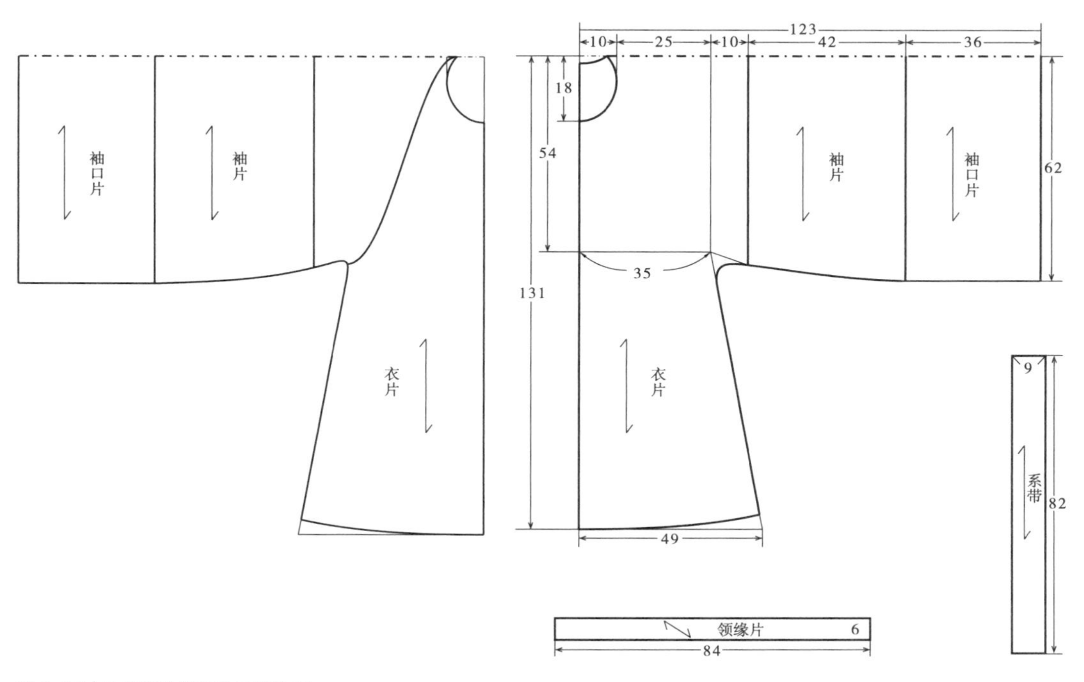

图3-64 | 南宋素纱圆领单衫结构图

（二）南宋素纱圆领单衫的样板制作

1.南宋素纱圆领单衫净样板制作

根据结构图制作出基本纸样。通常运用以平面作图法和平面裁剪法，或者以平面作图法与平面裁剪法相结合，裁剪出纸样并缝合，确认制作效果，如图3-65所示。

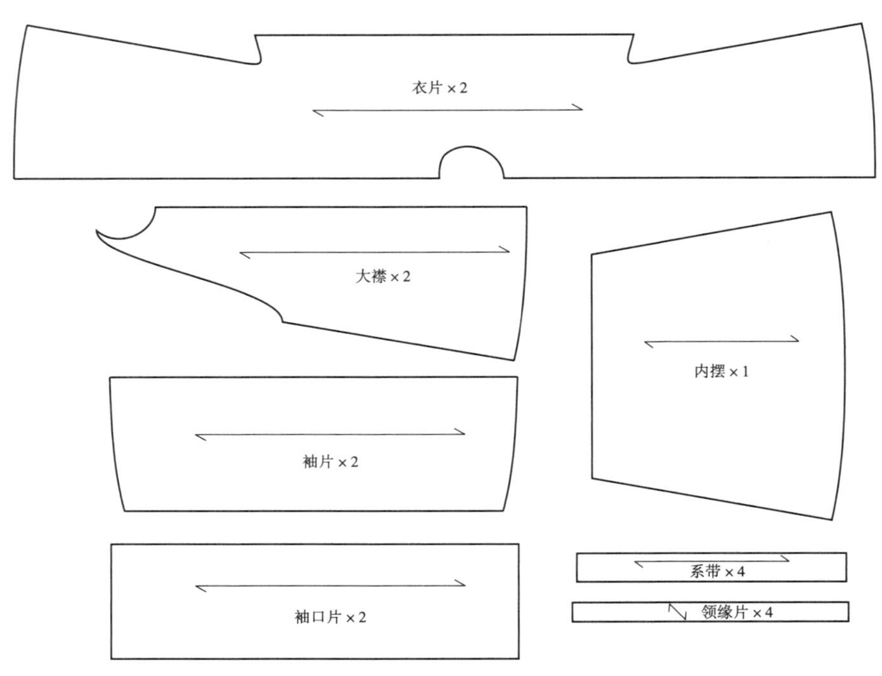

图3-65｜南宋素纱圆领单衫净样板图

完成基础纸样制图是缝制的第一步。接下来将需要的样板在满足符合缝制的条件下进行调整，以方便缝制。样板包括面板、里板、衬板、净板四部分，由于这件素纱圆领单衫没有里和衬，所以只有面板和净板。净板是指不加缝份的净尺寸的样板。

2.南宋素纱圆领单衫样板缝份加放遵循平行加放原则

（1）在侧缝处等近似直线的轮廓线缝份加放2厘米。

（2）在袖窿处等曲度较大的轮廓线缝份加放1.8～2厘米。

（3）下摆折边部位缝份的加放量变化较大，缝份加放4厘米（图3-66）。

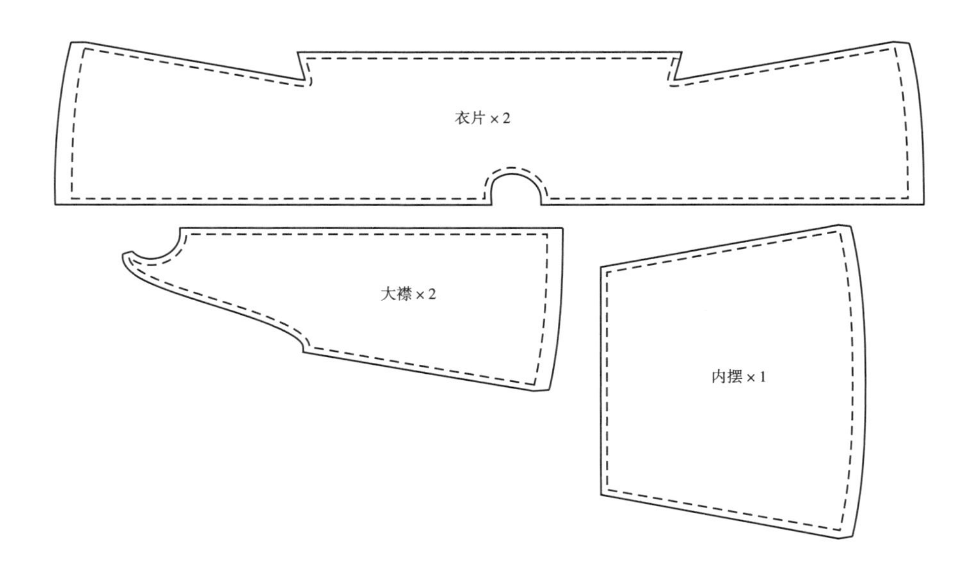

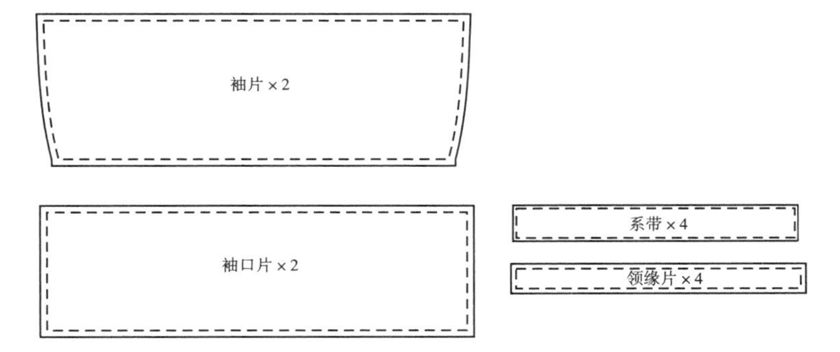

图 3-66｜南宋素纱圆领单衫缝份加放图

（三）南宋素纱圆领单衫制作工艺流程

南宋素纱圆领单衫缝制工艺流程，如图3-67所示。

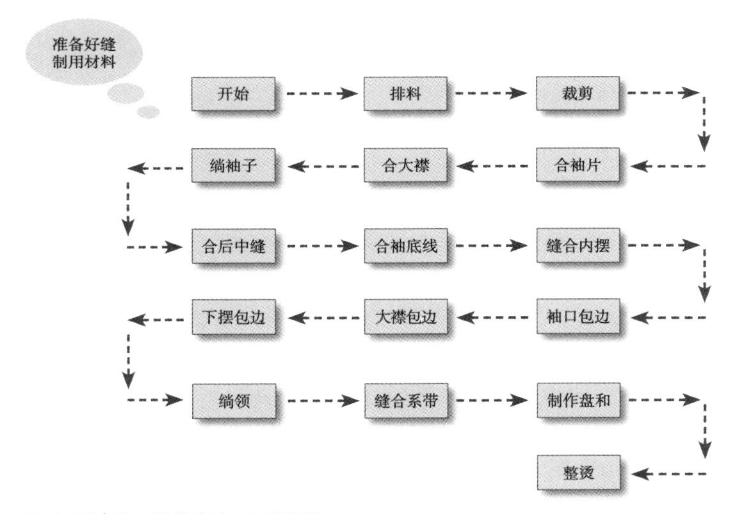

图 3-67｜素纱圆领单衫工艺流程图

（四）南宋素纱圆领单衫制作步骤

1.排料

做好样板后，先在选好的面料上进行排板，排料图如图3-68所示。要在裁剪前做好充足的准备，掌握正确的铺料方法。

首先，将面料铺好，对折成双层，整理平整，保证布边对齐，双折边向外，布边向内。布料如果有褶皱不平的地方，需要先熨烫平整后再画样，否则衣片变形会影响裁片的数据。如果面料比较滑，可以先粗缝固定一下。

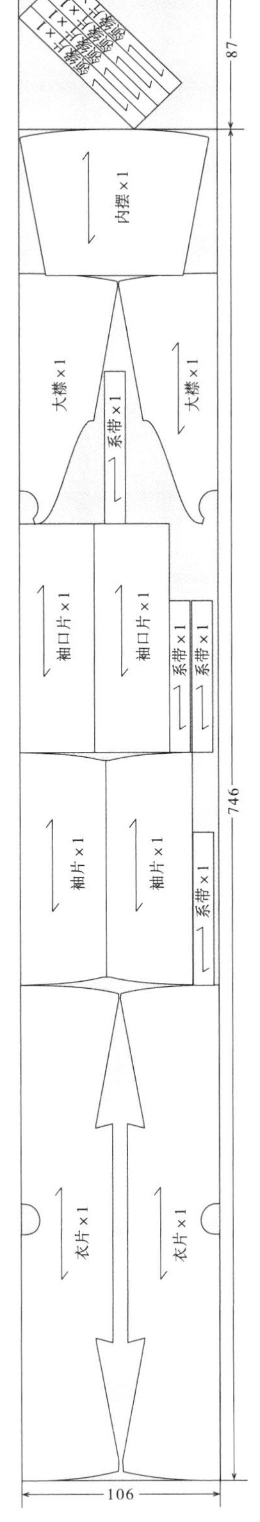

图 3-68｜南宋素纱圆领单衫排料图

其次，保证纸样和布料的布丝方向一致，纱向一致。

最后，在满足工艺要求的前提下，尽可能地节约用料。可以采用先大后小、缺口对接等方式排料，尽量减少面料剩余。

2. 裁剪

排好料后用划粉画线，按线迹裁剪，一共13片，其中包括2片衣身、2片大襟、2片袖布、2片接袖、衣片内摆、2片阔带、1片腰襟、1片领子，另外还有2对纽扣，如图3-69所示。需要注意的是：素纱圆领单衫没有肩线，前后衣片和前后袖片都是连裁；圆领单衫的圆领为45°斜裁长条状裁片。

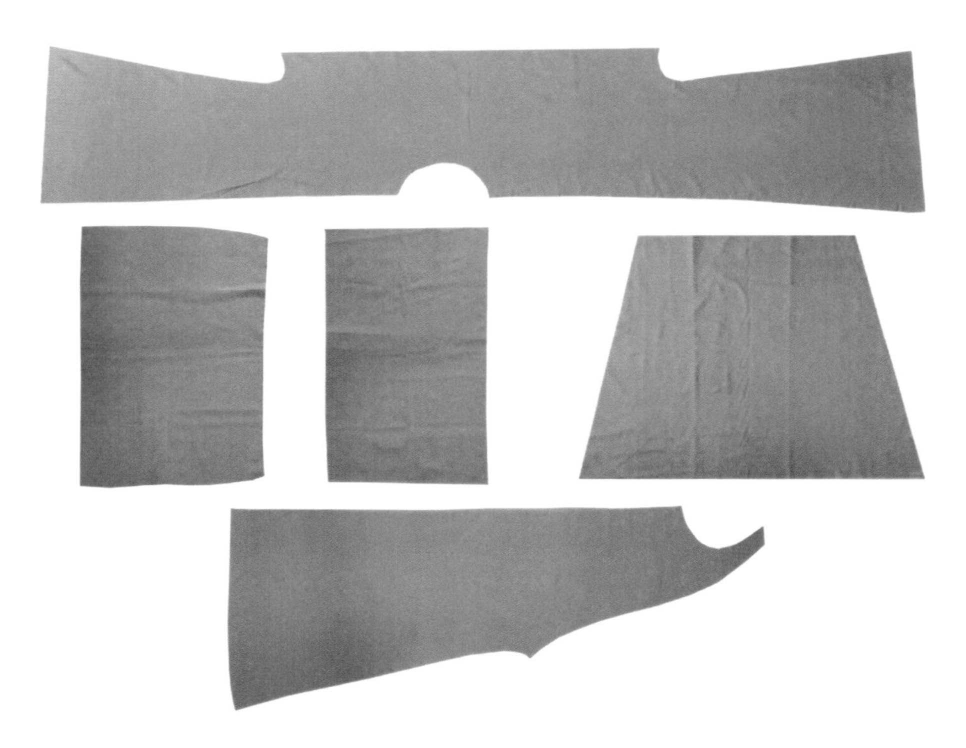

图3-69丨南宋素纱圆领单衫部分裁片图

3. 合袖片

将左右袖跟相对应的袖口片与袖片缝合起来。缝合方式采用手缝针进行缝制，先将两片面料正面相对，错开约1厘米的距离，采用平缝的方式将两片面料缝合。然后用长的一边包裹住短的一边再进行翻折，将毛边包在里面，采用隐针缝的方式缝合，如图3-70所示。

图3-70丨合袖片

4. 合大襟

将左右衣片与各自对应的大襟片用手针缝合。先把2裁片错开0.8~1厘米，在距离内侧裁片布边1厘米的位置平缝，再将外侧布片折叠两次进行包缝，只缝单层布片。包缝时注意尽量挑少许丝线，尽量不要将线露在正面，缝合线要有秩序感，注意美观。缝好之后将面料熨平，如图3-71所示。

5. 绱袖子

将袖片与衣身缝合，采用先平缝再包缝的缝合方式，平缝的时候衣身比袖片多留1厘米，如图3-72所示。

6. 合后中缝

将左后片与右后片缝合，缝合倒向与大襟倒向保持一致，如图3-73所示。

7. 合袖底线和侧缝

缝合部分为从袖口开始通过腋下至衣身底部的这条线，缝合方式采用先平缝再包缝，平缝时要使一边比另一边多留1厘米，在处理腋下位置的时候，为保证弧线圆顺，应先打剪口，然后将剪口的每一部分都包缝上，如图3-74所示。

8. 缝合内摆

将内摆衣片四周折1厘米再折一层后包边，两侧和底边朝里折，上边朝外折。将包完边的内摆绱在后片中心线腰部位置上，内摆上侧两端缝在腋下位置，如图3-75所示。

9. 袖口包边

将左右衣片的袖口包边，袖口处采用滚边的工艺将毛边作净，如图3-76所示。

10. 大襟包边

大襟的包边方式同袖口相同，也是采用滚边的缝制工艺将毛边作净，如图3-77所示。

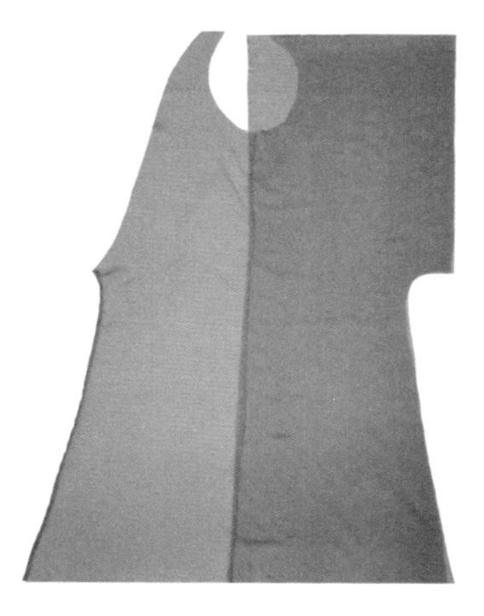

图 3-71 | 合大襟

图 3-72 | 绱袖子

图 3-73 | 合后中缝

图 3-74 | 合袖底线和侧缝

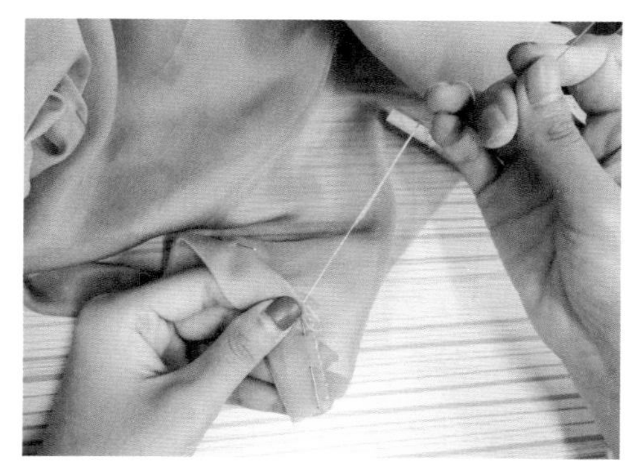

图 3-75 | 缝合内摆

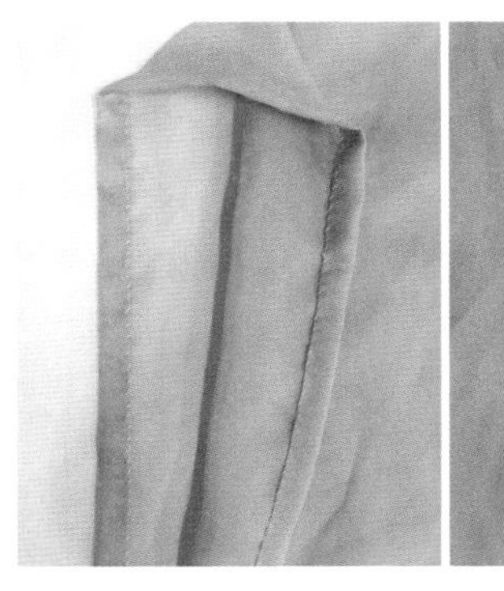
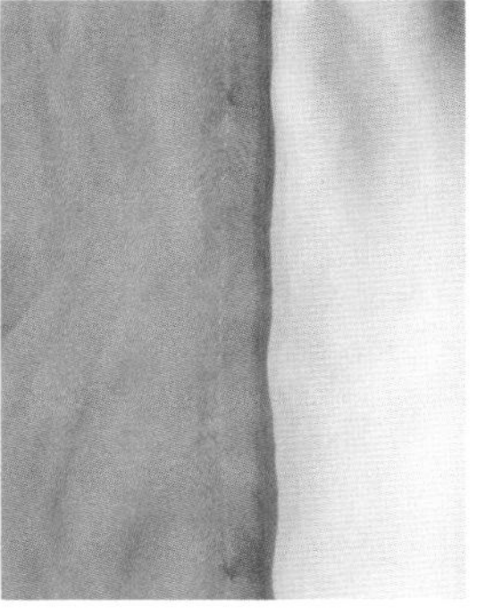

图3-76｜袖口包边

图3-77｜大襟包边

11. 下摆包边

下摆同样采用滚边的缝制工艺，滚边宽度为2厘米，如图3-78所示。

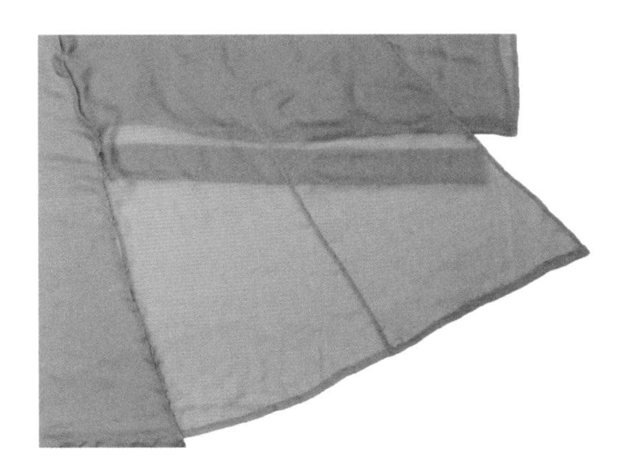

图3-78｜下摆包边

12. 绱领

将45° 斜裁领缘片一端与衣身缝合，缝合方式采用平缝，此时无需再把一边留出1厘米，对齐平缝即可。为保证圆领弧线圆顺，平缝完后需要在弧线处打剪口。之后将领缘片的另一边向内扣折1厘米，用隐针的方式与衣身缝合，如图3-79所示。

13. 缝合系带

将裁片对折平缝，缝份为1厘米。注意系带的两端均只缝合一段即可，缝合完毕后用工具将系带翻过来，再将没有缝合的一端向内扣折1厘米用隐针缝法缝合。将制作好的系带绱在腋下的位置，如图3-80所示。

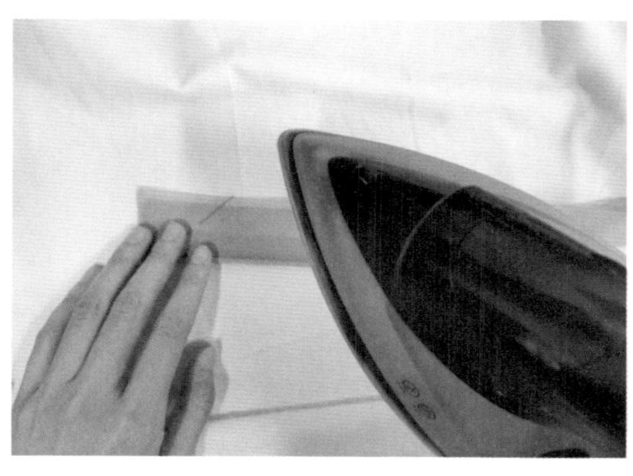
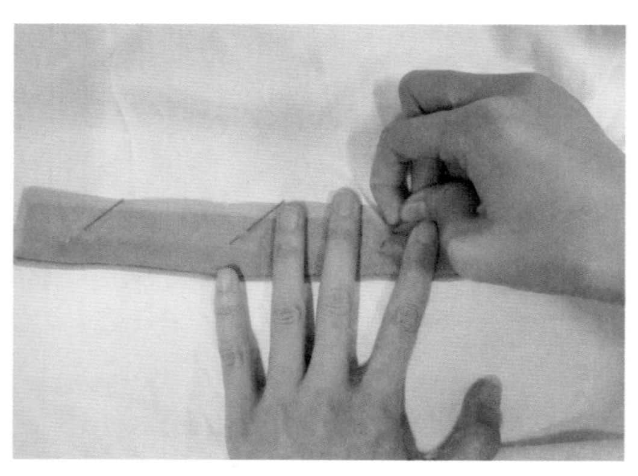

图 3-79 | 绱领子

图 3-80 | 南宋素纱圆领单衫阔带缝合示意图

14. 制作盘扣

首先，裁剪一个宽1.5厘米的长条，将其对折，两边分别向内扣折0.5厘米，用隐针缝合，制作盘扣的长条即成。其次，按图3-81所示，做出盘扣。最后，将制作好的两对盘扣分别用隐针法缝合在两侧。

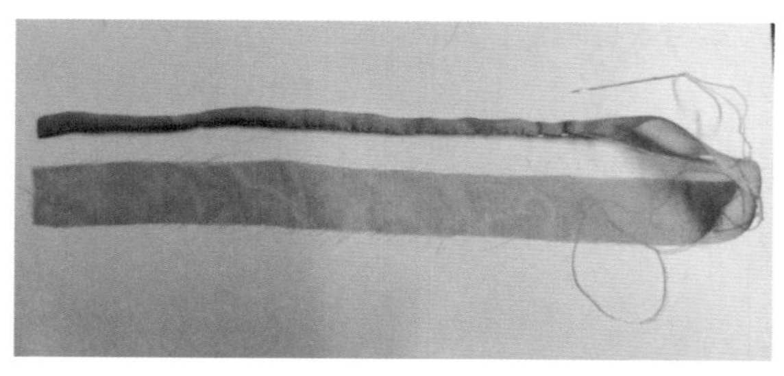
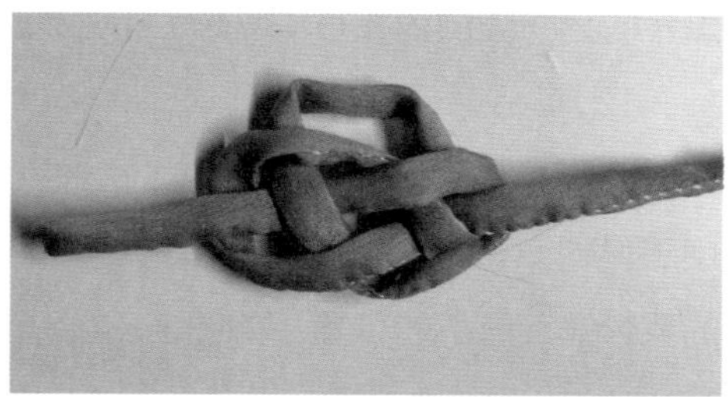

图 3-81 | 制作盘扣

15. 整烫

将做好的素纱圆领单衫在烫台上平整展开，将各衣片、领片及袖襕处熨烫平整，如图3-82~图3-84所示。

图3-82 | 南宋素纱圆领单衫正身图（模特：崔腾潇）

图3-83 | 南宋素纱圆领单衫侧身图

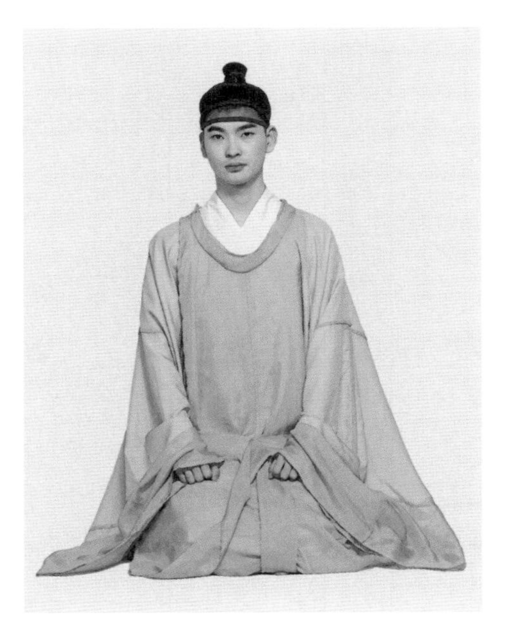

图3-84 | 南宋素纱圆领单衫坐身图

五、元代镶边绸夹袍

（一）元代镶边绸夹袍结构图绘制

元代镶边绸夹袍以素绸为面料，制为双层，对襟、窄袖，下摆宽大；前门襟、袖口及下摆均镶褐色阔边，前襟与腋下缝缀襻带以系缚。元代镶边绸夹袍款式图如图3-85所示。元代镶边绸夹袍的基准测量部位以及参考尺寸见表3-5。

表3-5　元代镶边绸夹袍尺寸表　　单位：厘米

部位	衣长	两袖通长	胸围	袖口	下摆大
尺寸	106	170	156	25.5	308

结构图绘制如图3-86所示。

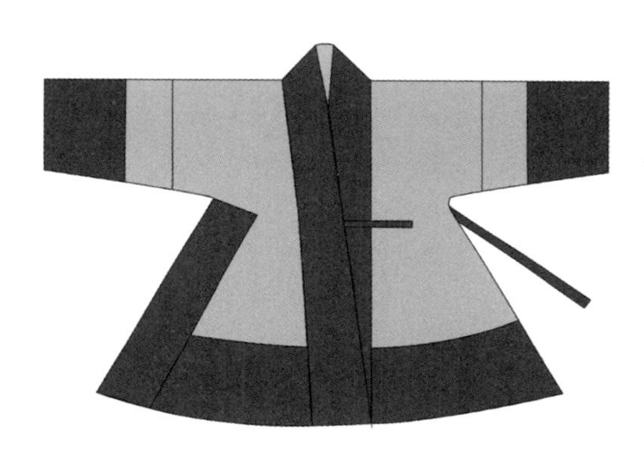

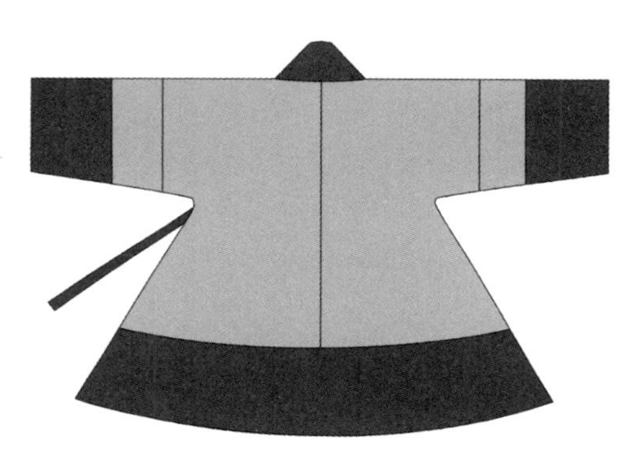

图3-85｜元代镶边绸夹袍款式图

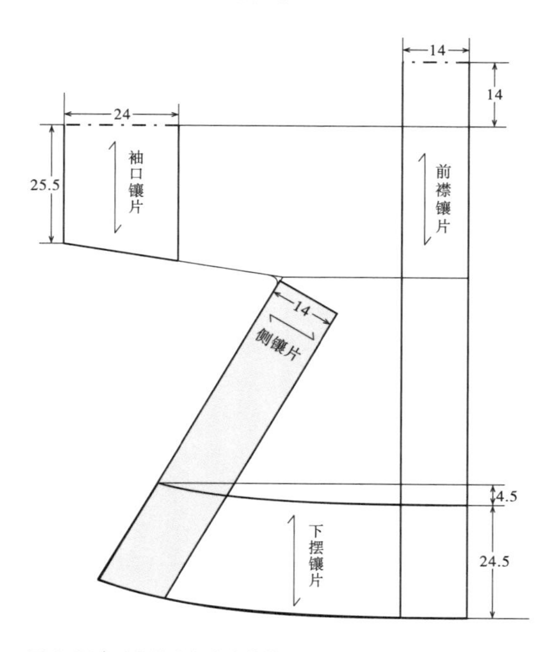

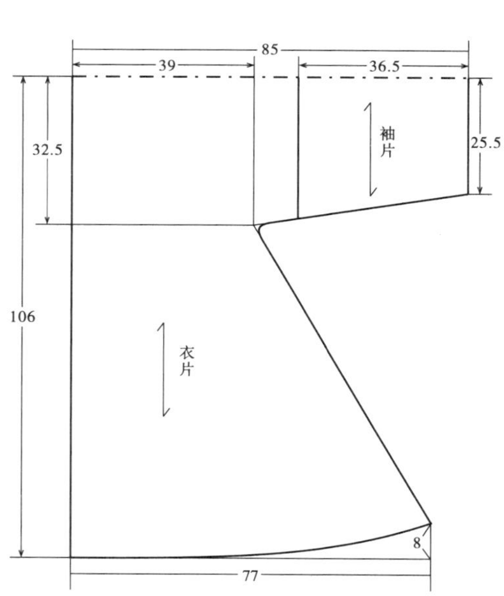

图3-86｜元代镶边绸夹袍结构图

（二）元代镶边绸夹袍的样板制作

1.元代镶边绸夹袍净样板制作

首先，根据结构图裁剪出基本纸样，通常以平面作图法和平面裁剪法，或者平面作图与平面裁剪结合的方法制成，用该纸样裁剪和缝合后，再重新确认服装效果，如图3-87所示。

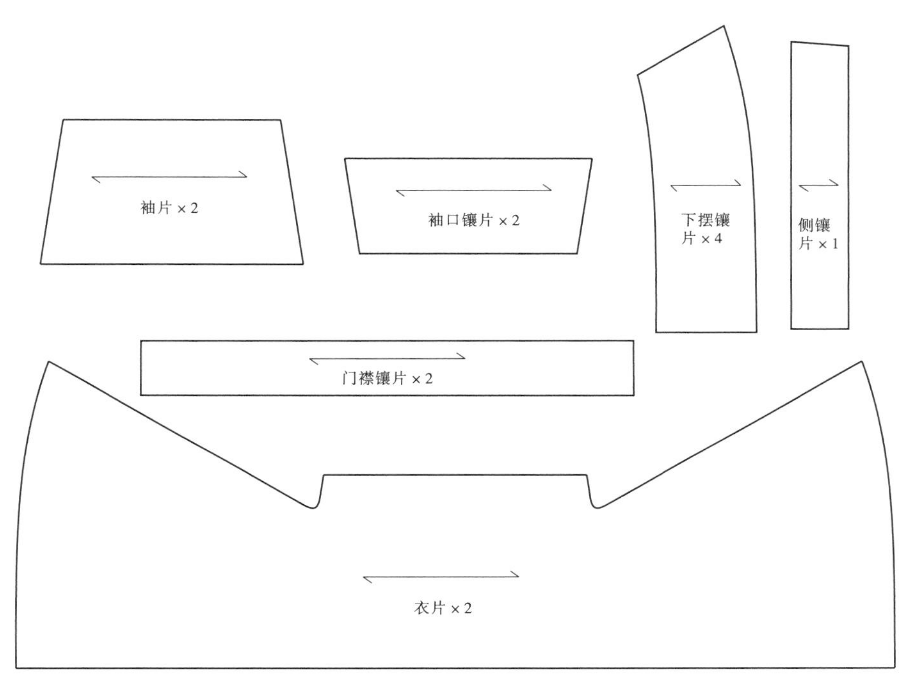

图3-87 | 元代镶边绸夹袍净样板图

完成基础纸样制图是缝制的第一步。接下来配备的样板需要符合缝制的细节要求，以方便缝制。夹袍样板含面板、里板和净板，净板可采用厚纸板。

2.元代镶边绸夹袍样板缝份加放遵循平行加放原则

（1）在侧缝处等近似直线的轮廓线缝份加放1厘米。

（2）在袖窿处等曲度较大的轮廓线缝份加放1.5厘米。

（3）下摆折边部位缝份的加放量变化较大，缝份加放2厘米（图3-88）。

（三）元代镶边绸夹袍制作工艺流程

元代镶边绸夹袍缝制工艺流程，如图3-89所示。

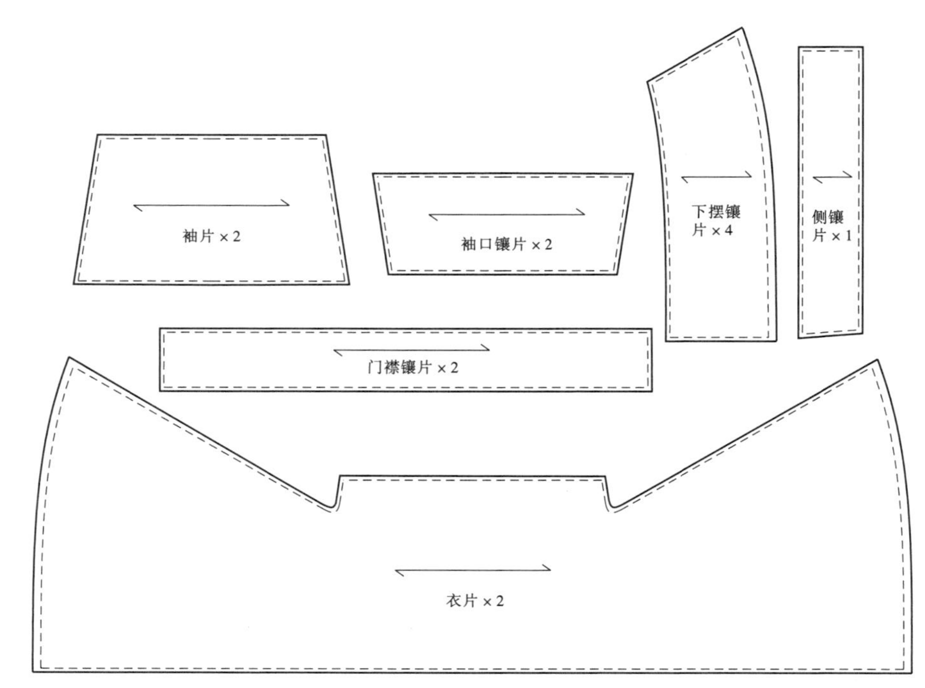

图3-88 | 元代镶边绸夹袍面板缝份加放图

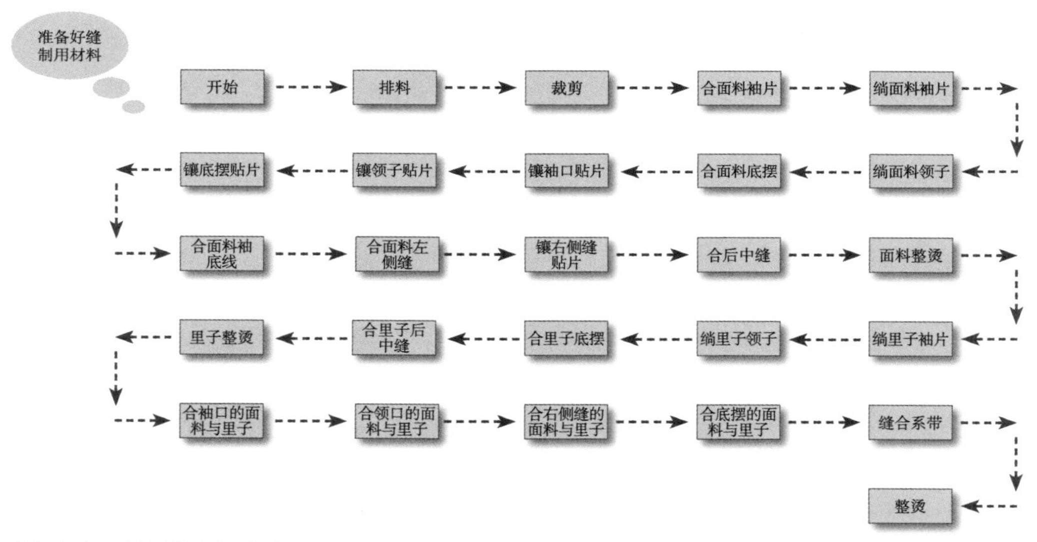

图3-89 | 元代镶边绸夹袍工艺流程图

（四）元代镶边绸夹袍制作步骤

1. 排料

排料是裁剪的基础，其决定每片样板的位置及使用面料的多少。应在裁剪前做好充足的准备，掌握正确的铺料方法（图3-90）。

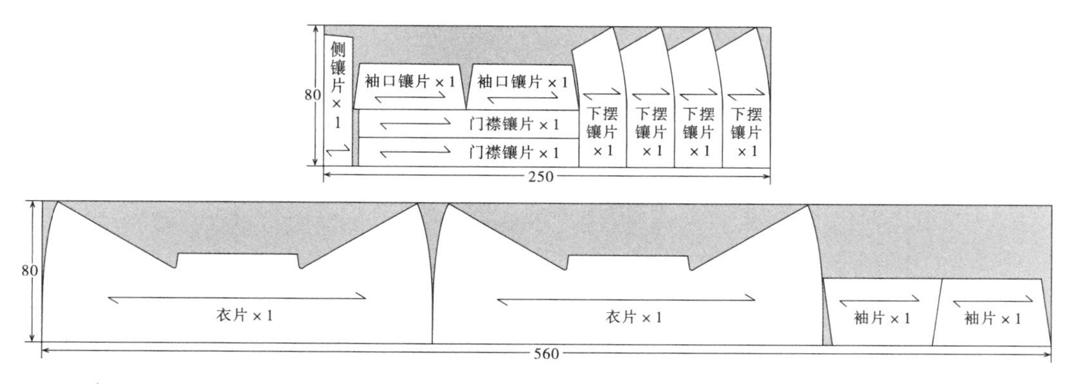

图 3-90 | 元代镶边绸夹袍排料图

制作袍服时，可将面料单层铺平。布料若有褶皱不平的地方，需要用熨斗烫平后再用纸样画样，如果面料比较薄或者比较滑，可以选用大头针或夹子固定。

在满足工艺要求的前提下，要尽可能地节约用料。可采用先大后小、缺口对接等方式排料，尽量减少面料剩余。本款元代镶边绸夹袍幅宽80厘米，浅色面料用料560厘米，深色面料用料250厘米。

2. 裁剪

排好料后用划粉画线，按线迹裁剪，并剪出开衩对位点。需要注意的是：袍服没有肩线，前后衣片和前后袖片都是连裁，用同样的方法将面料与里料裁剪好，如图3-91所示，准备就绪后就可以开始缝制。

图 3-91 | 元代镶边绸夹袍部分裁片图

3. 合面料袖片、绱面料袖子

将袖口片与袖片缝合起来，全程采用手缝针进行缝制。先将两片面料正面相对，采用平缝的方式将两片面料缝合，再将袖子与衣身缝合，如图3-92所示。

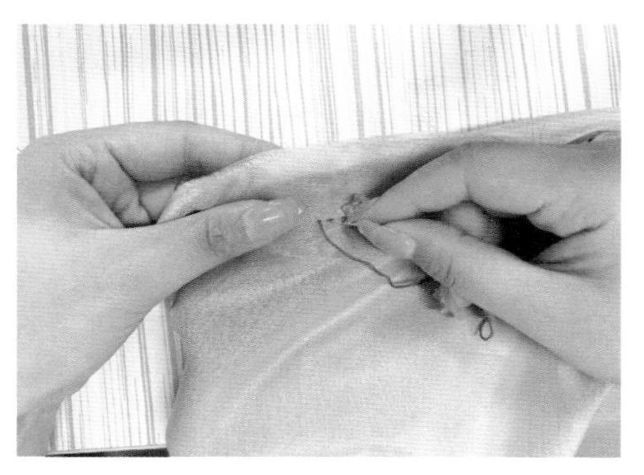

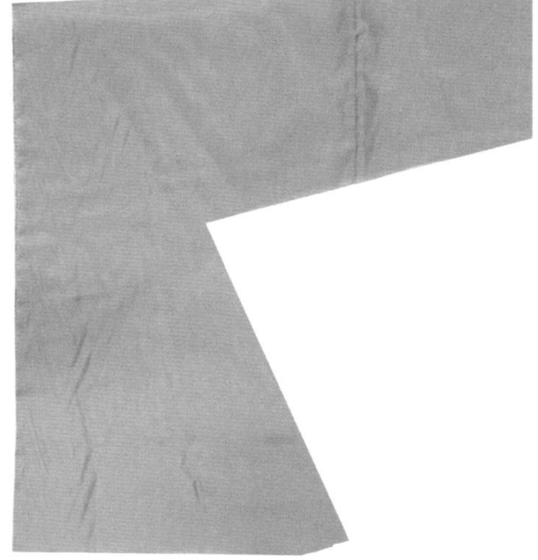

图 3-92｜合面料袖片、绱面料袖子

4. 绱面料领子、缝合面料底摆

将衣身与领子裁片正面对正面留1厘米以平缝针缝合，然后将4片下摆镶片底摆与衣身底摆以平缝针缝合在一起，如图3-93所示。

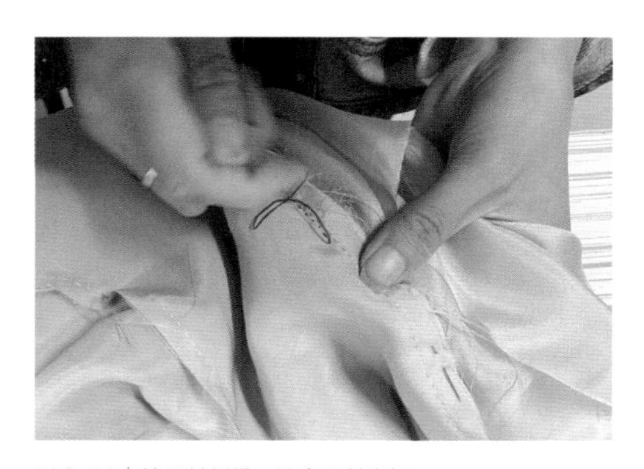

图 3-93｜绱面料领子、缝合面料底摆

5. 镶袖口、领子和底摆的贴片

将裁好的深色贴片以镶缝的工艺在袖口、领子、底摆处缝合，先将深色面料与浅色面料正面相对，在浅色面料的缝份处以平缝的方式缝合好，再将深色面料翻折下来，用隐针缝的方式将另一边与面料缝合，如图3-94所示。

6. 合面料袖底线和左侧缝

将袖子面料正面相对，平缝袖底线，再将袖子整体翻出，将前衣片的左侧缝与后衣片的左侧缝平缝缝合，如图3-95所示。

7. 镶面料右侧贴片

在衣身前片的右侧用隐针缝镶褐色贴片，与底摆对齐，该元代镶边绸夹袍为无锡博

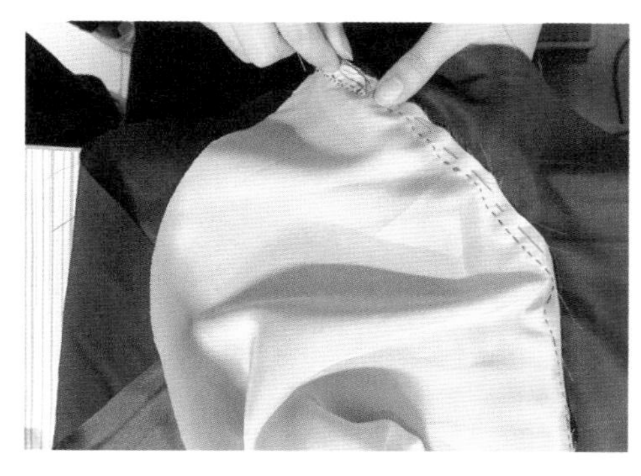

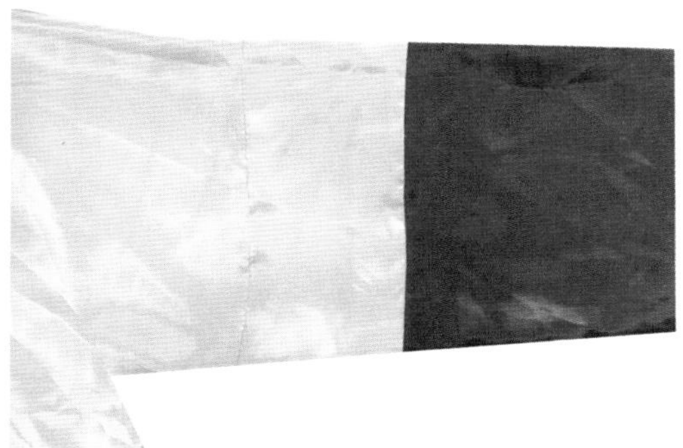

图 3-94｜镶各部位贴片

图 3-95｜合面料袖底线和左侧缝

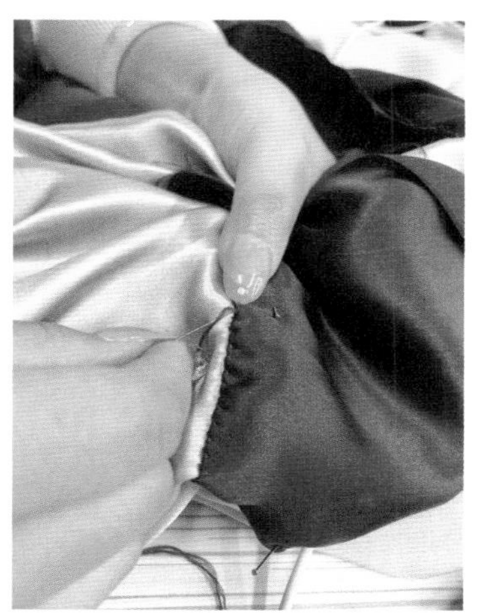

图 3-96｜镶面料右侧贴片

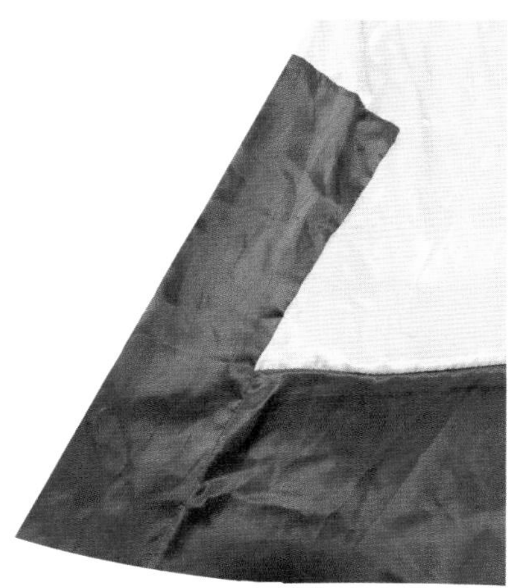

物馆馆藏，馆内为平铺展示状态，并不能看到背面的细部结构，经实地调研和查阅相关文献资料后，笔者猜测其右侧只是单独的一片侧镶片，如图3-96所示。

8.合面料后中缝

将面料的衣身正面与正面相对缝合后中缝，需留1厘米的缝份，然后进行整体熨烫，如图3-97所示。

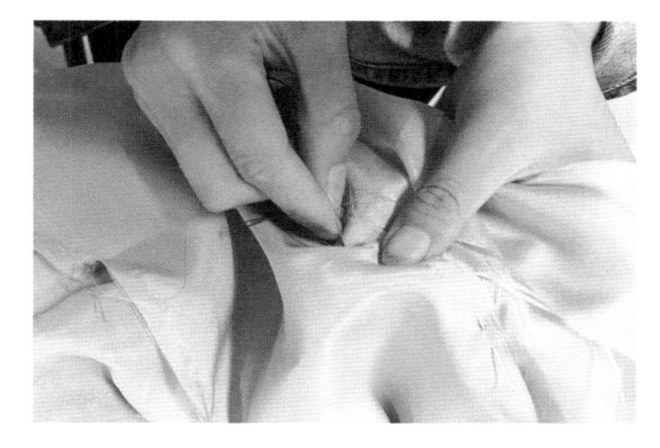

图 3-97｜合面料后中缝

9.缝合里子

将里料的袖片、领子、底摆正面与正面相对以1厘米缝份用平缝的方式将其缝合在一起，然后进行整烫，如图3-98所示。

图 3-98 | 缝合里子

10. 合袖口和领子的面料与里料

将袖口和领子的面料与里料正面相对，里料应比面料在长度上少1~1.5厘米，避免缝合在一起后里子跑出，如图3-99所示。

图 3-99 | 合袖口和领子的面料与里料

11. 合右侧缝

从腋下点向下为右侧开衩，将前衣片的面料与里料正面相对缝合。注意：右侧前衣片现在为两层，即浅色面料与深色贴片，缝合的时候注意将面料摆放平整再进行缝合，不然面料会出现拉扯和褶皱，影响整体美观。后衣片的面料与里料以同样的方式正面相对缝合（图3-100）。

图 3-100 | 合右侧缝处的面料与里料

12. 合底摆处的面料与里料

将底摆处的面料与里料正面相对以2厘米缝份用平缝的方式缝合。并且底摆的里料比面料小1.5厘米左右，防止出现里料外跑的情况，缝至最后剩余13厘米左右，将面料全部掏出摆正，剩余的13厘米的底摆用隐针缝法将面料与里料缝合，如图3-101所示。

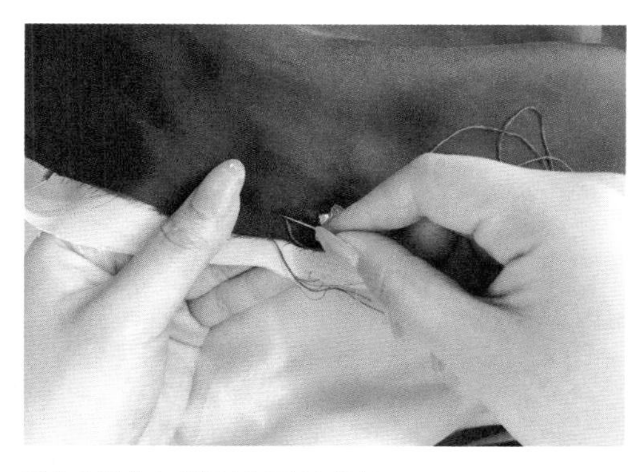
图3-101 | 合底摆处的面料与里料

13. 缝合系带

将裁片对折平缝，缝份为1厘米。注意系带的两端只缝合一端即可，缝合完毕后用工具将系带翻过来，再将没有缝合的那端向内扣折1厘米，用隐针缝合，如图3-102所示。

图3-102 | 元代镶边绸夹袍缝合系带示意图

14. 整烫

将做好的夹袍在烫台上摆平，将各衣片、领片及袖窿处熨烫平整。尤其要注意里料与面料缝合处熨烫的平整度，切勿让里子跑出，如图3-103所示。

15. 试衣

将做好的夹袍在烫台上熨好后上身试穿，成品展示如图3-104~图3-105所示。

图3-103 | 整烫

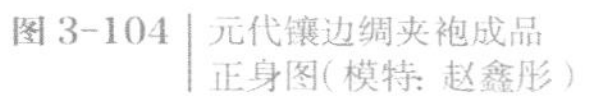
图3-104 | 元代镶边绸夹袍成品正身图（模特：赵鑫彤）

图3-105 | 元代镶边绸夹袍成品后身图

六、明代道袍

（一）明代道袍的样板制作

道袍一词，并不是指“道士穿的袍服”，而是指明代中后期到清初时期，上至天子、下至士庶，特别是文人常穿的一种极其流行和典型的便服。通过对明代道袍的复原制作有助于了解明代道袍的内部结构。在绘制款式图时，要明确地表示出道袍内部的结构关系，除绘制正背面款式图（图3–106）外，也绘制了正面展开图（图3–107）。道袍的数据为实际测量所得，具体测量部位及数据见表3–6。

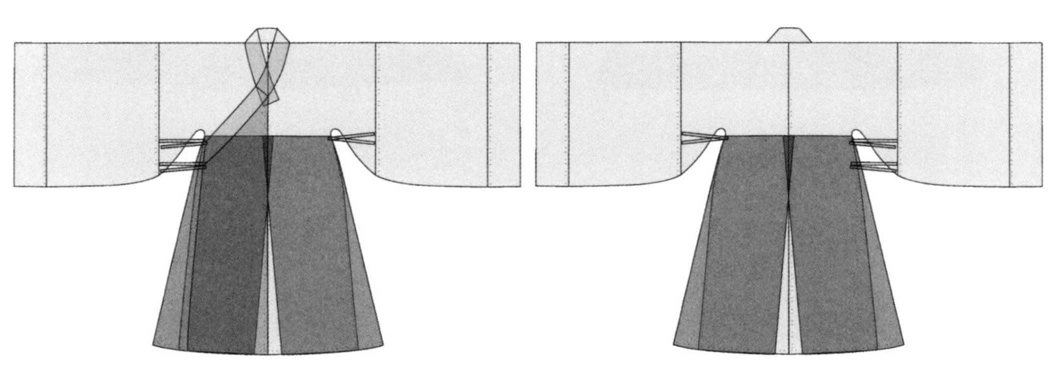
图3-106 | 明代道袍款式图

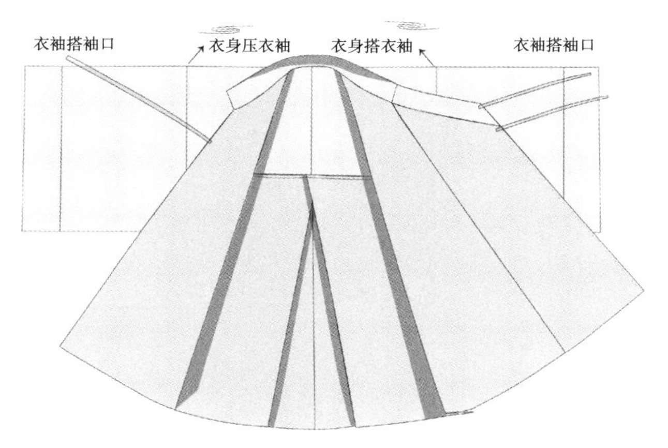

图 3-107 | 明代道袍正面展开图

表3-6　明代道袍尺寸表　　　　单位：厘米

部位	衣长	袖通长	腰宽	下摆宽	袖口宽	领长	领宽
尺寸	130	250	112	90	69	121	6

根据测量数据绘制明代道袍结构图，如图3-108所示。

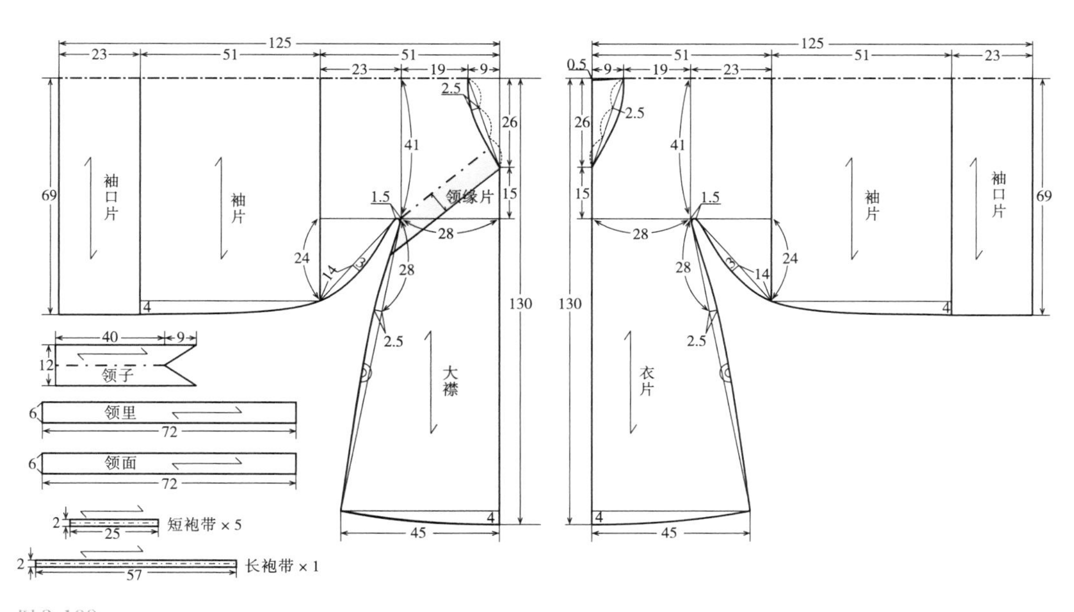

图 3-108

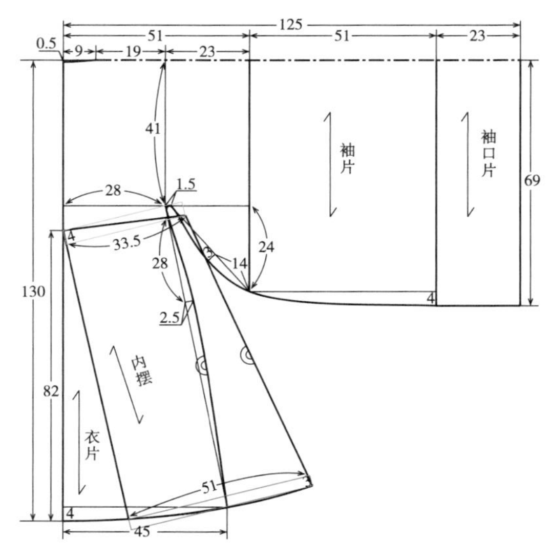

图 3-108 | 明代道袍结构图

（二）明代道袍样板的制作

1. 明代道袍净样版

根据结构图制作出基本纸样，通常是以平面作图法和平面裁剪法，或者以平面作图法与平面裁剪法相结合，裁剪出纸样并缝合，重新确认制作效果，如图3-109所示。

明代道袍的样板分为净板和毛板两部分。净板是指不加缝份的净尺寸的样板，毛板是指加完缝份的尺寸样板。

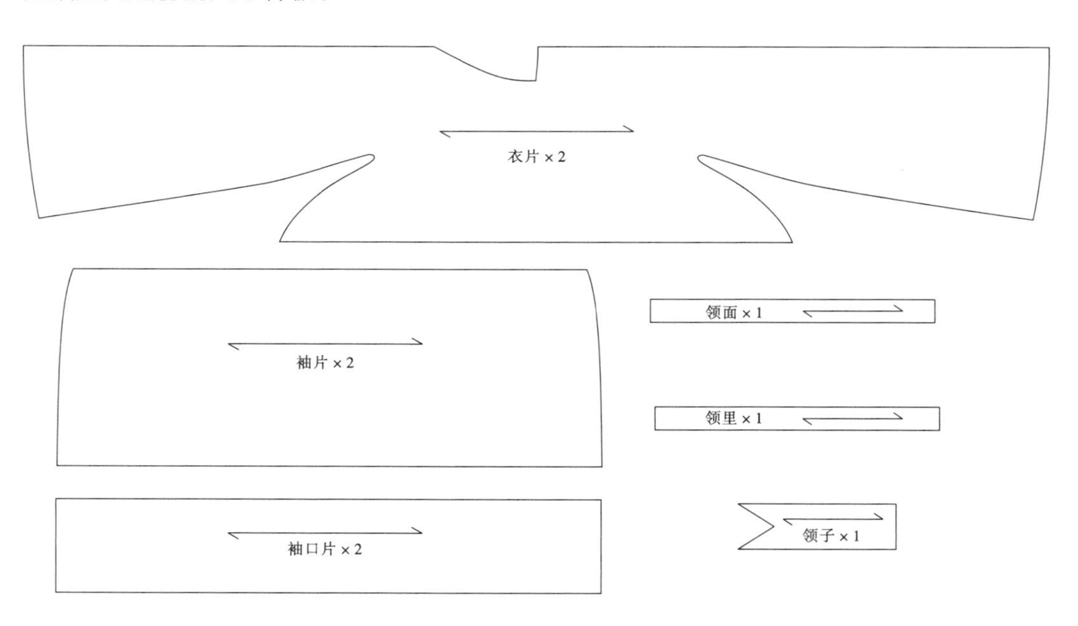

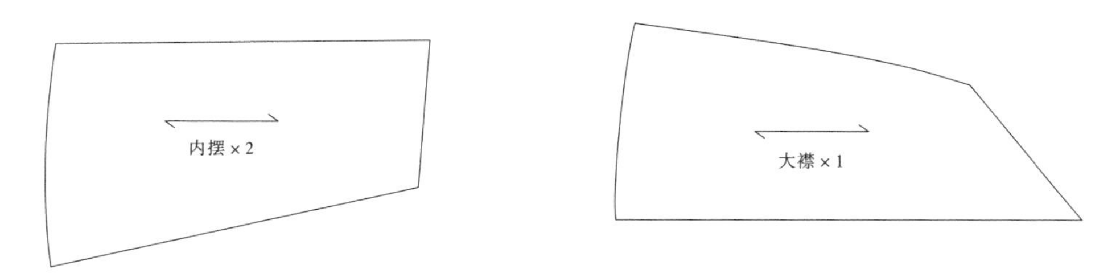

图 3-109 | 明代道袍净样板图

2. 明代道袍样板缝份遵循平行加放原则

（1）在侧缝线等近似直线等需要双片包缝的轮廓线处缝份加放2厘米。

（2）在袖窿等曲度较大的轮廓线处缝份加放2厘米。

（3）在下摆以及后片侧缝线等需要单片包边缝的轮廓线处缝份加放2~2.5厘米（图3-110）。

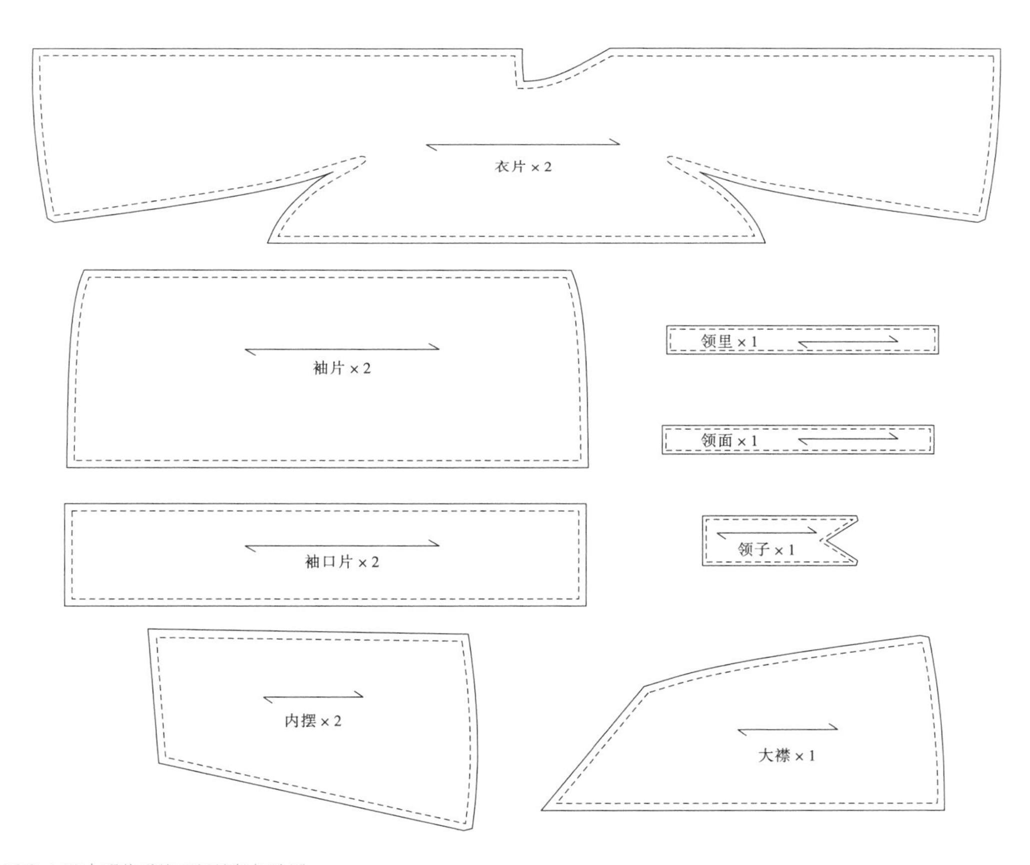

图 3-110 | 明代道袍面板缝份加放图

（三）明代道袍制作工艺流程

明代道袍缝制工艺流程，如图3-111所示。

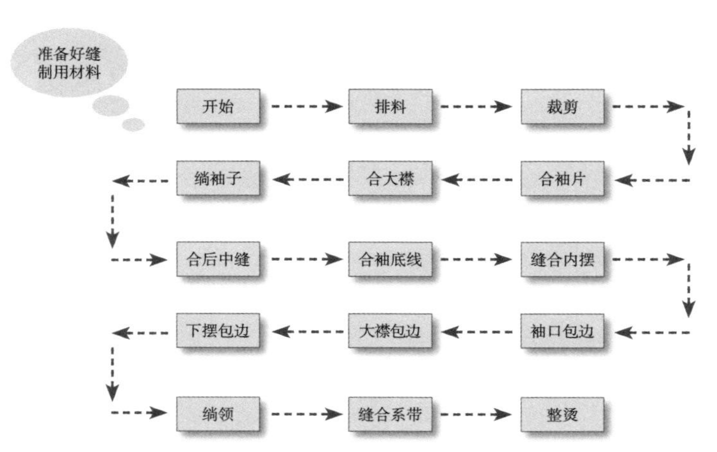

图3-111｜明代道袍工艺流程

（四）明代道袍制作步骤

1.排料

通过制作简单纸样确认好内部结构及具体衣片数量之后，做好样板，在选好的面料上进行排料。排料是裁剪的基础，决定每片样板的位置、纱向以及用料多少。应在裁剪前做好充足的准备，掌握正确的裁剪方法。

首先，把面料铺好。将面料对折成双层铺平整，保证布边对齐，双折边向外，布边向内。布料如果有折皱不平的地方，应先熨烫平整后再画样，否则衣片变形会影响裁片数据。如果面料比较滑，可以先粗缝固定一下。

其次保证纸样和布料的布丝方向一致，纱向一致。

最后，在满足工艺要求的前提下，尽可能地节约用料。可以采用先大后小、缺口对接等方式排料，尽量减少面料剩余，如图3-112所示。

2.裁剪

此款明代道袍共18片裁片，包括2片衣身、1片大襟、2片内摆、2片袖片、2片袖口片、3片领子片和6片系带。将衣片在面料上画好，加上缝份，裁好后将每片衣片上画上净线，准备就绪后开始缝制。

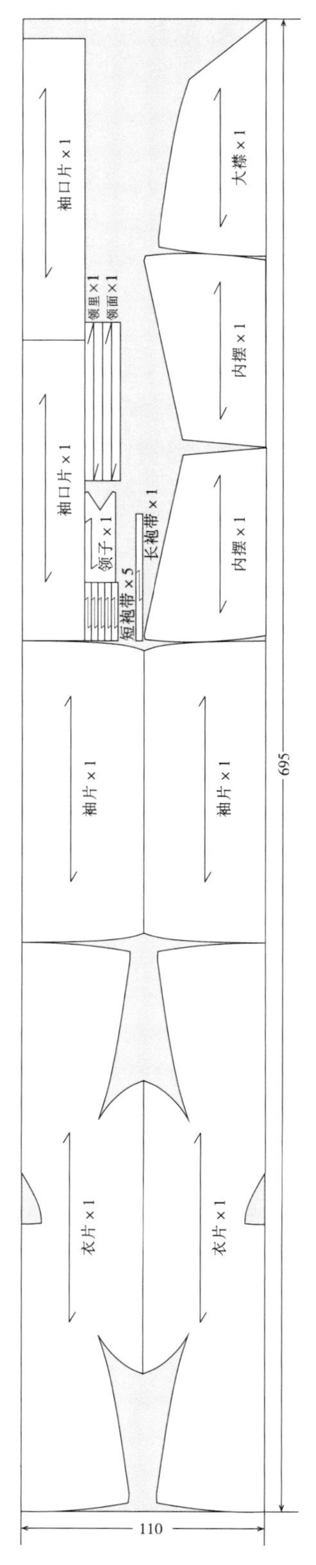

图3-112｜明代道袍排料图

3. 合袖片

用双层包缝的缝合方式，将左右袖片与其对应的袖口片缝合起来。缝合倒向方向要对称，均往中心线倒向，如图3-113所示。

4. 合大襟

将左衣身裁片左侧与大襟右侧缝合，所有的缝合线均用手缝。先将两片裁片错开1厘米，在距离内侧裁片布边1厘米的位置平缝，再将外侧布片折叠两次进行包缝，只缝单层布片。包缝时注意尽量挑少许丝线，尽量不要将线露在正面，注意美观，缝合线整齐。缝好之后将面料熨平（图3-114）。

图3-113 | 合袖片

图3-114 | 合大襟

5. 绱袖子

按双层包缝缝合方式，将左右两片接袖各与其对应的衣身片缝合。注意缝合倒向要一致，两侧均朝中心线倒向或者从中心线向两侧倒向（图3-115）。

6. 左右衣片缝合

将左右衣身后中线缝合，缝合倒向与前片大襟前中心线缝合倒向一致。

7. 合袖底线

将前后衣片对齐，缝合袖窿。缝合袖窿同前缝合方式一致。先将前后衣片边缘对齐，相错1厘米，在距离内侧1厘米的位置平缝一条线，缝一段需要倒针，以防线脱落不结实。由于袖窿是一条弧线，在平缝后打剪口，使包缝更流畅，尽量使面料平整，如图3-116所示。

8. 缝合内摆

将左右两片内摆的边缘与前片对应缝合。缝合前，先将内摆衣片进行边缘处理，除斜边外，其余三边均为1厘米对折包缝。将内摆的斜边（与前片侧缝同长的边）与前片的侧缝对齐，相错1厘米平缝之后1厘米包缝。为防止两片对不齐，可先用大头针别好、固定，缝合后熨烫，如图3-117所示。

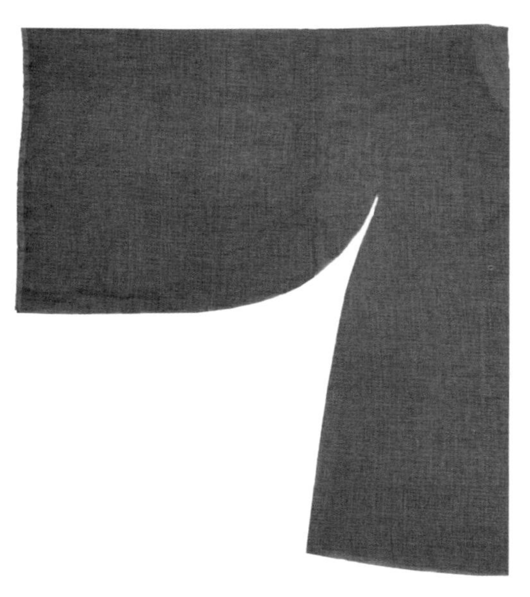

图3-115 | 绱袖子

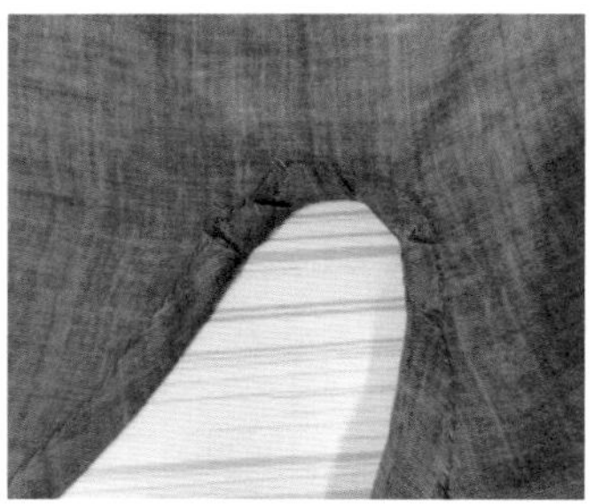

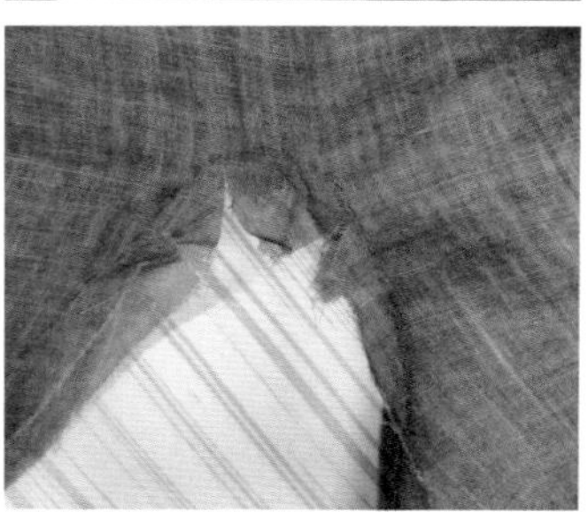

图3-116 | 合袖底线

图3-117 | 缝合内摆

9. 袖口包边

将左右衣片的袖口包边，边缘处1厘米折叠两次进行包缝，缝合线要干净有序，如

图3-118所示。

10. 大襟包边

将左右衣片的门襟包边，采用滚边的工艺将毛边作净，如图3-119所示。

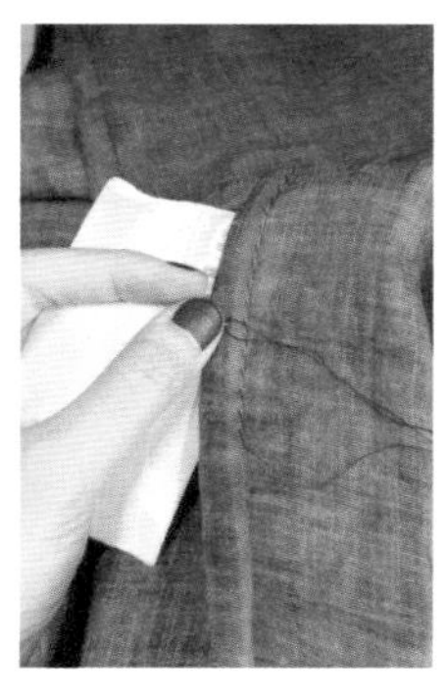
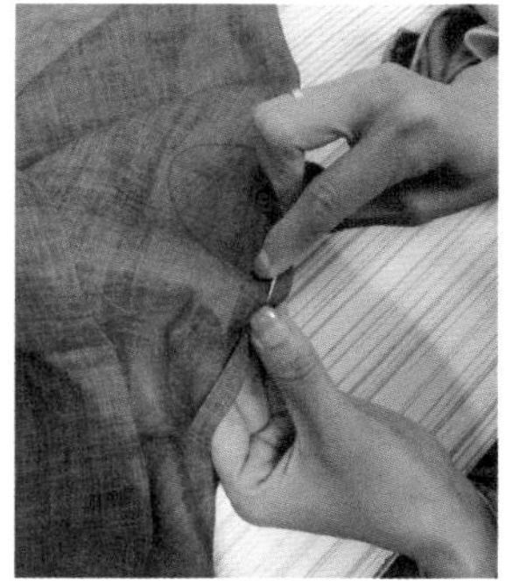

图3-118 | 袖口包边

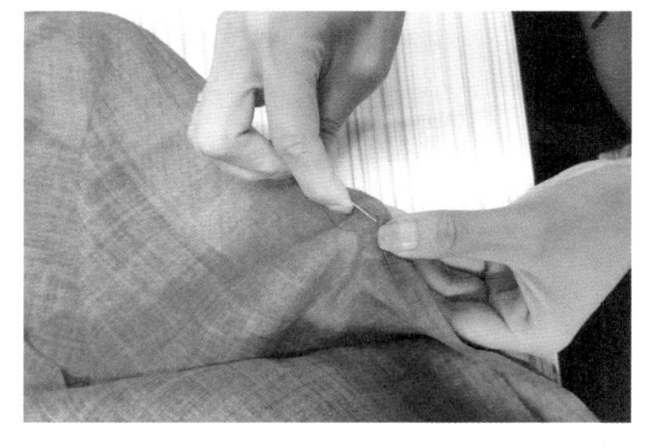

图3-119 | 大襟包边

11. 下摆包边

将衣服的下摆边缘包边，采用滚边的工艺将毛边作净，如图3-120所示。

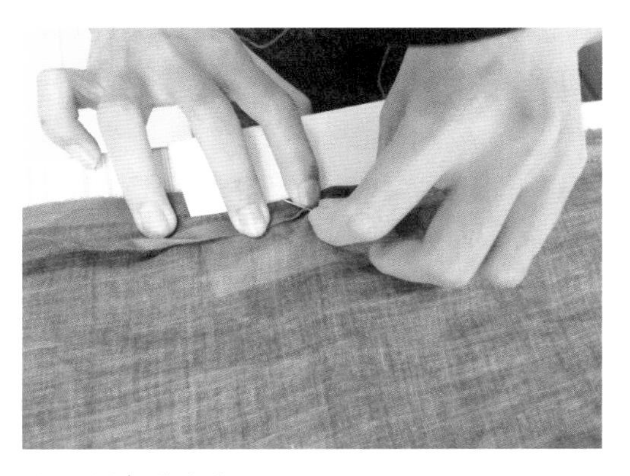

图3-120 | 下摆包边

12. 绱领子

先将白色领面与领里重叠对齐，在距离上边缘1厘米的位置平缝一长条线，将2片面料缝合。再将其展开熨烫平整后，与另一块领片拼接缝合。最后将领片正面朝内对折，把领片左侧距离1厘米的位置平缝，如图3-121所示。

13. 缝合系带

将腰带布片先对折，在距离边缘1厘米的位置平缝，把布条由内向外翻过来，为了方便，可将一端套在筷子上，然后慢慢将布条向下套，翻转过来。再将翻转好正面的布条的另一端也缝合，将边缘向内折1厘米用隐针缝合，熨烫平整，如图3-122所示。

图3-121 | 绱领子

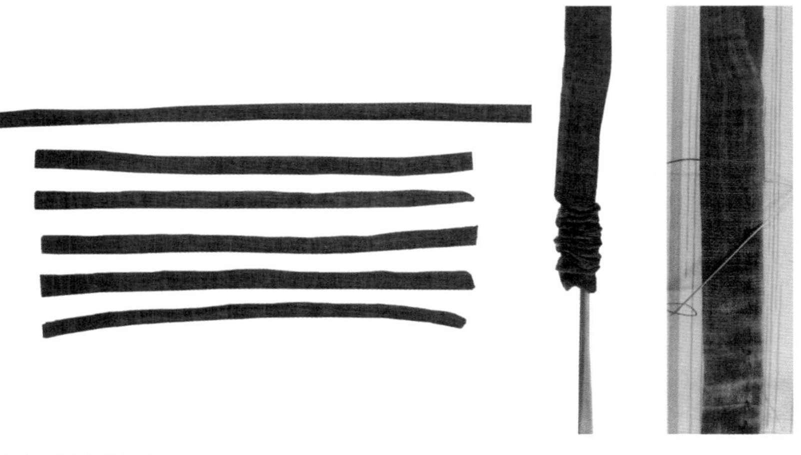

图 3-122 | 缝合系带

14. 整烫

先将衣服平整地铺在水平的桌子上，整理好后，先垫上一层衬布，控制好熨斗的温度，再仔细熨烫。把领口、侧边、袖口等位置着重熨烫整理，如图3-123~图3-125所示。

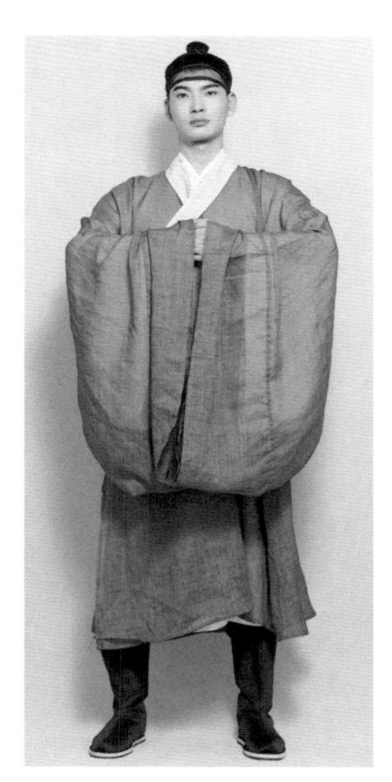

图 3-123 | 明代道袍成品正身图（模特：崔腾潇）

图 3-124 | 明代道袍成品侧身图

图 3-125 | 明代道袍成品坐身图

七、馆藏双襟旗袍

从历史传承的角度看汉族袍服，虽然历朝历代袍服款式都有区别，但是其缝制工艺是一脉相承的，现代旗袍的各种针法、贴边牵条以及缝三铲一等缝合方式都能在历代袍服中找到其历史原型。旗袍作为民国时期最主要的女子服饰形态，在民初虽已有服用者，但还不普遍。自民国十年以后才逐渐流行起来。到20世纪20年代中期前后才逐渐盛行起来，以后就渐为一种普遍的服饰[1]。到20世纪三四十年代发展到顶峰，各种改良旗袍应时而生，且逐渐取代了中国的传统着装形式——上衣下裙。

《中国旗袍》中将改良旗袍定义为："将旧有的不合理的结构改掉，使袍身更为适体和实用。改良旗袍从裁法到结构都更加西化，采用了胸省和腰省，打破了传统旗袍无省的格局"[2]。这样就更加准确具体地对这种旗袍进行了定义，专指将西方的服装裁剪技术引用结合的旗袍。对于改良旗袍的定义，本节采用上述观点。将江南大学的民间服饰传习馆馆藏的双襟旗袍也定义为改良旗袍。之所以这样定义，是因为江南大学民间服饰传习馆馆藏的双襟旗袍在造型上由"平面"到"立体"，具体表现在袖子处由传统的长袖变为无袖，在腰身处，由传统的直线变为曲线；在裁剪技术上由传统的中式平面直线裁剪

[1] 周锡保：《中国古代服饰史》，中央编译出版社，2010年，第526页。
[2] 包铭新：《中国旗袍》，上海文化出版社，1988年，第33页。

到西式立体收腰裁剪。

（一）馆藏双襟旗袍的款式特点

本节以江南大学民间服饰传习馆馆藏的双襟旗袍为例，对其形制结构、裁剪和缝制工艺进行了详细、全面的分析与研究。通过对其面料、工艺、制作等情况研究可以直接或间接地看出传统汉族袍服、民国改良旗袍等不同时代的袍服缝制工艺。通过对其款式造型的分析与研究可以看出，满汉民族融合、中西文化的交融。通过对汉族传统服装制作技艺非物质文化遗产传承人的采访，并对其示范、裁剪、缝制等工艺流程，逐一进行了记录、归纳和总结，并对双襟旗袍的结构与裁剪缝制工艺进行了复原，这对传承和弘扬我国民间传统手工艺有一定的历史价值和文化意义。

馆藏双襟旗袍立领、无袖、双襟（左侧为假襟）、收腰、侧开衩，款式简洁，形式感强，十字裁剪，在双襟处贴有花边，全手工缝制，见表3-7。

表3-7　馆藏双襟旗袍外观图及款式特征

款式图	部位	款式特征
	衣襟形式	双襟
	系结方式	一字扣
	系结件数	2粒
	有无里料	有
	工艺手法	衣襟处绲边1条
	缝制方式	全手工缝制
	实物来源	江南大学民间服饰传习馆

（二）双襟旗袍的结构与裁剪工艺

1. 双襟旗袍及其里襟尺寸数据测量（图3-126）

双襟测量：O点为十字交叉点，侧颈点为A点和G点，后颈点为H点，前颈点为B点，从前襟点开始水平向左到C点，$BC = 7$厘米；从B点垂直向下18厘米，再水平向左22厘米至D点；用圆顺的弧线连接点B、点C、点D；从B点开始水平向右到F点，$BF = 7$厘米；从B点垂直向下18厘米，再水平向右22厘米到E点；用圆顺的弧线连接点B、点F、点E。

里襟测量：以前襟点为始，沿着双襟右衽开襟线，开襟线的左侧缝线到左侧衩上的端点止。

装饰部件测量：一字扣长6厘米，宽0.5厘米；绲边宽度0.6厘米；装饰花边宽3厘米。

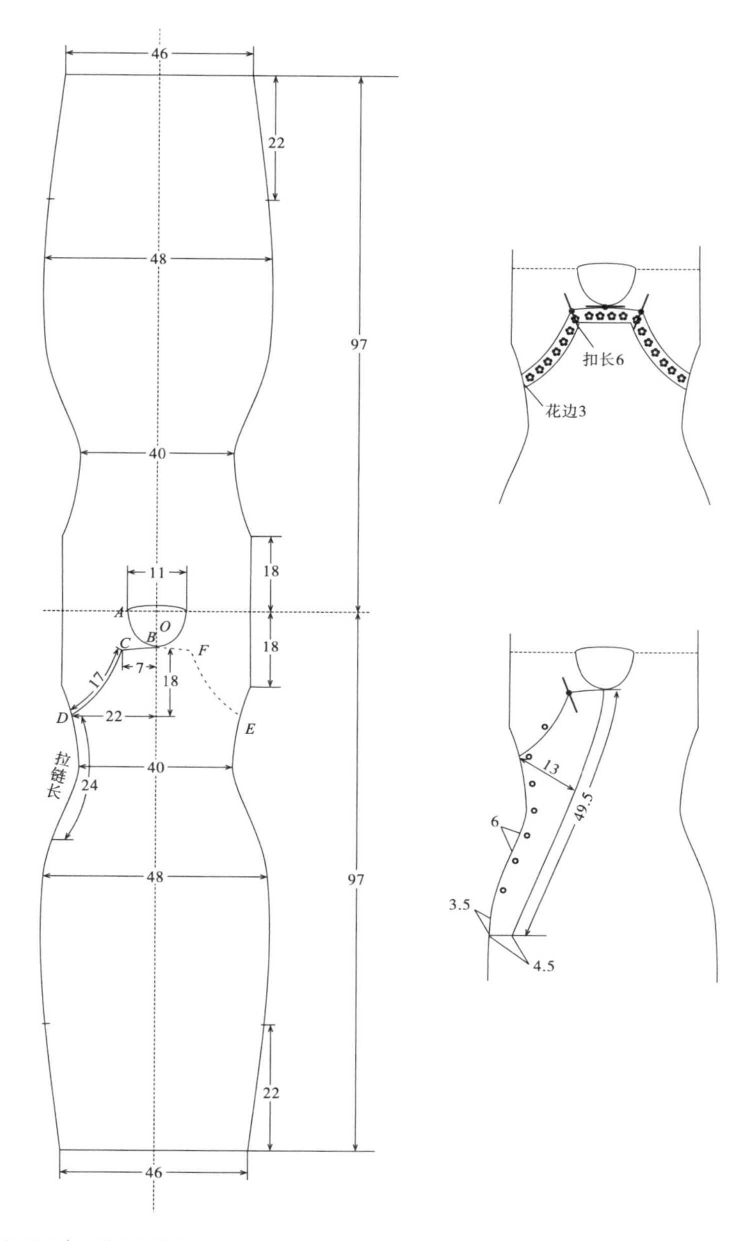

图3-126 | 双襟旗袍结构图

2. 双襟旗袍及其里襟的裁剪工艺

在获得双襟旗袍结构尺寸数据之后，再根据对服装实物的分析，可以复原其双襟和里襟的裁剪方法，大致分为以下几个步骤：

（1）将面料沿其围度对折，量出后衣长及底摆折边宽度4厘米再折一次，将后衣片放上面，前衣片比后衣片稍长。

（2）在衣片上标出开襟处的尺寸和位置，用直线和弧线将点B、点C、点D进行连接，同样用直线和弧线将点B、点F、点E进行连接。

（3）沿着双襟轮廓线外放1厘米处进行裁剪。

（4）裁里襟，从B点沿着弧线BCD，右侧缝线到拉链尾部下方3.5厘米处。裁剪里襟时先将里襟面料的正面与底襟开襟处面料正面相对，然后将它们黏合起来，再将里襟面料与底襟缝合起来。

（5）裁剪绲条、贴边、扣子料，绲条的宽度为1.5厘米，贴边宽度为2厘米。裁剪扣子料，扣子料的丝缕方向为45° 角的斜丝。通过以上步骤，可以得到双襟和里襟的裁片，如图3-127所示。

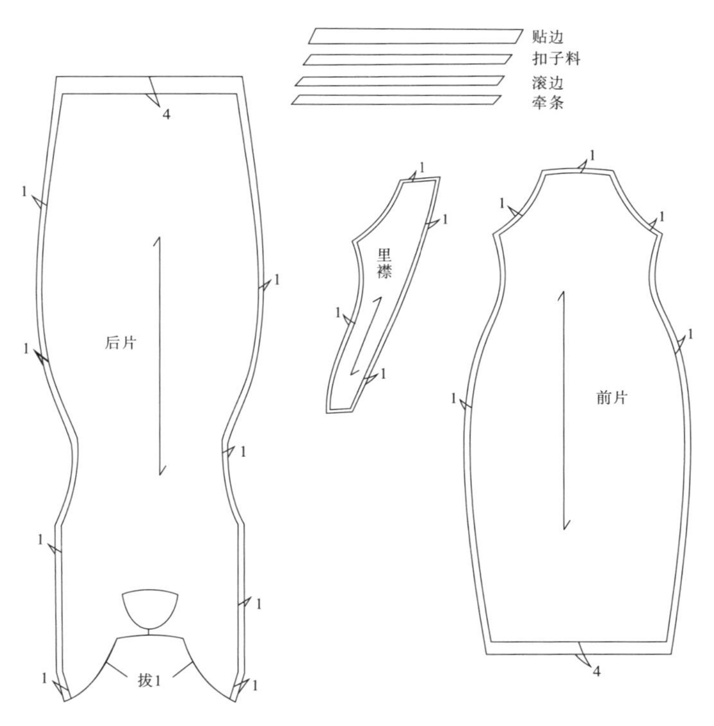

图3-127 | 双襟旗袍各部位裁片

（三）双襟旗袍的缝制工艺

双襟旗袍缝制工艺复原步骤如下：

（1）双襟处贴牵条，牵条压住双襟线0.2厘米左右处进行烫贴，在弧线处需要打剪口。

（2）补底襟，在衣身领口处打剪口，用熨斗或手将剪口拉开，将上层的双襟线对其里层的肩线，向下折叠铺平。用熨斗熨烫归拔，使双襟线与里襟线有1厘米的重叠量。

（3）做里襟，先用浆糊在里襟边缘的反面刮浆，折进去0.3厘米，再用熨斗烫平。

（4）缝合右侧小襟，用回针手法沿着双襟的弧线在衣身正面进行缝合。

（5）衣襟处绲边，在左襟和右襟的背面缝份处刮浆，晾干后用熨斗烫平；再将绲条上浆，晾干后与衣身处依齐，上浆后从前中心点起开始黏合，边黏合边烫平固定；按照0.5厘米缝份用回形针对其进行缝合；前领中心处的绲条翻转后，边缘折0.5厘米的折缝，用暗缲针将绲边尾部缝合。

（6）装贴边，将大襟弧线和侧缝线处的正面分别与贴边的正面相对；用回形针缝对其进行缝制，针距大概在0.5厘米；将贴边朝反面翻转，折光毛边，用线钉进行固定；贴边缩进0.2厘米，贴边外侧折光边，再用线钉进行固定。

（7）缝合固定左襟，将双襟与里襟的位置对齐，用暗缲针将双襟的左襟与衣身缝合固定。

（8）装揿纽，用划粉画出揿纽的装钉位置。将凹揿纽缝制在里襟外部，将凸揿纽缝钉在双襟的右襟内部。

（9）将衣身反面与里料反面相对用回针进行缝合。缝合下摆，对于下摆的处理方法有两种：一种是里料不与下摆缝合，衣身与里料下摆分别翻边，用暗缲针或三角针进行缝合，这种缝制方式被民间艺人称之为“空的”；另一种是里料与衣身不需翻边，只需用暗缲针将其缝合。

（10）绱领子时首先要将领片上浆，然后黏在纱布上，再根据所制作领子的轮廓线将制作好的纱布裁剪好，上浆的纱布其作用类似于现在常见的黏合衬。用选好的绲条在双襟旗袍的领圈处进行绲条，宽度在0.3~0.5厘米；然后将领窝正面和没有扣光的领面领脚线相对好，缝合，在缝份上打剪口。领里扣光领脚线，将领子翻正，然后压住双襟旗袍的里子，再用暗缲针将其固定在袍的衣身上。

（11）钉扣子，在一字扣反面黏上浆糊，缲针固定；缝揿纽，用划粉画出揿纽的缝钉位置，将凹揿纽缝制在里襟外部，将凸揿纽缝钉在双襟的右襟内部，其缝制步骤如图3-128、图3-129所示。

（四）双襟旗袍结构与缝制工艺分析

1.“十”字型连裁结构

通过对江南大学民间服饰馆藏双襟旗袍的结构与缝制工艺的复原，可以看出此款双襟旗袍依旧保持着我国传统的固有的“十”字型整一性平面连裁的结构。但有所改变的是旗袍整体趋于合身，腰线更加明显。这种裁剪方法依旧保留了面料的完整性，节省了面料，而且大大减少了裁剪和拼缝环节[1]。

[1] 刘瑞璞：《古典华服结构研究》，光明日报出版社，2009年，第108页。

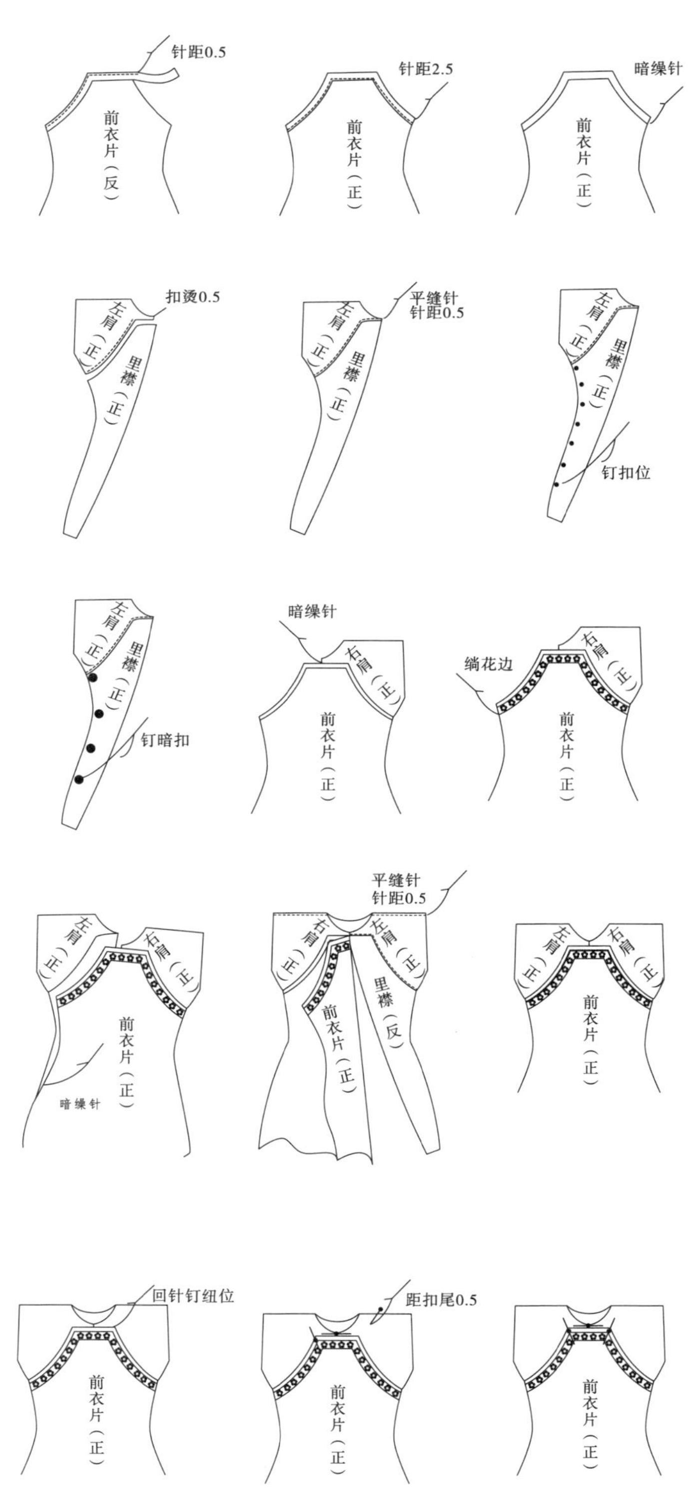

图 3-128 | 双襟缝制工艺步骤

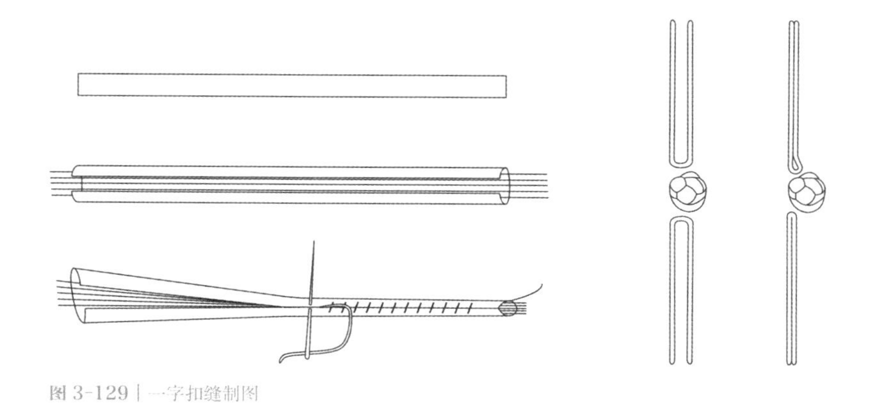

图 3-129 | 一字扣缝制图

2. 先缝合后裁剪

对于里襟的裁剪相对来说是比较讲究的。裁剪里襟时所采用的方法与现代裁剪方法有所不同，特别之处在于先缝合再进行裁剪。具体是指先把袍里襟的面料和底襟沿着袍的开襟线的轮廓先缝合，然后根据里襟面料的多少决定里襟所制作的宽度。这样做不仅增加了服饰的平服性，同时还体现了面料的节约意识[1]。

3. 拔、缩工艺的运用

通过对江南大学民间服饰馆藏双襟旗袍的裁剪与缝制工艺的复原，可以看出此款双襟旗袍在裁剪衣襟时是直接在衣片上按照门襟的轮廓线进行裁剪，由于在结构中没有加缝份，所以就会出现 1 厘米缺失。为了补全底襟这 1 厘米的缺失，民间艺人通常采用拔的工艺，即用手将袍的底襟部分拽住，然后用熨斗向着开襟线的地方拔出 1 厘米的缝份。这与刘瑞璞的《古典华服结构研究》[2]和沈祝乔《旗袍专技》[3]等著作中提到的制作手法不谋而合。“拔”工艺的巧妙运用，使得整个衣身可以放在一个布幅之内，从而最大限度地节省了面料。这是对中国劳动人民节约美德再次最好的注释，又再次说明了“十”字型连裁结构的科学合理性。

缩工艺包括两个方面：熨烫归缩；牵条容缩，指在双襟服装的制作过程中，当牵条粘贴到下凹曲线时，将牵条稍微拉紧使双襟容缩 1 厘米，容缩后的开襟线效果比较贴体。

4. 贴、绲工艺的运用

贴主要包括三个方面：贴牵条，指用 45° 斜丝布条将衣襟、衣领、袖窿等容易拉伸变形的部位包住，以达到美观牢度的效果[4]；贴贴边，指用回针和暗缲针将 45° 斜丝布条

---

❶ 陈道玲，张竞琼：《近代江南地区民间大襟袄制作工艺》，《纺织学报》2012 年第 3 期，第 106 页。

❷ 刘瑞璞：《古典华服结构研究》，光明日报出版社，2009 年，第 73 页。

❸ 沈祝乔：《旗袍专技》，双大出版社，1986 年，第 51 页。

❹ 杜钰洲，缪良云：《中国衣经》，上海文化出版社，2000 年，第 416 页。

包贴于衣襟、侧边以及衩边等处，使服装内部平服、光洁，以达到美观牢度的目的；贴花边，指用暗缲针将布条或花边等辅料贴于衣襟上，以实现装饰效果。

绲工艺是用于双襟服装的边缘，一般用45°斜丝布条作为绲布条，用回针和暗缲针贴缝于服装表面。既用来装饰，又起到了加固服装边缘的一种手段。

5. 手针工艺的运用

手针工艺是指运用手针缝合衣料的各种工艺形式[1]，主要包括的针法有回针、暗缲针、套结针、平绞针等。这些手针工艺具有灵活方便的特点，是缝纫机所不能取代的。手针工艺是近代民间服饰制作中的一项基本功，如回针、暗缲针等手针工艺是衣襟、衣领等关键部位不可缺失的辅助工艺技法。

近代双襟旗袍是“融合中西”的经典之作，它在传承中国对称美等传统服饰文化元素的同时，还吸收了西方的思想观念以及制衣裁剪技巧，完成了从“平面”逐渐走向“立体”的演变过程，是中国近代服装史上一个“中西合璧”的典型代表[2]。它的产生与发展，丰富了改良旗袍的种类，为民国时期旗袍的繁华增加一笔重彩，更是近代中国旗袍造型、结构开始发生多种变化的重要标志。它彻底突破了单一衣襟的改变，走向了真假襟重设计的大门。它在造型上的变迁，不仅体现了中国制衣观念和裁剪技术的演变，还带来了服饰多变创新的繁华景象。此件袍服的缝制工艺既体现了传统汉袍的缝制工艺又展现出改良旗袍的缝制技艺，是我国袍服缝制工艺的集大成者，以小见大可窥中国数千年袍服缝制技艺之身影。

第三节 袍服装饰

一、袍服织绣装饰

袍服就袍身而言运用最多的装饰手法就是织和绣，织以缂丝和锦最为名贵，刺绣又以四大名绣最为人熟知。历朝历代的袍服装饰位置均有其特征，尤其自唐朝开始作为礼服的袍服在胸背部的装饰就成了演变的重点部位。

（一）袍服织造装饰

织是汉族袍服最常用的装饰手法之一，其中最为著名的就是锦。锦是一种多彩提花

---

[1] 张文斌：《服装工艺学》，中国纺织出版社，1997年，第9页。

[2] 陈研，张竞琼，李向军：《近代旗袍的造型变革以及裁剪技术》，《纺织学报》2012年第9期，第115页。

丝织物。以彩色真丝为原料，用多综多蹑机直接织出各种图纹。其使用的彩丝在两种以上，多者达数十种，有的还加织金银线缕，是古代丝织物中最为贵重的品种之一。其价如金，故名为锦。

锦的出现，至少已有三千多年的历史。历朝历代所穿锦制袍服必然受到当时技术、审美等因素的影响。春秋时，郑、卫、齐、鲁均为锦的主要产地，尤以襄邑（今河南睢县）出产的美锦为著名。1957年湖南长沙左家塘楚墓、1982年湖北江陵马山楚墓均有战国时期的彩锦出土。由此可见，当时的织锦工艺已从单纯的几何纹推进到广泛表现自然形纹样的新阶段，而用锦制成的袍服装饰纹样也具有以上特征。西汉时在齐郡临淄和陈留里襄邑设有服官管理织锦生产，襄邑仍为全国织锦的主要产地。东汉以后，蜀锦兴起，产品渐与襄邑织锦齐名。三国时，蜀锦成为蜀汉军需的重要来源，且是与魏、吴贸易的重要物资。晋左思《蜀都赋》："阛阓之里，伎巧之家，百室离房，机杼相和，贝锦斐成，濯色江波。"南朝宋时山谦之《丹阳记》："江东历代尚未有锦，而成都独称妙，故三国时魏则市于蜀，而吴亦资西道。"后赵建武元年（335年），石虎自立为帝，迁都至邺（今河南临漳），建织锦署。所产织锦名目繁多，文彩各异，技术力量仍来自蜀地。晋陆翙《邺中记》："织锦署在中尚方，锦有大登高、小登高、大明光、小明光、大博山、小博山、大茱萸、小茱萸、大交龙、小交龙、蒲桃文锦、斑文锦、凤凰朱雀锦，韬文锦、桃核文锦……工巧百数，不可尽名也。"石虎皇后出游，随从女子千人，所著服装大多以蜀锦制成。马队经过，金碧辉煌。隋唐时期，胡服盛行，锦的使用十分广泛。据唐人《通典》《唐六典》以及《新唐书·地理志》等记载，当时生产的彩锦以"半臂锦""蕃客袍锦"为多，织成后可直接成衣。其纹样则以联珠、鸟兽为主，花纹硕大，色彩鲜明。除川蜀外，扬州广陵也渐成为织锦的重要产地，仅高级"蕃客袍锦"每年便要向朝廷进贡二百五十件，作为朝廷向外国使节的馈赠礼品。北宋初年在都城汴京（今河南开封）开设有"绫锦院"，集织机四百余架，并移来了众多技艺高超的川蜀锦工作为骨干。另在成都设"转运司锦院""茶马司锦院"，专门织造西南、西北少数民族喜爱的彩锦。同时在河南、河北、山东等地，还建有规模甚大的绫锦工场，从而打破了魏晋以来蜀锦独步天下的局面。宋王室南渡后政治经济中心随之南迁，丝织生产的重心也转移到江南地区。杭州、苏州渐成为织锦的主要产区。宋锦风格与唐锦有较大差别，花纹秀丽、色彩素雅为其特色。著名品种有宜男、宝照、天下乐、六答晕、八答晕等。宋费著《蜀锦谱》上贡锦三匹，花样八答晕锦，官告锦四百匹，盘球锦。簇四金雕锦、葵花锦、八答晕锦、六答晕锦、翠池狮子锦、天下乐锦、云雁锦。《宋史·舆服志下》："中书门下、枢密、宣徽院、节度使及侍卫步军都虞候以上，皇亲大将军以上。天下乐晕锦……诸班及诸军将校，亦赐窄锦袍。有翠毛、宜男、云雁细锦、闾阖附酰狮子、练鹊、宝照大锦、宝照中锦、凡七等。”《水浒传》第三十五回：“前面簇拥着一个年少的壮士，怎生打扮？但见头上三叉冠，金圈玉钿；身上百花袍，织锦团花。”元代流行织金锦，名纳石失，多用于帝后贵族衣式。明清时织锦技术步入巅峰，最为著名的有苏州的仿宋锦（也称“宋锦”“宋式锦”）和南京的云锦。部分技术流传至今。很多朝代的袍服都有以织的形式进行装饰，实例如下。

宫锦，是宫廷所流行的彩锦。为宫廷内监制，或由民间专为官府及宫廷制造。极贵重，非贵戚不得僭越。古代诗文中记载较多，有用作锦袍的。《旧唐书·李白传》：“（李）白衣宫锦袍，于舟中顾瞻笑傲，旁若无人。”宫锦和民间锦缎的区别主要在于纹样与色彩。一般来说，宫锦纹样较大，色彩较鲜。各个时期宫锦袍装饰图案也有所变化。唐代宫锦袍纹样造型敦厚饱满，富丽堂皇，比较多的是缠枝花纹；宋代纹样秀美雅致，风格清新，以折枝花较为常见；明代纹样严谨端庄，概括性强；清代纹样细密、琐碎。至于色彩，唐代倾向浓丽，具有明朗而健康的气息；宋代讲究配色淡雅，给人以文静之感；元代则注重用金，显得富丽堂皇；明清两代将金与色彩相结合，形成金彩并重的装饰风格。

陈留锦，是汉代陈留郡襄邑县出产的大幅彩锦。春秋战国时期该地出产的织锦闻名遐迩。西汉时该地设织锦署，集织工数千，所产彩锦精美超群，佳者每匹值二万钱（当时普通丝织品每匹价值在千钱之内），多用于贵族袍服制作。《书·禹贡》：“厥贡漆丝，厥篚织文”。唐孔颖达疏：“汉世陈留襄邑县置官服，使制作衣服，是兖州绫锦美也。”

蜀锦，原指川蜀地区出产的五彩提花丝织物。自汉代起巴蜀地区即以出产各类彩锦闻名远近，所织之锦多以五彩熟丝为之，用多综多蹑机织造，以经丝牵成彩条，纬丝分段换色，从而显现各种花纹。蜀锦制成的袍服织物质地坚韧、色彩绚丽，具有独特的地方特色。

金线锦，是加有金线的丝织物。《梁书·诸夷传》：“（波斯国）下聘讫，女婿将数十人迎妇，婿着金线锦袍，师子锦袴，戴天冠。”金线锦制作的袍服织物表面光彩夺目，富丽堂皇。初为波斯所贡，北朝时中国也有织造，多用于西域地区，通常制作袍服等衣物。

蕃客袍锦，是汉族为西域少数民族设计、织造的织锦。因专供制袍，故名。蕃客袍锦装饰纹样内容及形式多取法西域，常见的有狮子、天马、辟邪、骆驼、对羊、连珠等，部分织有汉字。《新唐书·地理志五》：“（广陵郡）土贡：金、银、铜器、青铜镜、绵、蕃客袍锦、被锦、半臂锦。”1964年新疆吐鲁番阿斯塔纳隋朝墓（入葬年代为589年）出土的彩锦（俗称胡王锦），为三重三枚平纹经锦，在黄色地上以红、绿等色显花，每一花纹单位系一执鞭牵驼者，外形为连珠圆环，环内人与动物空隙处，织有汉文“胡王”

二字，即为典型的蕃客袍锦实物。

十样锦，是十种著名的蜀锦，相传为五代后蜀时创制。元戚辅之《佩轩楚客谈》："孟氏在蜀时制十样锦，名长安竹、天下乐、雕团、宜男、宝界地、方胜、狮团、象眼、八搭韵、铁梗衰荷。"后也有将十种或多种锦纹织绣在一块织物上，图案多呈小块状。元无名氏《千里独行》第五折："你个奸雄曹操，倒赔了西川十样锦征袍。"《金瓶梅词话》二十九回："我有一方大红十样锦缎子。"十样锦袍服应是用红色等色彩为地，将长安竹、天下乐、雕团、宜男、宝界地、方胜、狮团、象眼、八搭韵、铁梗衰荷的图案以方块为单位以四方连续的形式织成面料，再制作成袍，其袍服装饰图案琳琅满目，绚丽多彩，在日本和服腰带中有几种传统纹样还能找到十样锦的影子。

云锦是江苏南京出产的彩锦，通常以彩丝为经纬，缎纹组织为地，用小管梭及长管梭配合挖织显花，织造时配色不受限制，灵活自由，花纹色彩富于变化，具有较强的装饰效果，适宜制作袍褂、帐幔。用云锦制作的袍服织造精致、色彩斑斓、花纹绚丽。云锦制袍产生于元而兴于明清。明代云锦主要有妆花、织金及本色花（单色暗花缎）三种。1958年北京定陵出土的明万历皇帝龙袍，在起本色暗花的纱地上织有十几条姿态不一的五彩妆花云龙，织造工艺之复杂，织品效果之精美，令人叹为观止。

宋锦，是一种仿宋提花丝织物，为纬三重起花的重纬织锦。用宋锦制成的袍服花纹规矩、工整，色彩素雅，常见的有宜男、宝照、界地、天下乐、六答晕、八答晕等诸多名目。流行于明清时期，多用于贵族袍服制作。

晋锦，是一种仿晋提花丝织物。用晋锦制作的袍服流行于明代中期，多用于贵族袍服制作，常见的有葡萄、虎文、云凤、朱雀、鸳鸯、交龙、茱萸、明光等装饰纹样。

汉锦是一种仿汉提花丝织物。织造时先将经纬线染成彩色，以平纹组织的形式进行织造，经线起花，以汉锦制成之袍花纹以禽鸟、云气为主，给人以典雅，秀丽之感。明田艺蘅《留青日札》："隆庆四年，奏革……士庶男女宋锦、云鹤绫、缎、纱、罗，女衣花凤通桩，机坊不许织造。今宋锦禁而汉锦出矣。"所以汉锦制袍流行于明代中晚期，多用于贵族男女袍服制作。

缂丝，又称刻丝、克丝、剋丝、缀织等，是一种用通经回纬的织法制作的彩色平纹丝织物。织造时将本色经线分布固定，绘图稿于上，或将彩色画稿衬托在经线底部，用多种小梭子代替绣针，引多种彩丝按图稿之色分段挖织，由于采用分段显纬的方法，所以纬线色彩的织造不受限制，能再现画稿原貌，织成之后对空照视，其花纹图案边缘犹如镂刻而成，故名。《松漠纪闻》："回鹘自唐末侵为，本朝盛时，有人居秦川为熟护者……又以五色线织成袍，名曰剋丝。"以缂丝为面料制成的袍装饰纹样端庄、素雅、规矩、生动，非常适合当成礼服。

（二）袍服刺绣装饰

汉族袍服以刺绣进行装饰的历史非常悠久，1975年在陕西省宝鸡市茹家庄出土的西周墓中就有施有彩绣的丝织物，在朱红纱地上用黄线施辫子绣，针脚均匀整齐，可见当时的刺绣技术已经非常成熟，由此推断此时袍服的装饰已经运用了刺绣。如果说西周时期袍服用刺绣装饰还处在推论阶段，那么东周时期汉族袍服用刺绣装饰就确凿无疑了，仅1982年在湖北省马山墓出土的刺绣汉袍实物就有三件，出土实物和史料记载相互印证。湖南省马王堆汉墓出土的汉族袍服也施有大量精美刺绣。隋唐时期刺绣有较大发展，除传统针法外，又出现了直针、切针、缠针、戗针、套针等新技法，作品多用于贵族服装。《唐会要》卷三十二："天授三年正月二十二日，内出绣袍，赐新除都督刺史，其袍皆刺绣作山形，绕山勒回文铭曰：德政惟明职令思乎，清慎忠勤荣进躬亲。《唐会要》卷十六："袍之制有五：一曰青袍；二曰绯袍；三曰黄袍；四曰白袍；五曰皂袍。"李林甫注："今之袍皆绣画以武豹鹰鹤之类，以助兵威也。"宋代官方设有绣院，集各地优秀刺绣艺人，专门从事刺绣生产。表现平面的反戗，表现单线的绲针，表现光色的套针以及平金、钉线、补线、打子、锁边、刻鳞等刺绣针法在宋代已经出现并被运用得非常纯熟。1975年福建省福州宋代黄升墓出土大量袍服实物，而且很多袍服的衣缘处都施以精美的刺绣。时至明清在全国各地形成了不同风格的地方体系，流派纷呈，争奇斗异，特别是苏州、广东、四川、湖南四个地区的刺绣之作最为著名，有"四大名绣"之美称，各地区的汉族袍服更是大量运用当地著名的刺绣工艺进行装饰，明清以及民国时期的用刺绣进行装饰的汉族袍服在我国各个博物馆及私人藏家手中存有大量的实物。我国历朝历代都有不同的袍服以刺绣的形式作为主要装饰，以下举几个典型的实例进行分析。

锁绣，又称穿花、套花、锁花、络花、扣花、套针、链环针等。早在西周时期就已经出现并有出土丝织物实物，湖北江陵马山战国墓和湖南马王堆汉墓出土的大量袍服中刺绣工艺均以锁绣为主。其具体绣法是在纹样根端起针，落针时将绣线挽成圈落在起针旁，第二针在前一个圈的中间起针，再将前一个小圈拉紧。因绣线盘曲相套形似锁链，故名锁绣，是中国最古老、最常用的绣法之一。

辫绣，又称辫子股、辫子绣。早在西周时期就已经出现，多用于刺绣小面积图案，很多传世的清代袍服中辫子绣都是和平针绣、打籽绣等其他绣法一同出现的。其运针方式如同锁绣，用针刺穿前一环套，压过第二环后拉起绣线，线环紧密形似发辫，故而得名。是中国古老传统的绣法之一。

打籽绣，又称打子、结子、环绣、打疙瘩。在秦汉时期已经用于袍服装饰之中，东汉墓出土丝织物就有打籽绣绣品。在传世的清代汉族女袍中经常能见到打籽绣的装饰手法，打籽绣用在女袍的装饰中多以点缀为主，常见于袍服袖口。例如，袍上一个平安富贵纹，瓶子用平针绣，花朵用打籽绣，花瓣之间用盘金绣，多种绣法组合出现。也有少数女袍通身刺绣装饰均用打籽绣。打籽绣是用绣线自下而上将针穿出绣面，然后用线缠绕针尖一周，马上在线根旁刺下，收紧后便打绕成颗粒状小结，在袍身上连缀成图案，颗粒结构变化多样，大小不一，仅书中记载的就有二十多种，绣面效果厚实结实、立体感强，是我国传统刺绣方式之一。

信期绣是汉代绣品，名称根据湖南省马王堆汉墓出土的第268、271、256号竹简记载而来。2004年文物出版社出版的《长沙马王堆二、三号汉墓》第一卷田野考古发掘报告41表一和42页续表一中记载三号汉墓裹尸衣衾十八层丝织物登记表中有顺序号5器物编号N5黄褐罗地信期绣丝绵袍，顺序号18器物编号N18黄褐罗地信期绣绵袍两件以信期绣装饰并命名的罗地绵袍。绣品中有类似于燕子的纹样，推断可能与信期的含义有关。刺绣用不同明度的同色系丝线用股绣法绣成变形的云纹，图案单元较小，针脚长0.1~0.2厘米，所用色线有朱红、浅棕红、深绿、深蓝和黄色等多种色彩。信期绣是我国一种古老的刺绣方式。

乘云绣，汉代绣品，名称根据湖南省马王堆汉墓出土的第253号竹简记载而来。2004年文物出版社出版的《长沙马王堆二、三号汉墓》第一卷田野考古发掘报告41表一和42页续表一中记载三号汉墓裹尸衣衾十八层丝织物登记表中有顺序号10器物编号N10黄褐绢地乘云绣夹袍，顺序号11器物编号N11深褐绢地乘云绣夹袍两件以乘云绣装饰并命名的绢地夹袍。图案单元长17厘米，宽14.5厘米，花纹以朱红、棕色和橄榄绿三种颜色组成穗状云纹，每个单元中部都有一带眼状的桃形花纹，其中的穗状云纹可能和乘云的含义有关。乘云绣是我国一种古老的刺绣方式。

长寿秀，汉代绣品，名称根据湖南省马王堆汉墓出土的第255、257、264号竹简记载而来。2004年文物出版社出版的《长沙马王堆二、三号汉墓》第一卷田野考古发掘报告41表一和42页续表一中记载三号汉墓裹尸衣衾十八层丝织物登记表中有顺序号3器物编号N3褐色绢地长寿绣夹袍，顺序号8器物编号N8赭褐绢地长寿绣夹袍，顺序号9器物编号N9赭褐绢地长寿绣夹袍三件以长寿绣装饰并命名的绢地夹袍。长寿绣以变体云纹为主题，图案单元较大，花纹以穗状流云为主，紧凑平衡的布满幅面，绣线有棕色、紫灰色、橄榄绿、朱红、绛红、深绿、深蓝、金黄、土黄等。长寿绣是我国一种古老的刺绣方式。

蜀绣，又称川绣，以四川成都为中心的民间刺绣，中国四大名绣之一。东晋常璩撰写的《华阳国志》有大量关于蜀绣的记载，蜀绣和蜀锦一样闻名遐迩，明代中期在蜀绣基础上吸收顾绣和苏绣的优点而自成一派，多用于女性袍裙的装饰中，重庆中国三峡博物馆就藏有明代秦良玉蓝缎平金绣蟒袍，此件蟒袍就是一件典型的蜀绣袍服。蜀绣多以软缎为料，用针工整平齐，色彩鲜艳。常用套针、晕针、旋流针的针法，是我国巴蜀地区的传统绣法。

纳纱绣，又称戳纱、穿纱、纳绣、纱绣、开地锦等。两宋时期已经在袍服中使用，清代时期尤为盛行，常用于女子袍服装饰。故宫博物院、中国服装博物馆等都有大量清代纳纱绣女袍藏品。纳纱绣是以素纱或织有暗纹的纱为地，在背面描画稿，由背面按照纱地格子行线，以长短不一的线条排列成纹戳出纹样，成品分两种能看见戳出花纹和未戳纱地者为戳纱。满绣不露地者为纳纱或开地锦。

汴绣，以河南开封为中心的刺绣。北宋时期在首都汴京设文绣院，集中织工数百人，专为皇室刺绣服装及其他御用物品。北宋时期皇家所穿袍服的刺绣装饰主要采用此种刺绣工艺，北宋灭亡后衰落，清代又在民间复兴。汴绣针法多达二十余种，作品层次分明、生动逼真。

南绣，中国南方的民间刺绣。宋元时期形成风格，这一时期南方制作的袍服刺绣装饰也基本都是南绣工艺。南绣通常将丝线分为细缕，再用套针、施毛针等手法刺绣，绣面整齐紧密、纹理分明、形象逼真、用色素雅。明代的顾绣、苏绣、湘绣等绣法都是继承了南绣风格发展而来。

北绣，中国北方民间刺绣。宋元时期形成风格，这一时期北方制作的袍服刺绣装饰也基本都是北绣工艺。北绣大多以暗纹绸、绫等丝织物为地，用双股丝线合捻或包梗丝线刺绣，作品粗犷饱满、色彩鲜艳，在明代流行的京绣、鲁绣等绣法都是在北绣的基础上发展而来。

苏绣，以江苏苏州为中心的刺绣，四大名绣之一。早在宋代苏州就出现了“绣衣坊”“绣线巷”“绣花弄”等刺绣生产集中的地方，宋代袍服尤其南宋时期的袍服刺绣工艺大量运用苏绣进行装饰，明清两代更是在苏州设置苏州织造局，大量的宫廷袍服、官服刺绣都出自苏州，苏绣袍服的传世量也很多，故宫博物院、首都博物馆、苏州博物馆、中国服装博物馆等国内众多博物馆中都有苏绣袍服藏品。苏绣刺绣工艺吸收顾绣优点并有所发展和创造，概括为平、光、齐、匀、和、顺、细、密八个字，常用的有套针、齐针、抢针、网绣等针法，常用三四种深浅不同的同类色相配，套袖出晕染自如之效果，绣面厚密有薄浮雕之感。

鲁绣，又称衣线绣，是以山东地区为中心的民间刺绣。元代以后形成风格，山东省博物馆就藏有明代、清代以及民国时期的鲁绣袍服。鲁绣多以暗花的绸、绫为地，用双股丝线合捻刺绣，有线条粗、针脚长、丝理疏、色彩稳等特点。

洒线绣，简称洒绣，是在方孔纱或直径纱上用彩色丝线合捻绣成小型几何纹样作地铺绣而成，主要在明代流行，故宫博物院就藏有洒线绣百花潜龙纹龙袍料。明代吴应箕所著《留都见闻录 · 服色》记载："万历末，南京妓女服洒线，民间无服之者。戊午则妓女服大红绉纱夹衣，未逾年，而民间皆撒线，皆大红矣。"明末清初的西周生所著《醒世姻缘传》第六五回："这顾家的洒线是如今的时兴，每套比寻常的洒线衣服贵着二两多银哩。"清笔炼阁主人《五色石》第五回："身穿大红小绵袄，外着水红洒线道袍。"可见洒线绣是一种工艺复杂、耗时长久的精致刺绣，在明代末年的贵重袍服中得以运用。

顾绣，又称露香园绣、顾氏露香园绣、露香园顾绣，是明代上海顾氏家族所做刺绣，也可以代指具有其刺绣技法和风格的刺绣工艺。以明代嘉靖年间进士顾名世开始著名，多用于男女袍衫。清代李绿园著《歧路灯》一零八回："缂丝丝蟒袍全料，顾绣朝服全料，朝靴四双。"顾绣继承了宋代画绣的特点，以针线代笔，形象逼真、纹理细腻、色彩娴雅、风格清新，常用绲针、施毛针、网绣等针法。

粤绣，又称广绣，以广州、潮州、南海、番禺、顺德等地为中心的民间刺绣，自成体系，是我国四大名绣之一。粤绣风格形成于明代，清中期以后逐渐分为绒绣、线绣、钉金绣、金绒绣四种类型，尤以加衬浮垫的钉金绣最为著名。成品多施于男女衣裳、袍衫。广东省博物馆就藏有清代粤绣袍传世藏品。粤绣以男工刺绣为主，善于利用针线起落、用力轻重、丝理走向、丝结卷曲来加强表现力，形象逼真。除彩线外捻金线和孔雀羽线的使用比例也很大，作品金碧辉映、光泽炫目。常见主题有百鸟朝凤、孔雀开屏、三阳开泰、松鹤猿鹿等。

京绣，是以北京为中心的民间刺绣。明清时已有京绣的独立行业，风格形成于清代，多刺绣各种服饰，尤以刺绣戏服而出名。明清两代用京绣装饰的袍服很多，尤其很多清代戏袍具是此种刺绣装饰。其技法受顾绣、苏绣等影响，多以工笔画为稿，用各色无捻丝施绣，主要针法有缠针、铺针、接针、平金、钉线、串珠等。装饰题材以四季花果、飞禽草虫、庭院人物为主，色彩多用粉红、浅绿、青莲等色，作品绒面匀薄、花纹光亮、色彩艳丽。

瓯绣，又称温绣，是以浙江省瓯江畔的温州为中心的民间刺绣。明清时期形成稳定的风格，明清两代很多蟒袍、礼服袍及宗教用袍用此刺绣工艺进行装饰，其针法变化丰富，绣面均匀光亮，针脚细密整齐。

穿珠绣，又称钉珠、珠绣，是我国传统刺绣工艺。清代珠绣传世袍服较多，故宫博物院就藏有大量的珠绣龙袍。珠绣有两种，一种是全部纹样以珠子体现的满钉法；另一种是在绣好的花纹上适量钉几颗珠子的点缀法。珠绣将颗粒大小相近的珍珠、珊瑚珠、料珠等穿成串以代绣线，然后盘曲成纹，以钉线缝缀固定。成品光彩夺目、富丽堂皇。

盘金绣，是我国的传统刺绣工艺。清代朝服袍、吉服袍、道袍、戏袍等都有大量运用盘金绣做装饰的传世实物。盘金绣是用金线或捻合而成的金色线在料上盘成纹样再以钉绣之法固定。常见的盘金绣在袍服中的运用有两种：一种是满工的盘金绣，袍身布满盘金绣，尤其龙袍采用这种绣法较多，从正龙、行龙的团龙纹到海水江崖纹均盘金线，金碧辉煌、气势恢宏；另一种是用其他普通刺绣装饰，在关键部位运用盘金绣进行点缀，如故宫博物院藏得一件清乾隆的吉服袍，全身刺绣只有龙鳞的部分运用了盘金绣，为的是更好地体现龙鳞的效果。

二、袍服其他装饰

袍服除了织绣以外还有很多装饰手法，如先秦时期就大为流行的彩绘，与功能结构相结合的镶绲，从清代开始流行的各种扣子，这些都是袍服重要的结构装饰工艺。

（一）袍服镶绲装饰

镶绲装饰工艺是袍服制作中一门非常传统古老的技艺，早在先秦时期就有使用，后来历朝历代出土袍服实物也均有此工艺，尤其到了清代中晚期镶绲的装饰被大量运用。近代常见的装饰工艺有挖镶、镶嵌、镶绲。挖镶所饰纹样有花卉、鸟蝶，尤以云纹最为多见，故又称挖云，是在布帛上镂刻出纹样，并镶嵌绲边，纹样底部以同色或异色绸缎衬之，具有较强的立体效果和层次感，明清时期运用较多，主要在袍服的领部、襟部以及开衩处运用；镶嵌是一种在袍服上镶绲花边、牙条或挖镶花纹，明清时期袍服大量运用此种装饰，传世袍服在各大服装类博物馆中也非常多；镶绲主要指在袍服中施以绲边，绲边所用布料为斜丝裁剪，绲边的使用既可以支撑袍服廓型，又可以加固边缘，最重要的是可以起到装饰作用，所以无论男袍还是女袍都经常运用这种装饰工艺。

（二）袍服纽装饰

纽又称钮，有带结或纽扣之意，早在先秦时期就在袍服中使用。《礼·玉藻》中记载："居士锦带，弟子缟带，并纽约用组。"唐孔颖达疏："纽谓带之交结之处，以属其纽，约者谓以物穿纽约结其带。"袍服之纽自先秦至宋多以布带系结为主要系结方式，自元明开始金属、玉石之扣开始少量应用，清代开始金属、玉石为扣，丝为襟的组合方式开始大为流行开来。纽在最开始主要起到系结作用，后来逐渐将实用性和装饰性相结合，自元明开始至清代纽的装饰性达到顶峰。扣的种类更是繁多，有绸纽扣、芙蓉扣、鸳鸯扣、牙子扣、双蝶扣等，扣发展到清代时仅运用在袍服中的扣子按材质分就有多种，有鎏金簪花铜扣、金扣、银扣、铜扣、布扣、玉石扣、米珠扣、花丝镶嵌扣、蜜蜡扣、琥珀扣、点翠扣等，男女袍服大多都可使用。到了民国时期，扣子的选料种类逐渐减少，基本都以布帛盘结的盘扣为主，男性袍服绝大多数扣子选用一字扣，而形成鲜明对比的是此时的女性改良旗袍之盘扣虽然用料变得单一，但是盘结的款式却是发挥到了极致，色彩搭配、图形变化可谓变化莫测，尤以花卉纹、琵琶纹、蝶鸟纹为主，如图3-130~

图3-154所示。

图 3-130 | 蜜蜡扣

图 3-131 | 蜜珀扣

图 3-132 | 珊瑚纽扣

图 3-133 | 串料珊瑚米珠纽扣 a

图 3-134 | 串料珊瑚米珠纽扣 b

图 3-135 | 白红米珠嵌点翠纽扣

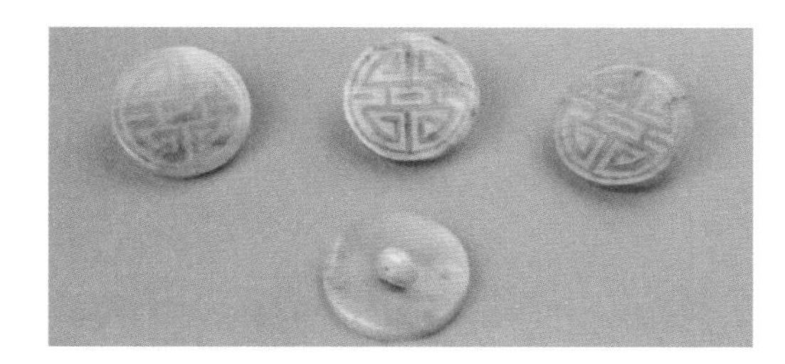

图 3-136 | 翠寿字纹扣

图 3-137 | 翠蝙蝠纹玉纽扣

图 3-138 | 碧玉点翠纽扣

图 3-139 | 铜镀金累丝点翠纽扣

图 3-140 | 银累丝镂空团寿纽扣

图 3-141 | 铜镀金累丝镂空串米珠纽扣

图 3-142 | 铜镀金嵌料石纽扣 a

图 3-143 | 铜镀金嵌料石纽扣 b

图 3-144 | 蓝料珠纽扣

图 3-145 | 白玉纽扣 a

图 3-146 | 白玉纽扣 b

图 3-147 | 白玉纽扣 c

图 3-148 | 白玉带皮纽扣

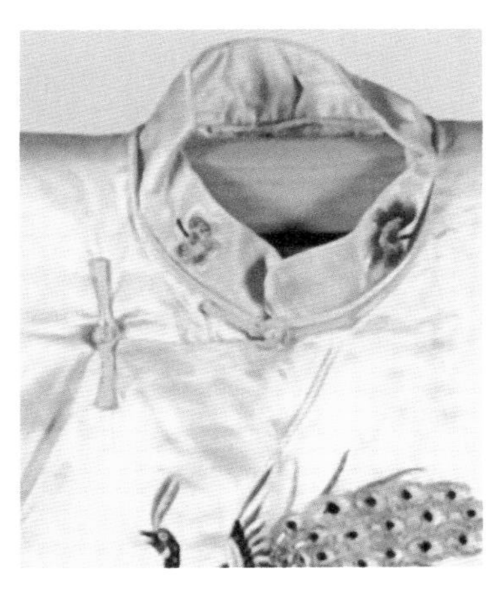

图 3-149 | 民国女袍一字扣

图 3-150 | 民国女袍盘花扣 a

图 3-151 | 民国女袍盘花扣 b

图 3-152 | 民国女袍盘花扣 c

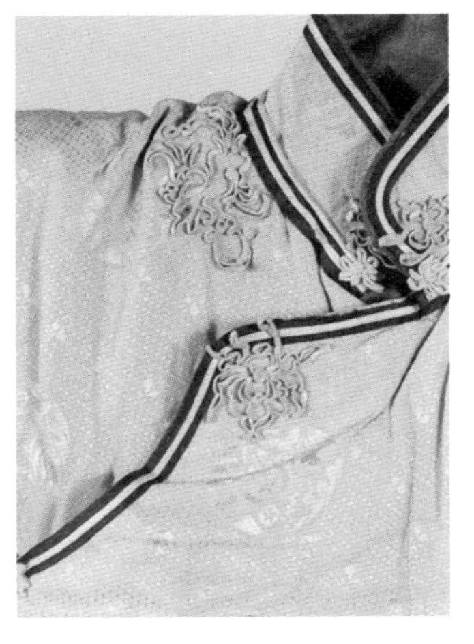

图 3-153 | 民国女袍盘花扣 d

图 3-154 | 清代男袍碧玺扣

（三）袍服彩绘装饰

绘又称会、缋，是一种传统服饰的设色工艺，在衣服上绘画或刺绣纹样。《说文》载："绘，会五彩，绣也。"段注："古者缋训画，绘训绣。"彩绘用作装饰袍服的历史非常悠久，1972年马王堆汉墓出土的服装中就有彩绘装饰的出土文物，1975年福建省福州宋代黄昇墓出土了8件使用彩绘进行装饰的袍服实物，袍服的对襟及缘边处大多镶上一条有印花和彩绘组合或者只有彩绘的花边，其中凸纹印花彩绘的工艺与纹样尤为特别，其凸纹版印花是根据设计好的纹样在修整好的硬质木板上雕刻阳纹的纹样图案，再用薄厚适宜的涂料浆或胶黏剂涂在印花版上或者在印花版上蘸泥金然后在上过薄浆熨平光洁的袍料上印出纹样的底纹或金色轮廓，之后才会再描绘敷彩，最后以白、褐、黑等色或用泥金勾勒花瓣和叶脉。宋代的这一工艺是汉唐以来凸版印花彩绘的继承和发展。宋代之后历代均有袍服以彩绘饰之，中国服装博物馆就藏有一件山东省烟台市黄城的清代大红缎地蝶恋花彩绘纹女袍，袍服的袖口处施以彩绘。此外，还有用点翠来装饰袍服的，点翠是一种以胶水来代替颜色在服装布帛之上描绘纹样，再将翠鸟羽毛之末撒于纹样之上。《水浒传》第五十五回记载："病尉迟孙立是交角铁幞头，大红罗抹额，百花点翠皂罗袍。"黄昇墓出土的彩绘袍服在历代彩绘装饰的袍服中具有代表性（表3-8），这种阳纹版印花加彩绘的装饰多为成组的条饰花边，袍的对襟花边纹样和色泽分四种。第一种，印花彩绘百菊花边，即在菊叶上工笔手绘几何纹样，出土呈色为橘黄色花、灰绿色和灰蓝色叶，花卉面积48厘米×4.4厘米，如图3-155所示；第二种，印花彩绘鸾凤花边，中间饰有流云纹，出土呈色为橘红色和灰白色的鸾凤、浅蓝色的流云，花卉面积16厘米×1.8厘米，如图3-156所示；第三种，印花彩绘牡丹、芙蓉花边，中间饰以彩球飘带纹，出土呈色为橘红色和橘黄色花、灰白色彩球飘带，花卉面积23厘米×2.5厘米；第四种，印花彩绘木香花边，出土

图3-155 | 印花彩绘百菊花边

图3-156 | 印花彩绘鸾凤花边

呈粉红色花、灰蓝色叶，花卉面积5.3厘米×1.5厘米。

表3-8　福州南宋黄昇墓出土袍服彩绘装饰纹样数据表　　单位：厘米

器物号	名称	部位	花边纹饰	花纹单位
5	紫灰色绉纱镶花边窄袖袍	表、里、大襟边、小襟边、腋下、下摆、袖口缘、加缝领	彩绘百菊、几何形，印金芙蓉、菊花等	48×4.4 10.5×1.4
11	褐黄色罗镶花边广袖袍	表、袖口缘、大襟边、小襟边、腋下、下摆	彩绘鸾凤，印金蔷薇花、云气纹等	16×1.8 10.3×1.6
15	黄褐色罗镶花边广袖袍	表、袖口缘、大襟边、小襟边、腋下、下摆	彩绘木香花，印金芙蓉、菊花等	5.3×1.5 10.5×1.5
38①	黄褐色罗镶花边窄袖袍	表、腋下、下摆、大襟边、小襟边、袖口缘、加缝领	印金芙蓉、菊花等	10.5×1.4
63	褐黄色罗镶花边窄袖袍	表、袖口缘、大襟边、小襟边、腋下、下摆	黑色素边，印金菊花、芙蓉、山茶等	12.8×1.5
65⑤	浅褐色罗镶花边广袖袍	表、腋下、下摆、大襟边、小襟边、袖口缘、加缝领	印金，彩绘茨菇、白萍、朵菊	9.5×1.5 9.8×1.5
254	褐色罗镶花边广袖袍	表、袖口缘、大襟边、小襟边、腋下、下摆	印金彩绘蔷薇、芙蓉、菊花	10.2×1.7
255	褐色暗花罗镶花边窄袖袍	表、襟里、大襟边、小襟边、腋下、下摆、袖口缘、加缝领	彩绘牡丹、芙蓉、绶球、飘带、桃、梨花等	23×2.5 10.2×1.3

第四章

清代及民国时期袍服图例

第一节 清代及民国时期男袍图例

清代男袍作为礼服有着详细的分类，据《钦定大清会典》等典籍中规定，袍服按功能分为礼服袍、吉服袍、常服袍、行服袍、雨服袍、戎服袍等。清代用于祭祀、朝会、节庆、出巡、日常生活等不同场合的袍服在形制上有着严格要求。清代男袍圆领、右衽、窄袖或马蹄袖、无收腰、上下通裁、系扣、下摆无开衩或两开衩或四开衩、下摆直摆或圆摆。尤其开衩的规定极为严格，《钦定大清会典》严格规定了唯皇帝及宗室成员方可服用四开裾常服袍，其余官员（无论品阶爵位）只可穿两开裾袍。而最下等的庶民，只许穿不开裾的裹身袍，否则将以僭越逾制论罪。清代礼服之袍需加马蹄袖。民国时期袍服为次礼服，其特点为立领、右衽、窄袖、无收腰、上下通裁、系扣、无开衩或左右开衩、直摆或圆摆。

清代袍服不仅在形制上有着严格规定，在制作技术与工艺上也有着一定的发展。按《中国古代服饰史》记载，清代袍服的衣料主要有锦、纱、绸、罗、绉、缂丝、缎、绒等。锦是一种多彩提花织物，清代云锦在前代基础上有长足进步，尤其在金线制作技术和金线质量上有很大提高。康熙时期，云锦以仿宋式规矩锦成就为高，金线加工，细如发丝。雍正时期，注重配色，图案秀丽，配色文雅。乾隆时期，开始吸收西洋花式和织造技法促进了锦缎花色的变化。纱是一种轻薄透亮的丝织物，有官纱、宫纱、素绢纱、绒纱、葛纱等，自宋代起正式成为夏季官服之袍的面料。绸是密而细的丝织物，轻薄但不透亮。罗是纹理较疏的丝织物，其和纱均轻薄透亮，但由于织造方式不同，简单区分方式就是看经纬线织造的形状，方孔为纱，椒孔为罗。绉，为一种有绉纹的丝织品，出现于先秦时期，以后历代沿用，并发展为现代的碧绉、背绉、双绉、湖绉等。缂丝是贵重织物，极盛于两宋之际，清代设有苏州织造局，主要负责皇室缂丝织物的织造，其最大的织造特点就是通经回纬。缎是厚重的丝织物，有素缎、库缎、花缎等，清《钦定服色肩舆永例》："一品，二品官，貂鼠镶披领袍，囤子小袖袍，蟒缎、妆缎、金花缎、各样补缎、倭缎、各样花缎、素缎俱准用。"绒有漳绒、姑绒、剪绒、破花绒等，漳绒以蚕丝为原料，或以蚕丝为经，以人造丝为纬，因其著名产地为福建漳州而得名。绒元代已出现，明代时大量生产，并用作贡物。绡昭梿《啸亭续录》卷二："今日优伶辈，皆用青色倭缎、漳绒等缘衣边何，如占深衣然，以为美饰。"

中国服装博物馆藏有明、清、民国不同时期的各类袍服，面料包括云锦、纱、缎、罗、绉、漳绒等，规格高、做工精细，是清代人民生活和历史的见证，也是清代发达的织绣等工艺水平的集中体现，对于研究明、清、民国时期服饰制度、制造技术、艺术审美等方面有着重要的研究价值。在此介绍几种袍服，以飨读者。

一、蓝色织纱团龙纹单龙袍

蓝色织纱团龙纹单龙袍（图4-1），18世纪晚期至19世纪中期，袖通长194厘米，衣长136厘米。圆领，大襟右衽，前后左右四开裾。蓝色织纱面料，团龙纹。此件衣服是宗室或经宗室赏赐之人在日常生活中所穿的常服袍。

（a）正面　（b）背面

图4-1｜蓝色织纱团龙纹单龙袍

二、石青织纱团龙纹单龙袍

石青织纱团龙纹单龙袍（图4-2），18世纪晚期至19世纪中期，袖通长174厘米，衣长128厘米。圆领，大襟右衽，前后左右四开裾。蓝色织纱面料，团龙纹，领、襟缀铜鎏金镂空扣五。此件衣服是宗室或经宗室赏赐之人在日常生活中所穿的常服袍。

（a）正面　（b）背面

图4-2｜石青织纱团龙纹单龙袍

三、朱紫万福捧寿纹织罗袍

朱紫万福捧寿纹织罗袍（图4-3），17世纪中晚期，袖通长189厘米，衣长128厘米。圆领，大襟右衽，左右开裾。花罗面料，织万福捧寿纹。此件袍服为清代贵族在夏季穿服，穿在里面，外面还要加一层薄袍及褂。

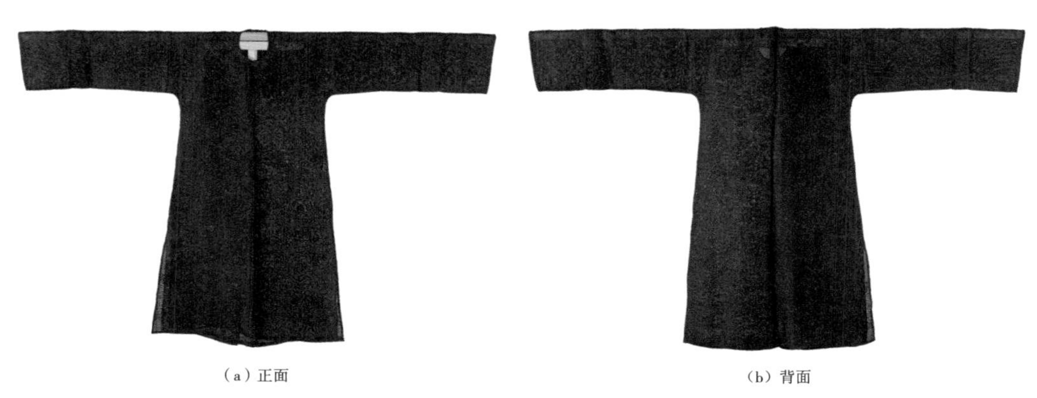

（a）正面　（b）背面

图4-3｜朱紫万福捧寿纹织罗袍

四、石青绉暗花纹单袍

石青绉暗花纹单袍（图4-4），18世纪晚期至19世纪中期，袖通长175厘米，衣长122厘米。圆领，大襟右衽，前后开裾，石青色绉面，暗花纹。领、襟缀碧玺扣五。根据其前后开裾的特点，此件袍服为清代官员所服。

（a）正面　（b）背面

图4-4｜石青绉暗花纹单袍

五、宝石蓝漳绒夹袍

宝石蓝漳绒夹袍（图4-5），18世纪晚期至19世纪中期，袖通长169厘米，衣长

133厘米。圆立领，大襟右衽，左右开裾。漳绒面，月白色素纺丝绸里。五颗鎏金铜扣。

（a）正面 （b）背面

图4-5｜宝石蓝漳绒夹袍

六、藏蓝缎素面狐狸皮袍

藏蓝缎素面狐狸皮袍（图4-6），20世纪早期，袖通长169厘米，衣长133厘米。立领，右衽，左右开裾。缎面，取狐狸皮背部最佳之处，以数十张缝制为里，十颗一字盘扣。长袍马褂是民国时期次礼服，此袍为民国初期江南水乡男子款式，用料考究，做工精致，为江南高门大户之男子所有。

图4-6｜藏蓝缎素面狐狸皮袍

第二节　清代及民国时期女袍图例

女袍是我国女性最主要的传统服装之一，自先秦至今传承数千年。其功能也从作为内衣和帝王常服逐渐演变为礼服、便服，清代贵族女子穿袍之风盛行，时至民国更是满汉女子无论老幼均穿旗袍，风靡一时。

清代女式袍服作为礼服的详细分类，可以参考《钦定大清会典》等典籍。民国时期女式袍服自民国十年以后逐渐流行开来，无论礼服、便装都可穿旗袍，其主要特点为立领、右衽、窄袖、收腰、上下通裁、系扣、左右开衩、直摆或圆摆。我国自古被称为衣冠上国，我国还有重要的丝绸之路，这里都体现了我国服装文化的影响力。在清末“西风东渐”的同时，“东风西渐”的影响依旧发生着。在中国服装博物馆就藏有一件在欧洲回流的晚礼服，这件晚礼服的形制就鉴于欧式晚礼服与中式袍服之间，因为那是在清末时期由两件中国的龙袍按照西方的审美改装而成的晚礼服。在此介绍几种女式袍服，以飨读者。

一、蓝暗花纱织彩云金龙纹龙袍

蓝暗花纱织彩云金龙纹龙袍（图4-7），19世纪晚期，蓝色暗花纱面，妆花段彩云金龙纹披肩。此服装是用清晚期的两件龙袍改装而成的西式礼服，是晚清时期东西方服饰文化交流中“东风西渐”的代表服饰，是中西方服饰文化元素相互融合的典范。

（a）正面

（b）侧面

（c）背面

图 4-7 | 蓝暗花纱织彩云金龙纹龙袍

二、绛紫缎暗纹狐狸皮袍

绛紫缎暗纹狐狸皮袍（图4-8），20世纪初期，袖通长136厘米，衣长121厘米。立领，大襟右衽，平袖，左右开裾，绛紫色缎暗纹，狐狸皮里，领襟处有盘扣九对。制作一件袍的里子需要数十张狐狸皮，因而此件女袍在当时是富贵人家冬日所服之衣。

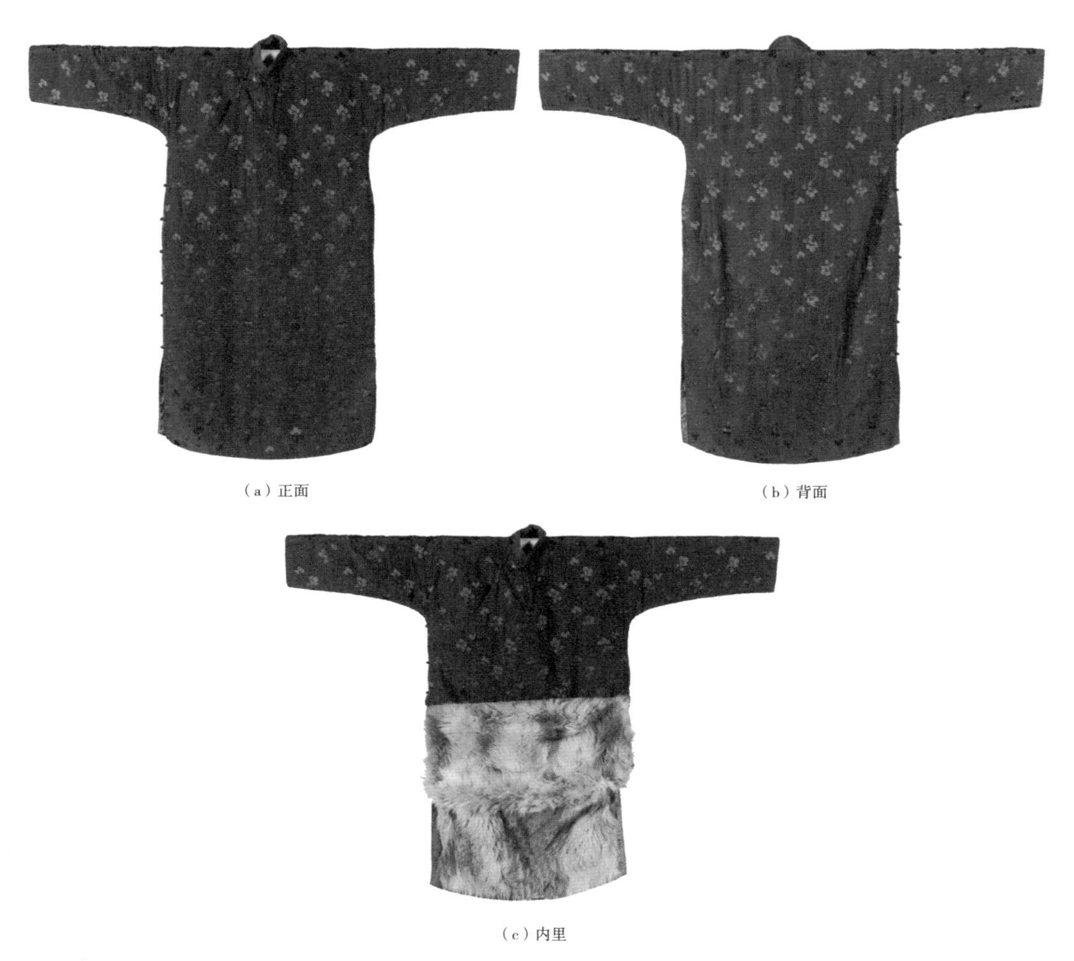

（a）正面　（b）背面　（c）内里

图4-8 | 绛紫色缎暗纹狐狸皮袍

三、妃红缎地绣孔雀花卉纹绵袍

妃红缎地绣孔雀花卉纹绵袍（图4-9），20世纪初期，袖通长134厘米，衣长120厘米。立领，大襟右衽，平袖，左右开裾，妃红色缎面绣孔雀纹，絮丝绵，领襟有三对盘口，两对暗扣。孔雀终生只有一个配偶，此纹象征缠绵的爱情，祝愿爱情天长地久。牡丹作为寓意吉祥美好的天然花卉和装饰图案，不但成为人们表现生活幸福美满的重要形式，而且渐渐成为一种富有特定意义的艺术符号。由牡丹与孔雀组成的图案又有长命富贵、十全富贵、富贵长春、富贵平安等意。

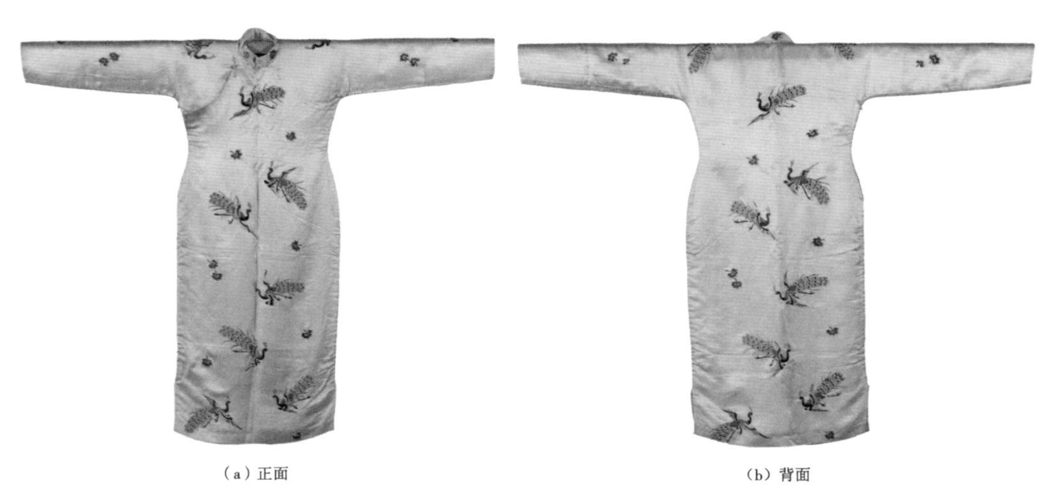

（a）正面　（b）背面

图 4-9｜妃红缎地绣孔雀花卉纹绵袍

四、妃红缎绣蝶恋花纹夹袍

妃红缎绣蝶恋花纹夹袍（图4-10），20世纪初期，袖通长137厘米，衣长128厘米。立领，大襟右衽，窄袖，左右开裾，妃红缎绣蝶恋花纹，领襟处有盘扣十一对。蝶恋花寓意甜美的爱情和美满的婚姻，表现人类对至善至美的追求。

五、妃红绸地绣冠上加冠纹夹袍

妃红绸地绣冠上加冠纹夹袍（图4-11），20世纪初期，袖通长124厘米，衣长116厘米。立领，大襟右衽，短袖，左右开裾，妃红色绸地绣冠上加冠纹，领襟处有盘扣十对。“官上加官”为我国民间传统题材，画面通常为一只公鸡与鸡冠花。公鸡的冠和花冠均谐音官，又公鸡多站在高石上，石上又生出鸡冠花，寓意“官上加官”，显示出人们祈愿高官厚禄、步步高升的心意。

六、妃红缎绣双燕闹春纹夹袍

妃红缎绣双燕闹春纹夹袍（图4-12），20世纪早中期，袖通长113厘米，衣长104厘米。立领，大襟右衽，无袖，左右开裾，妃红缎绣双燕闹春纹，领襟有三对盘扣，两对暗扣。燕，古代称为吉鸟，民间认为，燕子在房屋中或屋檐下筑巢，就预示着此人家贤惠友善、家道发达、家业兴旺、家人安康、家庭和睦。作为吉祥物，燕子昭示着事业

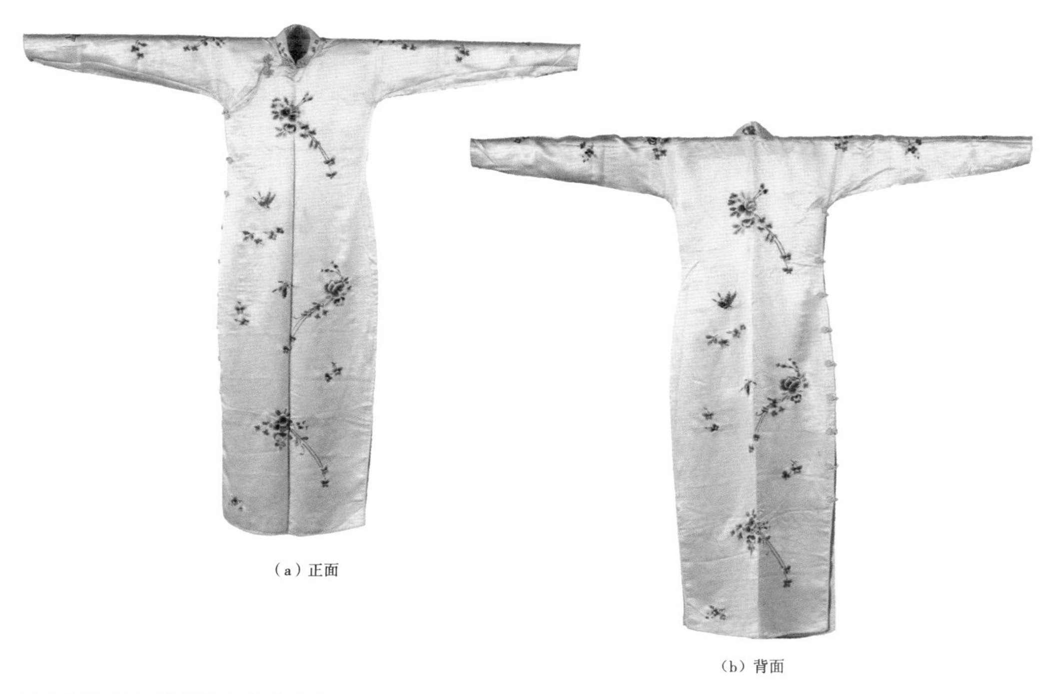
（a）正面

（b）背面

图 4-10｜妃红缎绣蝶恋花纹夹袍

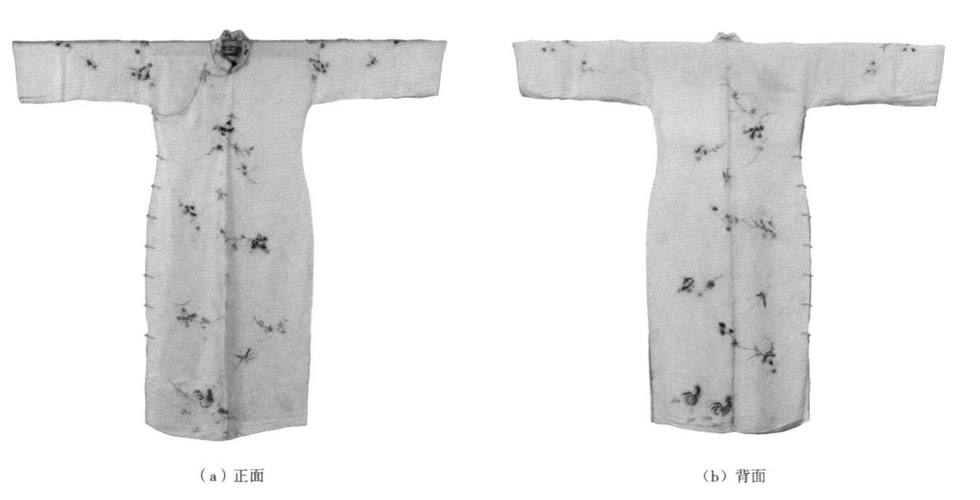
（a）正面

（b）背面

图 4-11｜妃红绸地绣冠上加冠纹夹袍

发达、仕道有进。明清时期，进士科考在杏花盛开的季节举行，故“杏林春燕”吉祥图案成为进士及第、学业有成的象征。此外，与鸳鸯一样，燕子成双成对，双宿双栖，共同筑巢，共同育雏，双双私语，对对欢歌，因此人们以“燕侣”“燕侍”比喻夫妻和谐，以“双燕闹春”等吉祥图案表示婚姻美满。

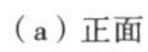

（a）正面　　（b）背面

图 4-12｜妃红缎绣双燕闹春纹夹袍

七、雪青丝绒花卉纹夹袍

雪青丝绒花卉纹夹袍（图4-13），20世纪早中期，袖通长76厘米，衣长127厘米。立领，大襟右衽，短袖，左右开裾，雪青色丝绒面料花卉纹，领襟处有两对盘扣，四对暗扣，侧身处装有拉链。

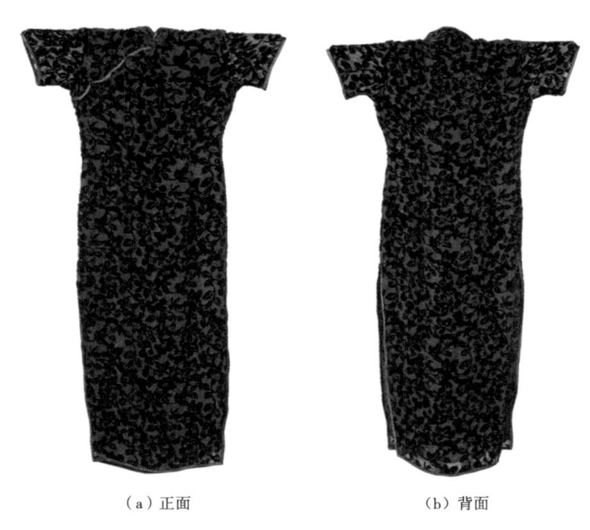

（a）正面　　（b）背面

图 4-13｜雪青丝绒花卉纹夹袍

附录一　研习袍服史料及实物的部分机构

机构名称	所在地址	沿袭所藏服饰文物概况	创办时间
荆州博物馆	湖北省江陵市	战国中晚期楚国服饰、织绣品	1958年
湖南省博物馆	湖南省长沙市	西汉服饰、织绣品，宋代织绣品	1951年
秦始皇帝陵博物院	陕西省西安市	秦代兵马俑	2009年
福建省博物馆	福建省福州市	宋代服饰、织绣品、首饰	1953年
泰州市博物馆	江苏省泰州市	宋代、明代服饰	1958年
扬州市双博馆	江苏省扬州市	明代服饰	1951年
定陵博物馆	北京市昌平区	明代服饰	1959年
故宫博物院	北京市东城区	清代服饰	1420年
首都博物馆	北京市西城区	明代、清代服饰	1981年
河北省民俗博物馆	河北省石家庄市	清末民初北方民间服饰	1998年
江南大学民间服饰传习馆	江苏省无锡市	明代、清代、民国服饰2000余件	2008年
山东省博物馆	山东省济南市	明代、清代服饰	1954年
河北省霸州市博物馆	河北省霸州市	清代、民国服饰100余件	2008年

 附录二　秦汉时期袍服

图示		
详情	汉代砖刻亭长人物三式 袂宽袪窄，袍长至踝 图片来源：沈从文《中国古代服饰研究》第163页	东汉万事如意锦袍 窄袖，对襟 图片来源：新疆民丰尼雅东汉墓出土
图示		
详情	男袍图 袂宽袪窄，袍长坠地 洛阳西汉墓 图片来源：周锡保《中国古代服饰史》第100页	男袍 右侧三人袍式相近，袂宽袪窄，袍长坠地 左侧二人腰有垂带，两旁有曲裾下垂 汉孝堂山石室西壁下层画像
图示		
详情	东汉俑男袍 交领，曲裾，袍长坠地 图片来源：四川省博物馆	东汉时俑男袍 衣裾斜裁，是一种偏裁之衣，后世称谓偏后衣，汉时有此裁制法 图片来源：四川省博物馆
图示		

详情	信期绣锦缘绵袍 曲裾，续衽，上下分裁；续衽在腰下裳处，裳的部分不用交解裁而用整幅斜裁，再加以袍缘，合缝成外襟再裹向前胸，再折向右侧于腋后；这与深衣的续衽略有不同；与深衣的制十有二幅，以应十有二月的制式也不同，此袍不必以十二幅裁制 图片来源：长沙马王堆一号汉墓出土	上：印花敷彩纱绵袍 中下：信期绣锦缘绵袍和印花敷彩纱绵袍的分片及前后形式 图片来源：长沙马王堆一号汉墓出土
图示	 	
详情	彩绘立俑（女） 曲裾 图片来源：长沙马王堆一号汉墓出土	女俑 曲裾，腰间以带束之，袍长坠地 图片来源：山西孝义张家庄汉墓出土，参考《考古》1960年第7期
图示		
详情	女俑 曲裾，袂宽祛窄，袍长坠地，下摆宽大 西汉 图片来源：故宫博物院藏	

附录三　魏晋时期袍服

<table>
<tr><td rowspan="4"></td><td>名称</td><td>高逸图</td></tr>
<tr><td>年代</td><td>魏晋（唐代人绘制）</td></tr>
<tr><td>位置</td><td>现存于上海博物馆</td></tr>
<tr><td>备注</td><td>交领、广袖、袍长至踝</td></tr>
<tr><td rowspan="4"></td><td>名称</td><td>洛神赋图（摹本）</td></tr>
<tr><td>年代</td><td>晋</td></tr>
<tr><td>位置</td><td>现存于故宫博物院</td></tr>
<tr><td>备注</td><td>交领、广袖、袍长坠地</td></tr>
<tr><td rowspan="4"></td><td>名称</td><td>女史箴图（摹本）</td></tr>
<tr><td>年代</td><td>晋</td></tr>
<tr><td>位置</td><td>现存于大英博物馆</td></tr>
<tr><td>备注</td><td>交领、广袖，袍长坠地</td></tr>
<tr><td rowspan="4"></td><td>名称</td><td>女史箴图（摹本）</td></tr>
<tr><td>年代</td><td>晋</td></tr>
<tr><td>位置</td><td>现存于大英博物馆</td></tr>
<tr><td>备注</td><td>交领、宽袖、袍长坠地</td></tr>
</table>

续表

	项目	内容
	名称	女史箴图（摹本）
	年代	晋
	位置	现存于大英博物馆
	备注	交领、宽袖、袍长过膝、束带；交领、广袖、袍长坠地
	名称	女史箴图（摹本）
	年代	晋
	位置	现存于大英博物馆
	备注	交领、广袖、袍长坠地
	名称	女供养人
	年代	北凉
	位置	第二六八窟 西壁
	参考文献	中国敦煌壁画全集1：北凉·北魏
	页数	5页
	备注	交领、窄袖、袍长过膝或至踝
	名称	男供养人
	年代	北凉
	位置	第二六八窟 西壁
	参考文献	中国敦煌壁画全集1：北凉·北魏
	页数	4页
	备注	交领、宽袖、袍长坠地
	名称	供养人
	年代	北凉
	位置	第二七五窟 北壁
	参考文献	中国敦煌壁画全集1：北凉·北魏
	页数	47页
	备注	交领、窄袖、袍长过膝、束带

续表

	名称	供养人
	年代	北魏
	位置	第二六三窟 东壁
	参考文献	中国敦煌壁画全集1：北凉·北魏
	页数	73页
	备注	交领、广袖、袍长坠地
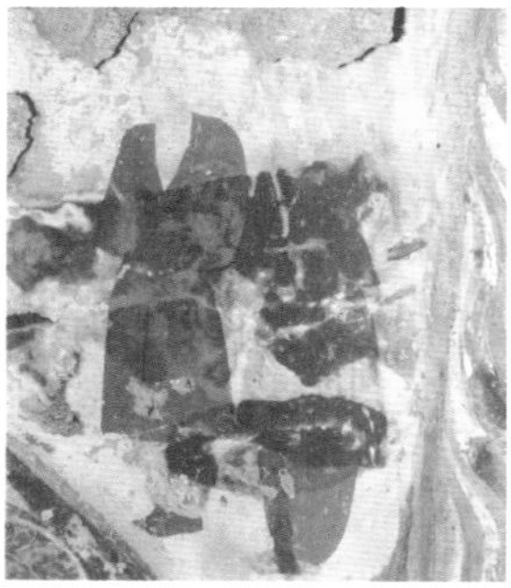	名称	供养人
	年代	北魏
	位置	麦积山第九零窟左壁
	参考文献	中国敦煌壁画全集1：北凉·北魏
	页数	141页
	备注	交领、袍长过膝、束带
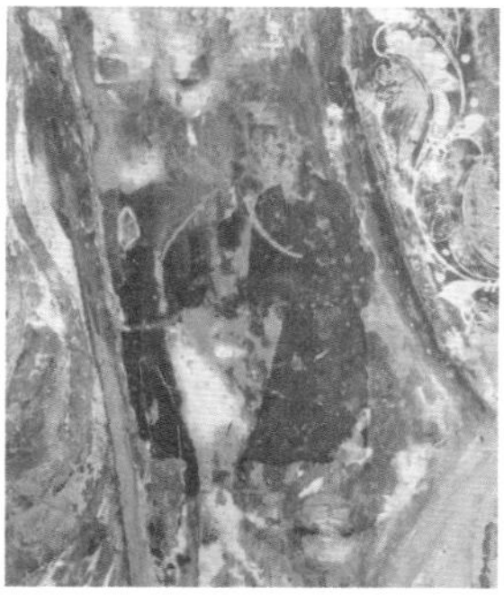	名称	供养人
	年代	北魏
	位置	麦积山第九零窟左壁
	参考文献	中国敦煌壁画全集1：北凉·北魏
	页数	142页
	备注	交领、窄袖、袍长过膝、束带
	名称	校书图
	年代	北齐
	位置	现存于美国波士顿美术馆
	备注	翻领、窄袖、袍长至踝、束带

续表

 名称	戴笼冠男供养人
年代	西魏
位置	第二八五窟
页数	149页
备注	交领、广袖、袍长坠地
 名称	沙弥受戒自杀缘
年代	西魏
位置	第二八五窟
参考文献	中国敦煌壁画全集2：西魏
页数	117页
备注	交领、广袖、袍长过膝
 名称	狩猎图
年代	西魏
位置	第二八五窟
参考文献	中国敦煌壁画全集2：西魏
页数	126页
备注	交领、窄袖、袍长至踝、束带
 名称	鲜卑族供养人
年代	西魏
位置	第二八五窟
参考文献	中国敦煌壁画全集2：西魏
页数	156页
备注	圆领、窄袖、袍长过膝

续表

图	项目	内容
	名称	鲜卑族供养人
	年代	西魏
	位置	第二八五窟
	参考文献	中国敦煌壁画全集2：西魏
	页数	157页
	备注	圆领、窄袖、袍长过膝
	名称	男供养人
	年代	西魏
	位置	第二八八窟
	参考文献	中国敦煌壁画全集2：西魏
	页数	216页
	备注	圆领、窄袖、袍长过膝；交领、广袖、袍长坠地
	名称	女供养人
	年代	西魏
	位置	第二八八窟
	参考文献	中国敦煌壁画全集2：西魏
	页数	217页
	备注	交领、窄袖、袍长过膝；交领、广袖、袍长坠地
	名称	供养人
	年代	西魏
	位置	第二八五窟
	参考文献	中国敦煌壁画全集2：西魏
	页数	148页
	备注	圆领、窄袖、袍长过膝；交领、广袖、袍长坠地

名称	睒子得救
年代	北周
位置	第四六一窟
参考文献	中国敦煌壁画全集3：北周
页数	37页
备注	圆领、窄袖、袍长至踝、束带
名称	途见幻城
年代	北周
位置	第四二八窟
参考文献	中国敦煌壁画全集3：北周
页数	80页
备注	圆领、窄袖、袍长过膝、束带
名称	供养比丘和女供养人
年代	北周
位置	第四二八窟
参考文献	中国敦煌壁画全集3：北周
页数	93页
备注	交领、宽袖及广袖、袍长过膝及坠地
名称	射猎
年代	北周
位置	第二九六窟
参考文献	中国敦煌壁画全集3：北周
页数	151页
备注	圆领、窄袖、袍长过膝、束带

续表

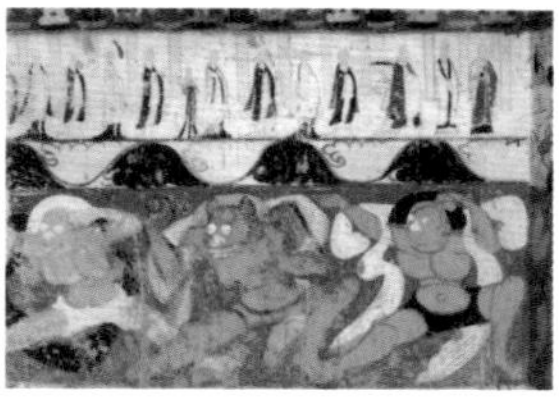	名称	女供养人和力士
	年代	北周
	位置	第二九六窟
	参考文献	中国敦煌壁画全集3：北周
	页数	174页
	备注	交领、广袖、袍长坠地
	名称	比丘僧和女供养人
	年代	北周
	位置	第二九六窟
	参考文献	中国敦煌壁画全集3：北周
	页数	176页
	备注	交领、广袖、袍长至踝及坠地
	名称	比丘僧和女供养人
	年代	北周
	位置	第二九六窟
	参考文献	中国敦煌壁画全集3：北周
	页数	176页
	备注	圆领、窄袖、袍长过膝、束带；圆领、宽袖、袍长至踝
	名称	女供养人
	年代	北周
	位置	西千佛洞第八窟
	参考文献	中国敦煌壁画全集3：北周
	页数	222页
	备注	交领、广袖、袍长坠地

后记

中国自古就有衣冠上国之称，自黄帝垂衣裳而治天下至民国法定礼服的颁布，服装一直是国家重要的统治工具，服装制度等级制之森严、种类之繁多、制作工艺之繁复精湛均是举世罕有的。这无疑是祖先为我们留下的一笔巨大的文化宝藏，其惠及社会、文学、艺术、考古、科技等各个领域，磅礴繁杂，极难整理。幸好有沈从文先生所著《中国古代服饰研究》和周锡保先生所著《中国古代服饰史》二书，汇集了二位先生数十年之心血，奠定了今日中国古代服装研究之基础。我等晚辈可在巨人的肩膀上站得更高，看得更远。

“南国衣，北国衣，江南游子收且集。华裳复归一。皇家裘，民家裘，三千岁来一般绸。万事皆可休。”励志研究中国古代服装是受恩师崔荣荣先生的影响，他对治学不分寒暑、不舍昼夜的言传身教深深地影响了我。老师教导我做学问的责任，教导我不可急功近利，万要严谨治学，这是惠及我终生的，也是自那时我励志将对中国服装文化的研究当成终生大事来做。写这部书先后经历了读硕士、在江南大学汉族民间服饰传习馆做研究、在江南大学纺织服装学院做助教及后来又去山东南山大学教书，再到河北省中国服装文化博览园中国服装博物馆工作，几经周转但从未敢歇，终于历经五载完成此书，虽离励志撰写系列中国服装史书籍甚远，但总算是走出了万里长征的第一步。愿能在有生之年完成。若此书再能对社会有些益处，我必极欣慰，此生便也无憾了。

此外，本书在撰写过程中得到了江南大学民间服饰传习馆崔荣荣馆长、《服饰导刊》李强主任、天津师范大学华梅教授、中国服装文化博览园张学礼主任、霸州市博物馆王桐馆长等友好热情的帮助及湖南省博物馆、云南省博物馆、陕西省博物馆、湖北省博物馆、故宫博物院、南京博物院、荆州博物馆、秦始皇陵博物院、福建省博物馆、泰州市博物馆、扬州市双博馆、定陵博物馆、无锡市博物馆、苏州博物馆、深圳市博物馆、首都博物馆、河北省民俗博物馆、山东省博物馆、中国国家博物馆、《服装学报》等博物馆和学术机构的帮助。本书第三章袍服的结构设计与工艺由河北科技大学侯东昱教授负责组织编写，美国帕森斯设计学院时尚管理专业研究生邓添元负责图片的收集整理和文字整理，河北工艺美术职业学院教师左金欢负责文字的整理和校对。感谢河北科技大学研究生学院学生陈秋宇、赵慧婷、王祎、郭子轩、柴炎茹在款式图绘制、服装复原制作、结构图绘制等方面做了大量工作，耿文娟、赵鑫彤、王云姿同学协助了服装制作，苗艳聪老师负责服装的摄影，以及模特崔腾潇、朱扬、赵鑫彤同学，在此表示衷心感谢。

至于我个人，只是将所学内容比较有条理、集中持久地做了一小部分整理而已。晚辈才疏学浅，书中错误之处在所难免。望国内外专家、学者们能提出宝贵的意见，不吝指教，使我从中得到帮助，成为进步的阶梯。

2021年度河北省社会科学发展研究课题，课题编号：20210301035。

著者　赵波

2022年8月